国家科技支撑计划资助项目（2007BAC22B01）

奥运场区雨水利用技术研究

郭再斌　张书函　邓卓智　郑克白　等 著

内 容 提 要

本书系统讲述了奥运场区雨水利用技术的应用。内容包括：绪论；透水铺装地面雨水下渗收集利用与径流控制技术；深下沉区域雨洪调蓄与利用技术；绿地雨洪集蓄与灌溉利用技术研究；奥林匹克公园中心区雨水利用监控技术；雨水综合利用成套技术集成；奥运场区雨水综合利用示范与应用；奥运场区雨水综合利用效果评价与优化管理。

本书适合水利工程技术人员使用，也可供大专院校水利专业师生参考。

图书在版编目（CIP）数据

奥运场区雨水利用技术研究 / 郭再斌等著. -- 北京
: 中国水利水电出版社, 2012.8
ISBN 978-7-5170-0141-6

Ⅰ. ①奥… Ⅱ. ①郭… Ⅲ. ①夏季奥运会－场地－降雨－水资源利用－研究－中国 Ⅳ. ①TU245.4②TU991.11

中国版本图书馆CIP数据核字(2012)第207080号

书　名	**奥运场区雨水利用技术研究**
作　者	郭再斌 张书函 邓卓智 郑克白 等 著
出版发行	中国水利水电出版社 （北京市海淀区玉渊潭南路1号D座　100038） 网址：www.waterpub.com.cn E-mail：sales@waterpub.com.cn 电话：(010) 68367658（发行部）
经　售	北京科水图书销售中心（零售） 电话：(010) 88383994、63202643、68545874 全国各地新华书店和相关出版物销售网点
排　版	中国水利水电出版社微机排版中心
印　刷	三河市鑫金马印装有限公司
规　格	170mm×240mm　16开本　18印张　343千字
版　次	2012年8月第1版　2012年8月第1次印刷
印　数	0001—2000册
定　价	**45.00**元

凡购买我社图书，如有缺页、倒页、脱页的，本社发行部负责调换

版权所有·侵权必究

本书编委会

主　编　郭再斌　张书函　邓卓智　郑克白

副主编　王理许　段　旺　暴　伟　陈建刚　宗复芃
赵　飞　孔　刚　王海潮　赵生成　孙敏生

编　委　（按姓氏笔画排序）

丁跃元　马晓嵩　王惠萍　尤　洋　冯永忠
田　忠　田进冬　刘　博　江　忠　孙志敏
祁生林　吴文勇　吴东敏　张　成　张育辉
李文忠　杨胜利　苏东彬　周　梅　孟莹莹
宝　哲　周立成　胡爱兵　赵月芬　郝仲勇
原桂霞　徐爱霞　高鹏杰　龚应安　蒋蕾蕾
翟立晓　潘艳艳

前言

北京奥林匹克公园中心区占地90hm²，建成后将形成近35hm²的硬化地面，如果不采取雨水利用措施，将形成较大的洪峰排入市政管道和河道，加大行洪压力，同时也白白浪费雨水资源。城市雨水利用是解决或缓解城市发展过程中面临的不透水面积增长、区域径流系数增加、汛期径流量和峰值加大、易产生积滞水等问题的重要措施之一。为办好2008年北京奥运会，北京奥组委提出了“绿色奥运、科技奥运、人文奥运”的理念（简称“三大理念”）。同时，《奥运工程环保指南》以及相关设计要求把雨洪控制与利用纳入奥运场馆的建设中，以展示城市雨水排放新概念，实现雨水资源化，兑现绿色奥运的承诺。

为了落实2008年奥运会“三大理念”，兑现申奥承诺，合理利用奥运场区汛期雨洪水资源、尽量减少对城市排水系统的压力、增加可利用水资源量，在国家科学技术部“十一五”国家科技支撑计划的支持下，北京市科学技术委员会组织北京新奥集团有限公司、北京市水利科学研究所、北京市水利规划设计研究院、北京市建筑设计研究院等单位，开展了“奥运场区雨洪资源利用技术集成与示范”课题（编号2007BAC22B01）的研究。课题针对奥运场区内硬化铺装、绿地、树阵、下沉广场、市政道路和场区环境建设的特点，结合已有的成果基础，研究满足部分公共设施和景观用水需求、经济适用的雨洪控制和利用技术和科学合理的管理方法，系统研发了透水地面雨洪控制与利用技术，建立了基于防洪安全的深下沉区域雨水渗排利用技术，提出了铺装树阵地面雨水下渗收集、存储和自动地下灌溉技术，集成了奥林匹克公园中心区雨水利用监控技术，提出雨水利用效果评价技术，建立了奥运场区雨水综合利用技术体系，并将这些技术应用于奥运场区的工程建设，建成了多创新、高集成、大面积的雨水利用示范工程，展示了雨水利用措施显著的增加下渗、减少径流、削减排水峰值和流量、增加可用水量、改善环境等效果，落实了北京奥运“三大理念”。

本书是以“奥运场区雨洪资源利用技术集成与示范”课题的成果为基础编写的，全书共分8章。第1章为绪论，主要介绍了研究背景与意义、国内外研究现状与进展、研究内容与技术路线、项目组织实施过程等。第2章为透水铺装地面雨水下渗收集利用与径流控制技术，主要研究了透水铺装地面降雨径流关系、透水铺装地面降雨径流模型、透水砖铺装地面下渗雨水收集利用技术、雨水渗透设施的效果测试、透水铺装设计方法与施工工艺等。第3章为深下沉区域雨洪调蓄与利用技术，主要研究了深下沉区域设计标准与雨洪调蓄利用技术特点、下沉花园雨水利用技术方案、下沉花园降雨径流模拟试验、深下沉区域雨水优化调度与运行管理方案等。第4章为绿地雨洪集蓄与灌溉利用技术研究，主要研究了地下负压灌溉、微压地下滴灌、微压地下渗灌、铺装树阵雨水就地渗蓄自灌技术及其效果。第5章为奥林匹克公园中心区雨水利用监控技术，主要根据水位、流量和水质监测技术现状研究了监控目标与内容、监控系统总体方案和水量与水质监测系统建设方法。第6章为雨水综合利用成套技术集成，主要研究了非机动车道与跨水系构筑物雨水利用技术、水系岸边绿地雨水利用技术、构筑物顶面雨水下渗集用技术、雨水利用组件和成套技术集成。第7章为奥运场区雨水综合利用示范与应用，介绍了示范区概况、雨水利用总体方案以及透水铺装地面、雨水收集利用系统、绿地雨水利用措施、雨水利用组件、下沉广场雨水利用等雨水利用工程及其效果，以及成果推广应用情况。第8章为奥运场区雨水综合利用效果评价与优化管理，主要研究了奥运场区雨水利用效果评价方法、指标体系，并对雨水利用示范工程的效果进行了评价，依据评价结果提出了奥运场区雨水利用技术改进建议和雨水利用措施优化管理模式。

本书是全体研究人员辛勤劳动的结晶，全书由张书函、暴伟、陈建刚负责统稿，郭再斌、王理许、段旺审定，全书主要著者及分工如下：

第 1 章　郭再斌　段旺　张书函　暴伟　陈建刚　邓卓智　郑克白

第 2 章　2.1 节　张书函　王理许　陈建刚　赵飞　丁跃元　龚应安

2.2 节　2.3 节　赵飞　张书函　陈建刚　苏东彬　暴伟

2.4 节　张书函　陈建刚　赵飞　王理许　丁跃元　龚应安

2.5 节　陈建刚　张书函　赵飞　王理许　郝仲勇　苏东彬

2.6 节　2.7 节　陈建刚　赵飞　张书函　孔刚　潘艳艳

第 3 章　3.1 节　3.2 节　郑克白　孙敏生　郭再斌　宗复芃　暴伟　张成

3.3 节　郑克白　翟立晓　暴伟　张书函　田进冬　孙志敏

3.4 节　3.5 节　3.6 节　郑克白　翟立晓　郭再斌　段旺　暴伟

第 4 章　4.1 节　4.3 节　张书函　王理许　陈建刚　王海潮　丁跃元　蒋蕾蕾

4.2 节　宝哲　张书函　陈建刚　王海潮　吴文勇　杨胜利　苏东彬

4.5 节　张书函　陈建刚　宝哲　王海潮　邓卓智　暴伟　孔刚

4.4 节　4.6 节　王海潮　王理许　张书函　宝哲　郝仲勇　原桂霞

第 5 章　5.1 节　5.6 节　邓卓智　赵生成　吴东敏　段旺　暴伟　马晓嵩

5.2 节　5.3 节　邓卓智　吴东敏　段旺　徐爱霞　张育辉　王惠萍

5.4 节　5.5 节　邓卓智　赵生成　宗复芃　赵月芬　马晓嵩

第 6 章　6.1 节　6.2 节　邓卓智　赵生成　郭再斌　吴东敏　段旺　暴伟

6.3 节　6.4 节　邓卓智　段旺　赵生成　暴伟　高鹏杰

6.5 节　6.6 节　邓卓智　郭再斌　张书函　段旺　宗复芃　暴伟

第7章　7.1节　7.2节　郭再斌　张书函　段旺　暴伟　宗复芃　冯永忠

7.3节　7.4节　郭再斌　张书函　邓卓智　赵飞　赵生成　周梅

7.5节　7.6节　段旺　暴伟　宗复芃　江忠　田忠　刘博

7.7节　郑克白　郭再斌　段旺　暴伟　郑克白　周立成

7.8节　邓卓智　张书函　暴伟　郑克白　陈建刚　周立成

7.9节　7.10节　邓卓智　郑克白　段旺　暴伟　张书函　冯永忠

第8章　8.1节　孔刚　陈建刚　王理许　段旺　潘艳艳　尤洋

8.2节　张书函　孔刚　陈建刚　王理许　段旺　潘艳艳

8.3节　孔刚　张书函　陈建刚　王理许　祁生林　孟莹莹

8.4节　8.5节　孔刚　陈建刚　张书函　苏东彬　王海潮

除上述参编人员以外，先后参加项目研究与管理的人员还有：王建慧、侯立柱、高志峰、高巍、来海亮、胡爱兵、范春芳、张敬良、韩凤霞、邵惠芳、周志华、徐爱霞、郭宏、王强等同志，本书也包含上述同志的工作成果。另外，本书还参考了其它单位及个人的研究成果，均已在参考文献中列出，在此一并表示诚挚的感谢。

由于时间仓促，水平有限，书中欠妥或谬误之处敬请读者批评指正。

作者

2012年6月

目 录

第1章 绪　论

1.1 研究背景

北京市是水资源严重短缺的城市，人均水资源占有量不足300m³。随着城市的发展，城区不透水面积增长，区域径流系数增加，汛期径流量和峰值加大，易产生积滞水等城市内涝。城市雨水利用是解决或缓解北京城市发展过程中面临的上述问题的重要措施之一。北京市近几年出台了一些政策，要求新建、改建、扩建工程必须采取雨水利用措施。为办好2008年北京奥运会，北京奥组委提出了“绿色奥运、科技奥运、人文奥运”的理念。而举办奥运会一方面对水资源量的需求较大，另一方面对水质也有较高的要求，因此需要千方百计开拓新的水资源，实施综合节水技术。在北京奥运会申办书中明确指出，将建设先进的雨水收集系统。同时，北京奥组委提出的《奥运工程环保指南》以及相关的规划和设计方案要求把雨洪控制与利用纳入奥运场馆的建设中，以展示城市雨水排放新概念，实现雨水资源化，兑现“绿色奥运”的承诺。北京奥林匹克公园中心区（简称奥运场区）的占地90hm²，建成后将形成近35hm²的硬化地面，如果不采取雨水利用措施，将形成较大的洪峰排入市政管道和河道，加大行洪压力，同时也白白浪费雨水资源。另外，将形成总计约15.9hm²的绿地和树阵区域，在日常维护中必将消耗大量的水资源。如何合理利用这些汛期雨洪水资源、尽量减少对城市排水系统的压力、增加可利用水资源量，是北京奥林匹克公园中心区（简称奥运场区）水问题的突出部分。而在这样的大型体育场馆区域内的雨水利用，国内还没有成熟的技术和经验，必须在工程建设之前和建设过程中研究和应用科学的雨水综合利用技术。因此，以奥运场区为研究对象，结合已有的研究成果，提出合理、实用的数学模型、应用技术、管理和技术标准建议，为北京市办好2008年奥运会在水资源利用方面提供科学依据和技术支撑，也可为我国类似区域的雨水资源利用提供示范。

1.2 国内外研究现状与进展

1.2.1 城市雨水利用技术综述

城市雨水利用是解决或缓解城市化过程中所普遍面临的水资源短缺、原有排水系统和河道防洪压力增大、易产生积水内涝等问题的一项重要措施。日本是城市雨水资源化利用规模最大的国家，1963 年便开始兴建滞洪和储蓄雨水的蓄洪池，蓄存的雨水用做喷洒路面、灌溉绿地等城市杂用水。1980 年开始推行雨水贮留渗透计划，各种雨水入渗设施包括渗井、渗沟、渗池等得到迅速发展。1992 年开始将雨水渗沟、渗塘及透水地面作为城市总体规划的组成部分。同时，在传统和功能单一的雨水调节池基础上，已发展成集景观、公园、绿地、停车场、运动场、居民休闲和娱乐场所等为一体的多功能雨水调蓄利用设施。20 世纪 70 年代后德国便开始了雨水利用，是欧洲开展此项工程最好的国家之一。德国城市街道雨水管道口均设有截污挂篮，以拦截雨水径流携带的污染物；在许多小区沿着排水道有渗透浅沟，表面植有草皮，供雨水径流流过时下渗；部分雨水则进入雨水池或人工湿地，作为水景或继续处理利用。美国雨水利用常以提高天然入渗能力为目的，在许多城市建立了屋顶蓄水和就地入渗池、井、草地、透水地面组成的地表回灌系统，如加州富雷斯诺市的地下回灌系统，10 年间（1971～1980 年）地下水回灌总量为 1.338 亿 m^3，其年回灌量占该市年用水量的 20%。2000 年悉尼奥林匹克公园建立了有效的污废水重复利用系统、雨水收集系统和植物浇灌系统，不仅每年可节约 8.5 亿 m^3 的水，还为公园的水景观提供了可重复利用的水源。此外，在非洲肯尼亚、博茨瓦纳、纳米比亚、坦桑尼亚，以及拉丁美洲的墨西哥和巴西等国家，在联合国开发署和世界银行等国际组织的资助下，都相继开展了雨水的资源化利用。

在城市雨水利用方面北京走在了全国的前列。20 世纪 80 年代末北京市水利科学研究所等单位在国家自然科学基金资助下，开展了“北京市水资源开发利用的关键问题之一——雨洪利用研究”。但由于技术和经济等方面的原因，当时未能得到推广利用。2000 年中德合作“北京城区雨洪控制与利用技术研究与示范”项目启动，结合示范区建设，围绕雨水收集与传输技术、雨洪滞蓄与控制技术、雨洪处理技术、雨洪利用与回灌技术、雨洪控制与利用典型工程模式等内容进行系统研究，初步建立了城市雨洪利用的技术框架。随后又开展了国家自然科学基金项目“渗透性铺装地面削减城市雨洪及减轻面源污染机理与应用技术研究”、国家“863”项目子课题“利用城市雨洪灌溉绿地技术研究与示范”等的研究，使城市雨洪利用技术逐步得到深化和系统化。随着北京市雨水利用研究和实践的开展，社会各界开始逐渐认识到了雨水利用的重要性，各级领导也十分重视雨水利用，特别是 2005 年 5 月 31 日王岐山市长将沿用已久的“防汛”改为“迎汛”，极大地增加了雨水利用的推广力度。截至 2007 年年底，北京市城镇地区共建设雨水利用项目 480 项，总的汇水面积达到 3100 万 m^2，铺装透水砖 90 万 m^2，建设下凹式绿地 140 万 m^2，年综合利用雨水量达到 830 万 m^3。

深圳、大连、上海、西安、沈阳、天津、石家庄等城市也在2000年前后开始了雨水利用的研究和应用。上海浦东机场利用周边环绕的全长32km的围场河，作为蓄水池。围场河里的天然雨水经过简单处理后，不仅能满足第二航站区的冲厕用水、宾馆洗车，还能作为能源中心冷却塔补充用水、景观水池补充用水、道路冲洗压尘及绿化浇灌用水。

截至目前，城市雨水利用主要集中在一般的建筑与小区雨水利用，对于类似奥运场区的大型公共开放区域和深下沉区域等的雨水利用技术尚缺乏相应的研究和工程实践。

1.2.2 透水地面雨水利用技术

透水铺装属多层渗滤介质系统路面，具有较大的糙率和透水性，其产流过程接近多孔介质薄层面流，与传统水泥铺装地面相比，雨水入渗量大、产流少、流速低。因此，雨水汇集时间延迟，甚至不产生径流，同时，由于其它不透水面产生的径流会汇入透水面入渗，事实上改变了汇集面结构，导致区域排水量减少，产流时间滞后。透水铺装的材料在国内外都已有相关的研究和应用。但总体来说，在材料本身的制作上研究较多，而在使用透水铺装所带来的效果、对降雨产流规律的影响、雨水收集回用和径流控制等方面的研究还不够深入。总体上，目前的研究中还没有一套系统的透水砖地面设计、施工与验收方法，难以支撑透水铺装地面的广泛应用，限制了应有效果的发挥。透水铺装材料属多孔渗滤介质，从其铺装工艺来看，面层、垫层到基层的整体结构也具有多层渗滤介质的特性，因此传统的土壤入渗规律研究成果在透水铺装介质中无法得到很好的应用，必须通过一系列的试验分析和理论研究才能系统掌握透水铺装系统特殊的降雨入渗产流规律，通过对其影响因素的分析，进一步优化铺装结构和铺装工艺，并发掘透水铺装雨水收集回用的功能，以及对径流控制的能力和效果，从而建立适合城市生态规律的透水铺装技术体系，并形成标准化工艺，应用到具体的规划、设计和施工之中。

1.2.3 深下沉区域雨水利用技术

在寸土寸金的城市，一定的区域既要满足景观需求又要满足商务等需求，因此下沉区域被广泛采用，它有利于实现景观、商务、休闲等一体式融合，但需要加强防洪安全的设计和预防。一般的下沉区域距周围地面的高差不超过6m，有时为了某些特殊需求，下沉的深度可超过6m，可达10m左右，称为深下沉区域。通常下沉区域的排水设计是以满足防洪安全为目标，采用泵站尽快将设计标准内的积水排除，几乎不考虑对雨水的利用。

如果能采取措施在保障防洪安全的前提下，将下沉区域的雨水集蓄起来加以利用，则不仅能减小市政雨水管网的排水压力，同时还增加可利用的水源，节约水资源。因此，针对奥运场区景观区下沉花园的特点，研究并首次提出了深下沉区域的蓄洪排水及雨水利用相结合的方案，不仅实现了深下沉区域的下沉花园与地下商业、地铁等良好的景观融合，而且还实现了很好的防洪效果。

1.2.4 绿地雨洪集蓄与灌溉利用技术

绿地雨水利用作为雨水利用的重要措施之一，已经有较多的研究和应用。德国的城市绿地雨水利用方式主要有两个方面：其一为在城市绿地中建设雨水截污与渗透系统，其二为在城市绿地中建设雨水利用系统。绿地硬质场地和道路雨水通过下水道排入沿途大型蓄水池或通过渗透补充地下水，其雨水管道口均设有截污挂篮，以拦截雨水径流携带的污染物。绿地中沿着排水道建有渗透浅沟，表面植有草皮，供雨水径流流过时下渗。超过渗透能力的雨水则进入雨水池或人工湿地，作为水景或继续下渗。普遍认可的和采用的绿地雨水利用措施是下凹式绿地或带有增渗设施的绿地雨水滞蓄下渗，我国在这方面已有一些研究和应用。

在雨水灌溉绿地方面，目前仍然为将雨水收集后经专门的灌溉系统集中灌溉绿地。在城市绿地灌溉设备方面国外经过几十年的研究、推广，目前已形成一个年营业额达上百亿美元的庞大市场。相应的灌溉设备及系统无论在节能还是节水方面都已达到了较理想的水平。国内的城市绿地灌溉中先进的灌溉技术得到了广泛的推广应用，但也存在一些问题或者说观念上的误区。其中比较突出的问题之一就是灌溉形式单一，灌溉针对性不强、效率低。

目前都是将雨水收集和绿地灌溉利用相对独立地进行研究并分别建立收集和回用系统，投资较大，不利于雨水的就地灌溉利用。如果能够将绿地特别是类似于行道树的树阵式绿地的硬化地面雨水分散集蓄并就地自流灌溉绿地植物，则可以从树木根部直接灌水，减少水分的蒸发和渗漏损失，提高灌水效率，高效利用雨水资源，同时也节约成本，简化运行管理。

1.2.5 雨水利用效果评价

目前关于城市雨水利用效果评价方法的研究很少，较多的是水资源可持续利用评价体系和水利基建项目综合评价体系。可以借鉴这些评价体系的思路和方法形成城市雨水利用效果的评价体系。

1.3 研究内容与技术路线

1.3.1 研究内容

（1）透水铺装地面雨水下渗集用与径流控制技术。针对奥运中心场区道路下

垫面特征和市政排水特点，研究利用透水铺装地面下渗并集用雨水，及削减地表径流、控制面源污染的技术。

（2）深下沉区域雨洪调蓄与利用技术。针对深下沉区域的排水防洪标准较高而雨洪利用标准较低的矛盾，以奥林匹克公园中心区 $5hm^2$ 下沉花园为研究对象，提出兼有防洪和集用功能的深下沉广场雨洪调蓄与利用技术方案。

（3）绿地雨洪集蓄与灌溉利用技术研究。针对中心区土壤特点，通过采用渗排材料和集水渗灌措施，研究场区树阵间铺装地面雨水直接就地集蓄后自然回灌到植物根区的技术方案，提出利用绿地径流和相邻铺装地面雨水，回灌于绿地植物的雨水集蓄灌溉技术。

（4）雨洪综合利用成套技术集成。研发奥运场区非机动车道雨洪削减与径流污染控制技术、跨水系构筑物雨水综合利用技术、水系岸边绿地雨水利用技术，将现有雨洪利用技术与上述技术进行集成，建立以消减洪峰流量为核心，将净化回用、入渗补源、景观生态、防洪减灾等功能相结合的奥运场区雨洪综合利用技术体系。

（5）奥运场区雨洪综合利用效果评价与优化管理。建立奥林匹克公园中心区雨水利用措施的径流外排削减、入渗补给和回收利用等方面效果的评价指标体系，提出评价方法，对示范工程运营效果进行综合评价，提出奥运场区雨水资源利用的技术改进建议。

（6）奥林匹克公园中心区雨水利用监控技术。针对奥运场区建设特点，研究场区降雨过程、雨洪利用工程的渗水量、收集与利用水量、径流削减量等方面参数的监测技术，提出监测方案，建立监测系统，并进行监测。

（7）奥林匹克公园中心区雨水利用示范工程建设。建设 $90hm^2$ 的奥林匹克公园中心区雨洪利用示范工程，重点建设 2 个示范地块：大屯路—北二路的 5Fs 和 5Es 地块、南一路—成府路 2E 和 2F 地块。

1.3.2 技术路线

本课题采用现场试验与室内试验相结合、试验与数学模拟相结合、产学研结合、试验研究与示范相结合的研究方法和技术路线。通过试验与技术攻关指导工程建设，借助所建的示范工程进行原型观测，通过总结分析试验研究和原型观测成果，进行技术集成，具体技术路线如图 1.1 所示。

1.3.3 项目组织实施

该研究涉及试验研究、工程设计和工程建设，项目开展以来，北京新奥集团有限公司联合北京市水利科学研究所、北京市水利规划设计研究院和北京市建筑

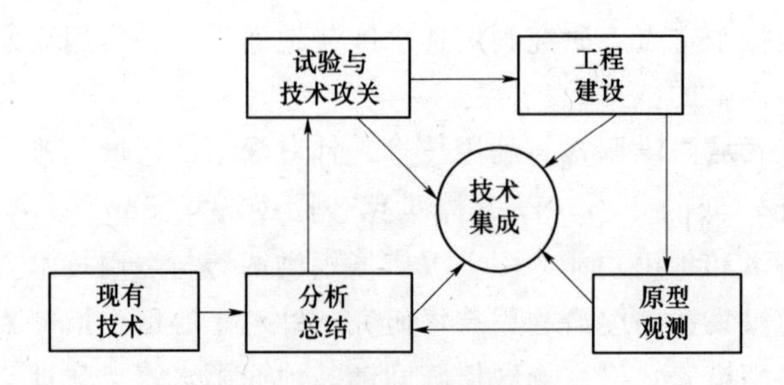

图 1.1　课题的技术路线图

设计研究院等单位组成了牢固和严谨的课题攻关组，建立了良好的技术交流和组织沟通关系，互相取长补短，有效地解决了课题执行过程中遇到的诸多问题，最终圆满完成了研究任务和目标。

第2章　透水铺装地面雨水下渗收集利用与径流控制技术

奥运场区是大型公共活动区域，有大面积的硬化地面，对雨水控制利用的要求非常严格，必须采用透水铺装形式消减区域的地表径流和外排峰值。目前国内透水铺装领域尚无成熟的技术和标准体系，需要研究相关技术以指导工程建设和实施。本章从透水铺装材料特性测试入手，对透水铺装降雨产流规律进行研究，并分析其影响因素，给出透水铺装的最佳铺装结构和关键参数；在透水铺装试验和材料分析的基础上，建立透水铺装降雨产流模型，进一步研究透水铺装下渗收集和透水与不透水铺装立体组合等技术；通过示范工程的应用，分析透水铺装实际综合渗透能力，进而形成透水铺装雨水控制利用技术，为工程实施提供参考。

2.1　透水铺装地面降雨产流规律试验研究

2.1.1　试验材料与方法

选择市场上较常用的透水砖面层，设置不同材料和厚度的透水铺装垫层，标记为不同处理组合，利用人工降雨装置进行不同降雨重现期情况下的降雨产流规律试验研究和分析。

试验装置由人工降雨设备、试验土槽、排水管道等设施组成。试验土槽规格为长3m、宽2m、高1m。试验槽内分别布置不同透水铺装形式。土槽底有排水板，上开直径为1.0cm的小孔，下设出水口，接ϕ50排水管，可收集监测渗透的水量。试验装置如图2.1、图2.2所示。

试验中所用材料包括路基土壤、垫层混凝土、垫层砂石等。路基土壤为中粉质壤土，夯实后土壤渗透系数0.014mm/min，基本物理参数见表2.1。垫层所用材料主要有水泥、中砂、碎石、砂砾料、单级配碎石。按相对密度D_r=0.70的干密度铺设砂砾料层和中砂层，见表2.1。无砂混凝土垫层检测结果见表2.1。试验用透水砖的规格为100mm×200mm×60mm，抗压强度44.3MPa，孔隙率7.45%，渗透系数47.34mm/min。面层地表坡度均为1%～2%。

图 2.1　透水铺装地面降雨入渗室内试验装置

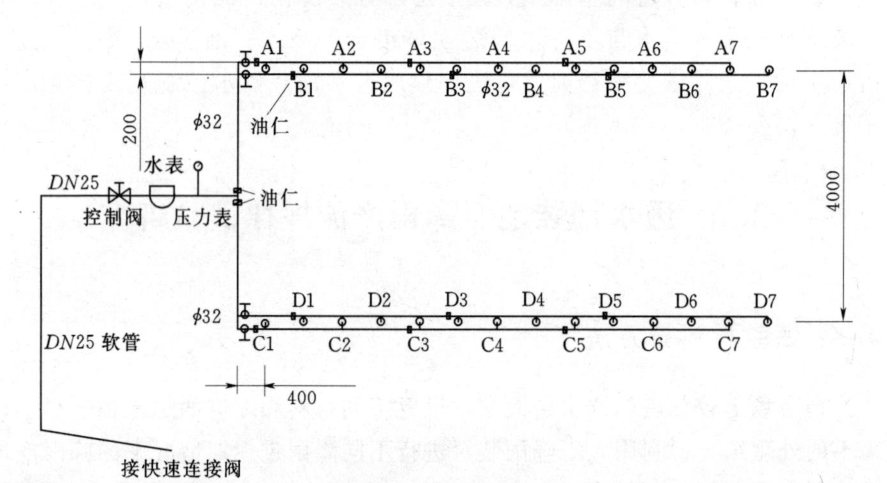

图 2.2　人工模拟降雨装置示意图（单位：mm）

表 2.1　　　　　　　　　路基土及垫层用试验材料基本参数

材料（路基）	液限 W_L(%)	塑限 W_P (%)	塑性指标 I_P(%)	压缩系数 (1/MPa)	压缩模量 (MPa)	最大干容重 ρ(g/cm³)	最优含水率 ω_{op}(%)
中粉质壤土	28.8	15.5	13.3	0.069	23.613	1.77	14.8

材料（垫层）	最大干密度 $\rho_{d\max}$(g/cm³)	最小干密度 $\rho_{d\min}$(g/cm³)	铺装相对密度 D_r	干密度 ρ_d(g/cm³)	孔隙率 (%)
级配不良砂	1.91	1.37	0.70	1.71	38

材料（垫层）	厚度 (cm)	抗压强度 (MPa)	抗折强度 (MPa)	渗透系数 (mm/min)	孔隙率 (%)	试验标准
无砂混凝土	10	12.27	1.22	756.6	8.46	JC/T 446—2000 和 DL/T 5150—2001
无砂混凝土	20	10.46	2.45	1548.6	8.21	
无砂混凝土	5	13.3	2.45	642	18.8	

透水铺装结构主要包括透水面层和透水垫层，透水面层一般用透水砖，采用市场上较成熟的长方形无砂混凝土透水砖，厚度为60mm。透水垫层材料的种类较多，无砂混凝土、砂、砂砾料、碎石等均具有较好的渗透能力。根据试验测试结果，按孔隙率从大到小，各材料的排序为碎石、砂、砂砾料、无砂混凝土；而碎石和砂砾料的平整度很难控制，且与面层连接性能很差，故不考虑其作为面层下的第一垫层，但其承压能力较强，故考虑作为底基层进行试验设计。为施工方便，各垫层厚度均为50mm或其整数倍，同时为保证透水铺装各层具备一定的雨水滞蓄能力，其垫层总厚度不宜过小也不宜过大，控制在200～300mm之间。

综合考虑各种透水材料的特点，试验共设8个处理，分前后两批试验，前4种处理（见图2.3）全为透水砖面层铺装，其中，处理A1垫层为中砂10cm＋砂砾料20cm（中砂部分起到找平层作用，便于铺装透水砖），处理B1垫层为无砂混凝土10cm＋中砂5cm＋砂砾料15cm，处理C1垫层为中砂5cm＋砂砾料15cm，处理D1垫层为无砂混凝土20cm。每个处理的土壤中埋设4层TDR土壤水分测定探头，每层放置2个TDR探头，水平间距1m，取其平均值作为该层的含水率。最上面一层探头距设计垫层底面10cm，以下间距均为15cm。

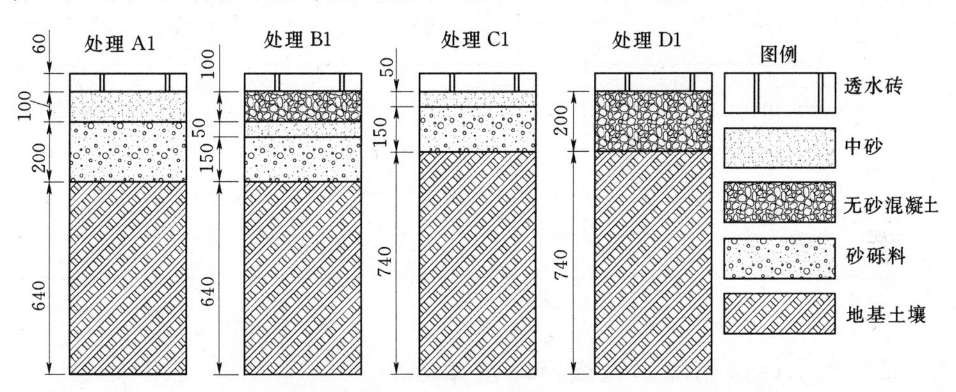

图2.3　各处理铺装地面示意图（一）（单位：mm）

后4个处理（见图2.4）除了处理D2作为对比采用相同厚度的不透水砖面层铺装以外，其他处理全为透水砖面层铺装。每个处理的土壤中埋设4层TDR土壤水分测定探头，具体埋设方法与前4个处理相同。

对于上述试验槽处理进行人工降雨试验，各个处理所采用的降雨过程和降雨量有所不同，具体见表2.2。在人工降雨过程中与降雨后观测记录不同垫层处理地表产流的开始时刻、结束时刻、产流量，不同深度土壤水分的动态变化量，以及降水穿透土层流出（简称排水）的开始时刻、结束时刻和渗透的排水量等。

土壤含水率的监测由6050X1Trase型TDR测量，径流量和土槽下渗出水量用容积法测量，降雨量由水表和喷头喷洒雨量计入，时间由秒表读数。

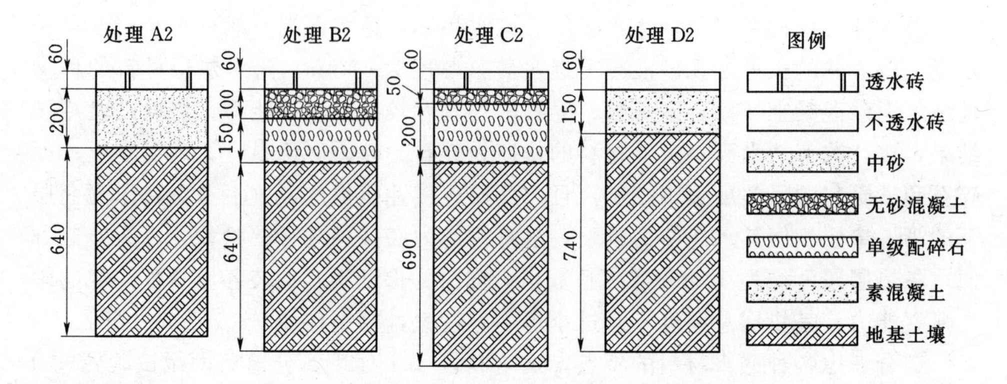

图 2.4　各处理铺装地面示意图（二）（单位：mm）

表 2.2　　不同处理的人工降雨情况

降雨编号	降雨历时（min）	喷水雨量（mm）	降雨对应的重现期（年）	针对处理
N6-1	60	59.36	6	A1～D1
N20-1	120	94.09	20	A1～D1
N100-1	120	118.72	100	A1～D1
N6-2	60	59.36	6	A2～D2
N100-2	120	118.72	100	A2～D2
N2-2	40	39.57	2	A2～D2
N20-2	120	94.09	20	A2～D2
N100-3	120	118.72	100	A2～D2

注　A1～D1 代表前 4 个处理，A2～D2 代表后 4 个处理。

2.1.2　透水砖地面降雨入渗产流规律

2.1.2.1　不同垫层处理降雨入渗规律

表 2.3 列出了 N6-1 和 N100-1 两场模拟降雨的试验结果。从中可以看出，C1、D1 两次降雨全部入渗，处理 B1 与处理 A1、C1、D1 入渗速率及入渗过程存在较大差别。入渗能力由弱到强的顺序为：处理 B1＜处理 A1＜处理 C1 和处理 D1，处理 C1 和处理 D1 的渗透性相当。N100－1 降雨不同垫层透水砖地面入渗率曲线如图 2.5 所示，对照表 2.3 可看出，其中，降雨开始 55min 左右，处理 B1 的垫层达到饱和，地面开始产流，此时累计入渗量 54.4mm，而其它处理在 120min 降雨时段内没有产流。由于处理 B1 垫层的上部为无砂混凝土，下层为松散的中砂和砂砾料，使得前期降雨储存在垫层的下部，且不易蒸发，土壤入渗速度衰减最快。

表 2.3　　不同垫层处理的降雨入渗产流排水试验效果

处理编号	降雨编号	雨量(mm)	降雨持续时间(时：分)	开始产流时刻(时：分)	产流结束时刻(时：分)	表面径流量(mm)	排水开始时刻(时：分)	排水结束时刻(时：分)	排水水量(mm)	径流系数(%)
A1	N6－1	59.36	1：00	0：58	1：00	0.00025	—	—	0	0
B1	N6－1	59.36	1：00	0：56	1：00	0.00167	—	—	0	0
C1	N6－1	59.36	1：00	—	—	0	—	—	0	0
D1	N6－1	59.36	1：00	—	—	0	—	—	0	0
A1	N100－1	118.72	2：00	—	—	0	2：20	32：15	.13.19	0
B1	N100－1	118.72	2：00	0：55	2：05	20.27	2：20	45：45	14.81	0.17
C1	N100－1	118.72	2：00	—	—	0	2：20	22：15	6.58	0
D1	N100－1	118.72	2：00	—	—	0	2：20	46：15	8.04	0

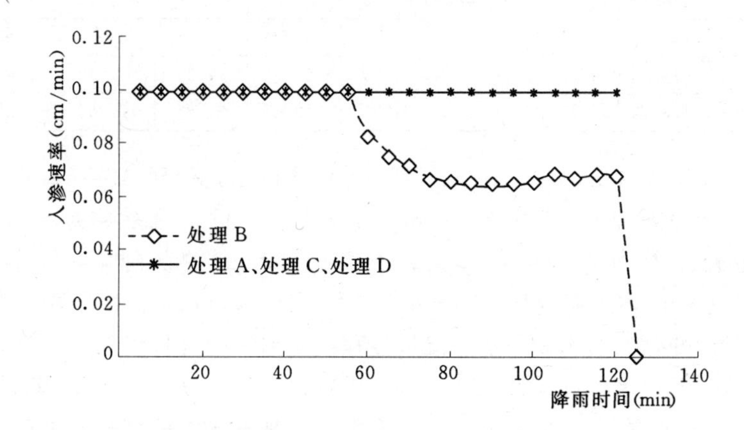

图 2.5　不同垫层透水砖地面入渗率曲线

2.1.2.2　不同垫层处理对地面产流的影响

记录各个透水砖铺装不同垫层处理 A2、B2、C2 及不透水地面 D2 地表产流的开始时刻、结束时刻、产流量，以及雨水穿透土层流出的开始时刻、结束时刻和渗透的排水量等，见表 2.4。

表 2.4　　不同垫层处理的降雨入渗产流排水试验效果

处理编号	降雨编号	雨量(mm)	降雨持续时间(时：分)	开始产流时刻(时：分)	产流结束时刻(时：分)	表面径流量(mm)	排水开始时刻(时：分)	排水结束时刻(时：分)	排水水量(mm)	径流系数(%)
A2	N6－2	59.36	1：00	0：45	3：00	14.14	1：49	256：45	5	0.24
B2	N6－2	59.36	1：00	—	—	0	1：49	187：15	14.84	0.00
C2	N6－2	59.36	1：00	0：45	3：00	11.28	9：30	31：30	0.63	0.19
D2	N6－2	59.36	1：00	0：06	3：00	50.7	2：00	15：45	0.45	0.85

续表

处理编号	降雨编号	雨量（mm）	降雨持续时间（时：分）	开始产流时刻（时：分）	产流结束时刻（时：分）	表面径流量（mm）	排水开始时刻（时：分）	排水结束时刻（时：分）	排水水量（mm）	径流系数（%）
A2	N100－2	118.72	2：00	0：40	3：05	79.41	2：08	104：30	3.3	0.67
B2	N100－2	118.72	2：00	1：10	2：08	47.8	2：08	139：00	17.37	0.40
C2	N100－2	118.72	2：00	0：35	2：20	81.38	8：00	237：30	1.08	0.69
D2	N100－2	118.72	2：00	0：05	3：00	116.16	2：08	11：00	0.39	0.98
A2	N20－2	94.09	2：00	0：42	2：15	44.18	2：25	68：30	1.45	0.47
B2	N20－2	94.09	2：00	1：16	2：08	23	2：18	149：30	18.87	0.24
C2	N20－2	94.09	2：00	0：45	2：10	49.45	21：30	260：00	2.87	0.53
D2	N20－2	94.09	2：00	0：05	2：50	93.84	2：30	16：00	0.23	1.00
A2	N100－3	118.72	2：00	0：40	2：35	44.08	2：35	89：35	1.29	0.37
B2	N100－3	118.72	2：00	1：10	2：05	26.56	2：25	152：05	20.98	0.22
C2	N100－3	118.72	2：00	0：45	2：20	44.6	8：35	211：05	5.07	0.36
D2	N100－3	118.72	2：00	0：02	3：05	110.31	2：25	17：05	0.23	0.93

从表2.4可以看出，对于2h118.72mm的次降雨，处理A2～C2开始产流时刻比不透水地面处理D2滞后30～68min，A2～C2的径流系数为0.22～0.69，而D2的径流系数为0.93～0.98；对于2h94.09mm的次降雨，B2表面滞后71min才开始产流，产流量为23.00mm。对于1h59.36mm的次降雨，各处理地面产流随时间变化如图2.6所示，流量过程线峰形平缓且呈偏态，并且透水砖铺装地面产流比不透水砖铺装滞后45min，洪峰减小35%～100%，其中B2产流量为0。透水砖铺装地面处理开始产流比不透水地面D2开始产流滞后，停流提前且径流量减小，这主要是因为透水砖、垫层、路基土壤的渗透系数与降雨强度

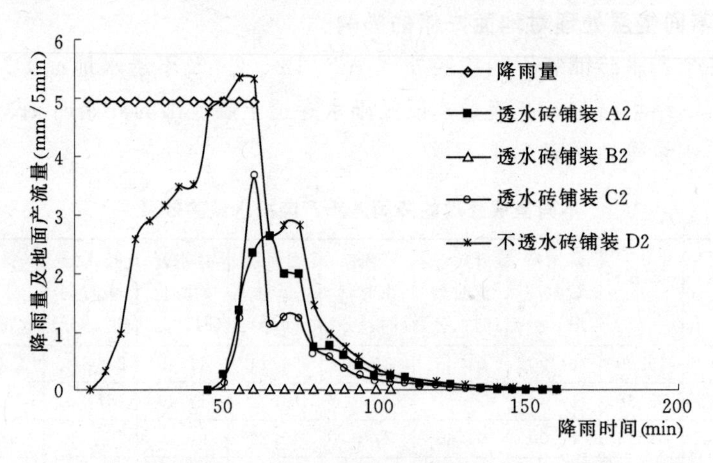

图2.6　不同处理地面的产流过程

之间存在：$K_{无砂混凝土} > K_{透水砖} > K_{雨强} > K_{路基土壤} > K_{不透水砖} = 0$，导致透水砖铺装地面渗透雨水快于不透水铺装地面，产流量减少；降雨过程中渗入透水砖铺装系统的水量还取决于下垫面结构的有效孔隙率、垫层的厚度，因此造成不同透水砖铺装地面径流系数的差异：B2＜A2＜C2＜D2。

2.1.2.3　不同处理槽底渗排水的效果

对于 2h 94.09mm 的次降雨，处理 B2 槽底下渗排水最多，达到 18.87mm，下渗排水延迟至第 149h30min 结束。透水砖铺装处理 B2 槽底下渗排水比不透水路面 D2 槽底下渗水量增加，并且下渗排水结束时刻滞后，这主要是因为透水砖及其垫层的雨水入渗为大孔隙流，孔隙流速大，导致其水头压力高，给垫层和路基土壤界面的水压力大，在降雨结束后仍有水分入渗路基土壤。另外，表 2.4 显示各透水性铺装地面槽底排水结束滞后现象，尤其是处理 C2 试验槽在降雨结束 10 天后仍有排水，但 40cm 以下路基土壤水分没有变化，这是由于虽然降雨历时内土壤入渗引起的水分动态变化主要集中在 40cm 内，但是降雨终止后，土壤水继续在土壤剖面中运动，形成土壤水的再分布。

2.1.2.4　不同降雨强度对不同铺装产流的影响

地面的产流过程也就是降雨扣损过程。当降雨量满足截留和填洼且雨强超过

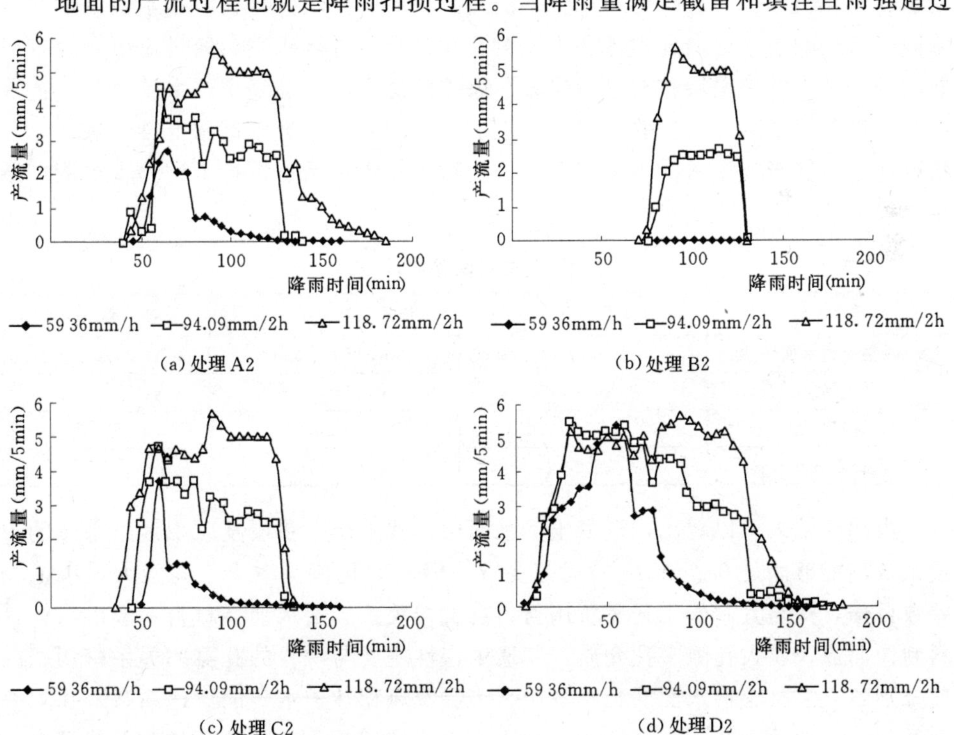

(a) 处理 A2　(b) 处理 B2　(c) 处理 C2　(d) 处理 D2

图 2.7　三种雨强不同处理铺装系统产流过程曲线

下渗强度时，地面开始积水，并形成地表径流，众多学者对其都作了比较详尽的研究。对于峰高、峰形尖瘦（近似对称）、历时短的降雨产生径流量，降雨强度是主要影响因素，而初始土壤含水量的大小则在多数情况下影响不大。降雨强度增大，最直观的表现就是径流增大，对地面的冲刷力增大。此外，降雨强度增大，雨滴的直径和末速度都增大，因而它的动能也增大。因此，随着降雨强度的增大，透水砖铺装地面产流量也增大。图 2.7 的 3 种雨强不同处理铺装系统产流过程曲线表明：三种透水砖地面和对照下，降雨强度增大，产流量也增大。在降雨强度一定时，透水砖地面产流量显著的小于对照的产流量，其中，在降雨强度为 59.36mm/h 时，透水砖铺装处理 B2 产流量为 0。

2.1.3 透水铺装地面降雨产流影响因素

2.1.3.1 铺装材料透水性与孔隙率关系

透水铺装材料包括面层、找平层、垫层、基层、土基等部分。其中基层一般为单级配碎石层，土基为夯实的原装土或换填土，均属于天然材料，其渗透性的相关研究较丰富，本课题中不作讨论。透水铺装面层、找平层和垫层一般为人工制造的硬化材料，其透水性与孔隙率的关系相关研究不多，且对透水铺装地面的降雨产流影响较大，因此本课题主要对这几类材料进行研究。通过对市场上较成熟的部分透水铺装面层材料进行比较，风积沙透水砖和混凝土透水砖因其工艺成熟推广性好而被选定为试验对象，找平层与垫层一采用无砂透水混凝土做法，随机取样后对其影响渗透能力的主要参数孔隙率和渗透系数进行了试验室检测，结果见表 2.5。

表 2.5　　透水铺装材料试验测试结果

透水材料	孔隙率（%）	渗透系数（mm/s）	样本数（个）
混凝土透水面层	16.00±4.20	1.47±0.91	6
找平层	25.58±3.59	0.37±0.20	4
透水垫层	16.57±5.76	3.85±3.04	15
风积砂透水砖	6.26±2.27	0.39±0.18	5

由检测结果可以看出，混凝土透水面层、找平层、垫层及风积沙透水砖的渗透系数均能够满足 0.1mm/s 的规范要求，但其变化范围较大，其最大最小值相差数百倍，这与其制作工艺及所用材料有直接关系。透水铺装材料一般由粗粒骨料制作而成，属大孔隙多孔介质，其透水特性主要与材料的孔隙率关系密切。因此分别建立混凝土透水面层、找平层、垫层及风积沙透水砖的渗透系数—孔隙率关系曲线，如图 2.8～图 2.11 所示，并对数据点进行回归分析，得到趋势拟合曲线，分析其函数相关性。

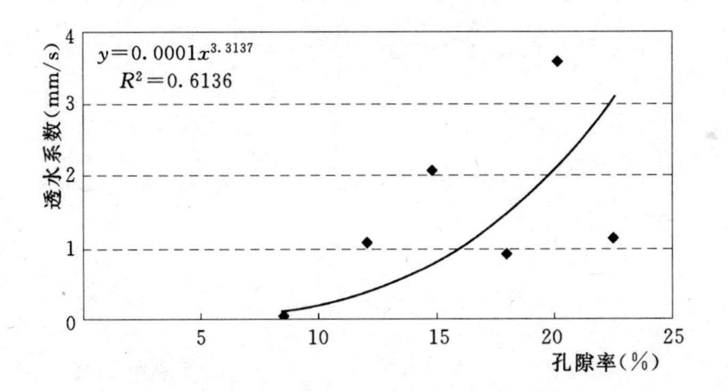

图 2.8 混凝土透水面层材料渗透系数—孔隙率关系曲线

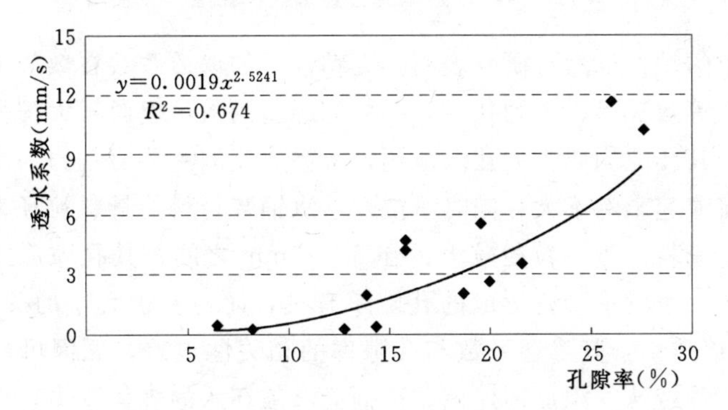

图 2.9 透水垫层材料渗透系数—孔隙率关系曲线

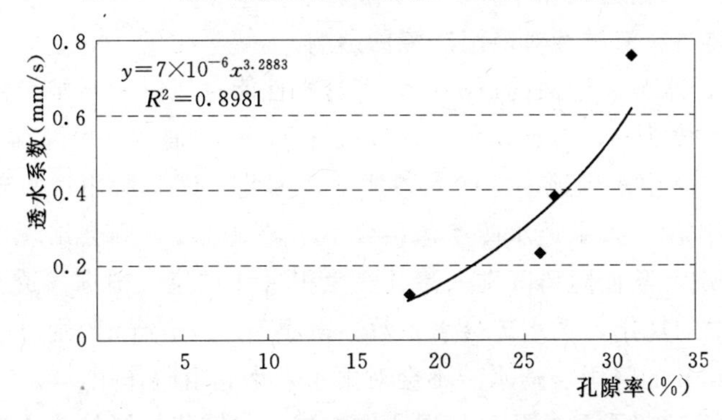

图 2.10 透水找平层材料渗透系数—孔隙率关系图

混凝土透水面层、透水垫层和找平层的渗透系数与孔隙率均呈现一定的幂指数关系，其相关系数分别为 $R=0.783$、$R=0.821$ 和 $R=0.948$，相关程度较好。由此可见，在透水材料的制作过程中，有效控制其孔隙率的大小，对控制其透水能力起到了关键性作用。另外，在渗透系数未知的情况下，可以将材料的孔隙率作为参考进行估算。

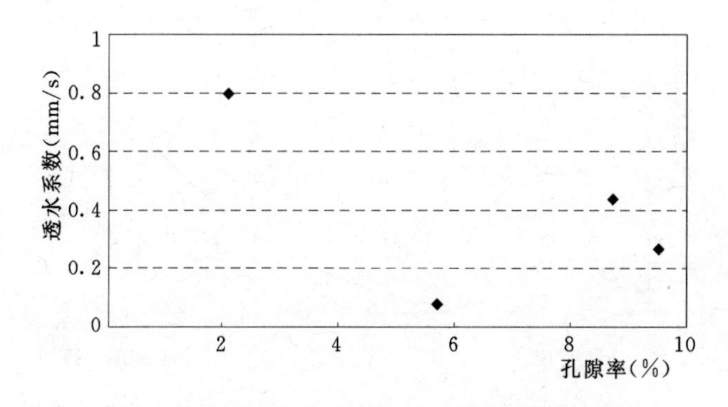

图 2.11　风积砂透水砖渗透系数—孔隙率关系图

需要指出的是，虽然有研究表明：无粘性土的渗透系数在数值上可以表示为土壤孔隙率、等效粒径、平均孔径等参数的经验函数，但对于大部分透水铺装材料而言，由于其孔隙均属于大孔隙范围，入渗水流的主要驱动力为重力，孔隙结构对入渗水流流速影响不大；同时，由于透水铺装材料的骨料粒径大多为单级配粒径或开级配骨料，骨料粒径较大，在 3～30mm 之间，其孔隙形式主要与骨料结合形式有关，也就是最终形成的孔隙率有关，而与粒径大小的关系不甚密切。从图 2.11 可以看出，其渗透系数与孔隙率的相关性很差，原因可能是由于这种透水砖采用一种特殊的添加剂，该添加剂能够破坏水的表面张力，使水分子具有很好的渗透性，因而与孔隙率关系不明显。

2.1.3.2　铺装材料渗透性对降雨产流的影响

透水砖在透水铺装地面的最上层，其透水性能直接影响雨水下渗。试验所用透水砖渗透系数为 47.34mm/min，远大于百年一遇 5min 降雨的降雨强度 5.08mm/min，降雨落到地面随即入渗地下，因此本试验所用透水砖面层对雨水入渗不起阻碍作用。如果透水砖渗透系数小于降雨强度，则会出现雨强超过砖的透水能力的情况，从而阻碍降雨入渗并产生积水和径流。根据《透水砖》(JC/T 945—2005) 中的规定，透水砖透水系数不得小于 6mm/min，则对于降雨强度小于百年一遇 5min 的降雨，透水砖不会对雨水入渗起阻碍作用。

通过针对北京市常见的几种垫层所做的试验，铺装垫层的渗透性能对透水砖铺装地面的渗透效果影响很大。当面层的透水砖不阻碍降雨入渗时，垫层的渗透性就起到了影响入渗的决定作用。当垫层的渗透系数小于面层砖的渗透系数时，会阻碍垫层雨水的下渗，促使雨水在透水砖内形成滞水，滞水达到地表便形成积水产生径流，因此垫层的渗透系数应大于面层砖的渗透系数。当垫层的空隙率较大时能有形成较多蓄水空间，使入渗的雨水暂时滞留在内，供下部基层土壤的入渗和地面的蒸发，从而减少地表径流的生成，因此在其它条件相同情况下，垫层的空隙率越大透水地面的降雨径流量越小。

2.1.3.3 路基土壤类型、密实度和渗透性对降雨产流的影响

透水砖铺装路基土壤的透水性能直接影响整个透水铺装体系的最终透水效果。在其它条件相同的情况下，路基土壤的渗透系数越大，雨水穿过铺装层渗到地下越快，透水地面消纳的雨水量越多，产生的径流量越少。路基土壤的渗透性又与土壤类型和密实度有关，同一种土壤密实度越高渗透性越差。表 2.6 列出了常见几种土壤的渗透系数。可见透水性能最好的路基土壤层是砾石夹砂层，最差的是粘土。如果遇到粘土层时，局部少量小范围的可采用换土法解决；若下部粘土层范围很大，这时可考虑利用其上部垫层中的透水孔隙作为雨水的储存空间，即通过加大上部垫层厚度的方法来处理。

表 2.6　常见土壤的渗透系数

土壤类型	渗透系数（m/s）	土壤类型	渗透系数（m/s）
粘土	$<1\times10^{-7}$	细砂	$5.79\times10^{-5}\sim1.16\times10^{-4}$
亚粘土	$1.16\times10^{-6}\sim2.89\times10^{-6}$	中砂	$1.16\times10^{-4}\sim2.89\times10^{-4}$
黄土	$2.89\times10^{-6}\sim5.79\times10^{-6}$	粗砂	$2.89\times10^{-4}\sim5.79\times10^{-4}$
粉土质砂	$5.79\times10^{-6}\sim1.16\times10^{-5}$	极粗的砂	$5.79\times10^{-4}\sim1.16\times10^{-3}$
粉砂	$1.16\times10^{-5}\sim5.79\times10^{-5}$	砾石夹砂	$8.68\times10^{-4}\sim1.74\times10^{-3}$

2.1.3.4 铺装工艺对降雨产流的影响

铺装工艺主要指在铺装过程中对垫层、找平层的施工方式。垫层可以采用砂砾料、单级配砾石等，找平层可采用中、粗砂、透水混凝土等。铺装工艺对降雨径流的影响从根本上是对铺装层的渗透系数和铺装层容水量的影响，从而影响降雨径流关系。当铺装工艺能使从面层到垫层的渗透系数和孔隙率依次增大时，透水地面消纳降雨的能力也增大，反之则减小。

2.1.3.5 地面坡度对透水砖铺装地面的降雨产流的影响

室内模型试验中，试验中选择的面层地表坡度均为 1%～2%。由于地表面粗糙，地表坡度增大对降雨产流的影响不大。当透水地面的地表坡度较大而路基水平时，由于坡脚相对坡顶铺装层的蓄水空间较少，坡脚比坡顶易产生积水。当地表坡度较大，路基坡度与地表相同时，坡脚与坡顶铺装层的蓄水空间相同，但是由于铺装层内含水量较大时，雨水将沿着路基的坡度在铺装层内向下运动，从而易于在坡脚处涌出地面形成积水和径流。

2.1.4 透水砖地面铺装结构优化选择

在不同结构形式的透水铺装系统上进行人工降雨试验，通过考察各自产流、入渗情况，可以得出有利于雨水控制、入渗的透水铺装优化结构。图 2.12 中列出了

不同透水铺装形式在径流系数、土壤入渗量、产流时刻、储水量等指标上的差异。

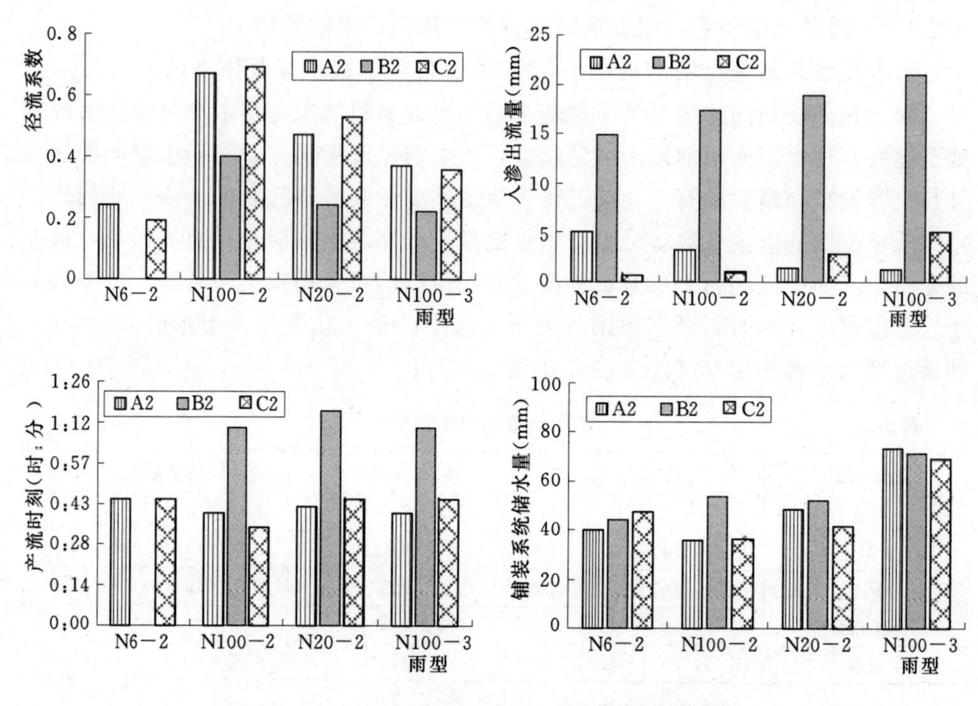

图 2.12　不同处理铺装系统入渗产流规律对比图

从径流系数柱状图中可以看出，各种雨型情况下，径流系数最小值均发生在铺装形式为 B2 的土槽上，而 A2、C2 的径流系数相当，A2 略小些。从土壤入渗量柱状图中可以看出，B2 铺装形式的入渗效果明显好于其它 2 种铺装形式。产流时刻柱状图表示透水铺装面层产生全面积水的时刻，反映了透水铺装系统削峰错洪的能力。图 2.12 显示，B2 铺装形式在各种雨型情况下的产流时刻均最晚，也就是说，B2 铺装能够最大限度地推后地表产流的时间，为区域排水减小压力的能力也最大。铺装系统储水量柱状图反映了透水铺装结构内各层的总体综合蓄水能力，从图中可以看出，各种铺装形式均有较好的蓄水效果，其数值上差异不大，B2 铺装略占优势。

为了便于铺装形式的选择，引入“优化指数”I 作为优化结构形式的对比指标，其表达式如下：

$$I = \frac{\sum_{1}^{n}\left(\sum_{1}^{m} Z_{ij} W_i\right)}{n}(i = 1\cdots n, j = 1\cdots m) \tag{2.1}$$

其中

$$\sum_{1}^{n} W_i = 1$$

式中：I 为优化指数，为各类指标的加权评价值；Z_{ij} 为第 i 类指标的第 j 个值；W_i 为第 i 类指标的权重；i 为指标种类个数，最大值为 n；j 为某类指标中的数值个数，最大值为 m。

由于各类指标的单位不同，为了便于比对，必须进行归一化处理。这里利用秩的概念，将各类指标的数值转化为相应的秩，式（2.1）中的 Z_{ij} 即为各类指标数值的秩，通过对秩及秩和的加权计算，即可得出每种铺装形式的优化指数。具体计算过程见表 2.7～表 2.9。

表 2.7　　不同铺装形式各指标秩序

处理编号	雨型	开始产流时刻	径流系数	垫层存水	排水水量
A2	N6—2	1	1	1	2
B2		3	3	2	3
C2		1	2	3	1
A2	N100—2	2	2	1	2
B2		3	3	3	3
C2		1	1	2	1
A2	N20—2	1	2	2	1
B2		3	3	3	3
C2		2	1	1	2
A2	N100—3	1	1	3	1
B2		3	3	2	3
C2		2	2	1	2

表 2.7 中列出了不同透水铺装形式在各类指标中数值的秩，其计算方法为对每一组试验（不同雨型）针对每一种指标将各种处理的数值进行排序，排序原则为从效果差到效果好依次排序 1、2、3。如开始产流时刻指标的计算中，开始时刻早的效果差，故秩数小，开始时刻晚的效果好，则秩数大；而径流系数指标的计算中，径流系数大的效果差，故指数小，反之则大。

表 2.8　　不同铺装形式各指标秩和与权重

处理编号		开始产流时刻	径流系数	垫层存水	排水水量
A2		5	6	7	6
B2		12	12	10	12
C2		6	6	7	6
W_i	Ⅰ类	0.20	0.20	0.20	0.20
	Ⅱ类	0.166	0.50	0.166	0.166

将各类指标分项计算其秩后，再对每一类指标按不同铺装形式进行秩和计

算，结果见表2.8。根据对透水铺装功能的不同需求，可以设定不同的权重，从而使得该类功能指标的数值在计算中占较大的比值，以达到突出某种功能的目的，最终得到满足特定需求的透水铺装优化结构形式。本例中分别根据等权重和突出径流控制能力两种情况，给出两类权重向量。Ⅰ类为各项指标所占权重均等；Ⅱ类为径流系数指标占主要权重，其它3个指标权重等级相同。

表2.9　不同铺装形式优化指数计算结果

处理编号	A2	B2	C2	W_i
优化指数	1.50	2.88	1.56	Ⅰ类
	1.50	2.92	1.54	Ⅱ类

利用公式对试验所测试的3种透水铺装形式进行优化指数计算，结果见表2.9。可以看出，两类权重情况下，I_B 在数值上均是最大。总体看来，在试验所考察的3种铺装形式中，B2类型各种效果均属最佳，也就是说，透水面层＋无砂混凝土垫层＋单级配碎石垫层＋基层土壤这种竖向铺装结构是最优化的透水铺装结构形式。奥运中心区的透水地面就按照这种结构进行铺装。

2.2　透水铺装地面降雨产流模型

2.2.1　下渗机理与产流模式

2.2.1.1　下渗机理

透水铺装材料属大孔隙的多孔介质，雨水入渗过程可分为两部分，第一步为吸湿过程，雨水湿润材料中的固相介质颗粒，并在小孔隙内形成毛管水，材料基质势在这一过程中起主要作用；第二步为传递过程，由于大孔隙普遍存在于介质中的各个部位，为水分提供了充足的空间，超过吸附作用和毛管作用所能吸持的水量后，后续的雨水迅速在固相介质颗粒表面附近的大孔隙形成水滴，由于受到重力的驱动，此时雨水无法填充颗粒周围的大孔隙，而是传递至下层颗粒表面，形成大孔隙流，重力势在这一过程中起主要作用。吸湿过程与传递过程交替进行，将湿润锋不断推进。由于透水铺装介质中的大孔隙数量占主导地位，小孔隙非常少，因此与土壤介质相比，毛管作用被大大减弱了，重力作为成为下渗过程的主要驱动作用。

可以看出，透水铺装材料雨水下渗可概化为基质入渗和大孔隙入渗两部分的总和。基质入渗相当于介质达到田间持水量的过程，对每一层介质而言，在含水量达到田间持水量之前水分不会向下层运移，在达到田间持水量之后则开始受重力影响进入下层介质或形成大孔隙流；大孔隙入渗相当于管流的过程，水滴沿介质表面形成的通道曲折流动，贯穿于整个入渗过程，其导水率随上层水分通量的增加而增加，随着水分在管道内占据的过流断面不断增加，导水率也相应增大并稳定在一个较大的数值上，当地面形成积水时，表层孔隙完全被水填充，相应的大孔隙流成为“满管流”，此时达到饱和导水率。

由于材料结构的不同，基层土壤的实际渗透能力要比上面的透水铺装层小许多。雨水在透水铺装层的入渗以重力流为主，而在基层土壤中的入渗则是以基质吸力为主。

当降雨强度小于基层土壤的导水率时，雨水将首先在铺装层中完成吸湿与传递过程，并按照小于饱和导水率的某一速度下渗，该过程一直延续至基层土壤内；当降雨强度大于基层土壤的导水率但小于铺装层导水率时，雨水中铺装层内的入渗过程同上，当入渗锋面抵达基层土壤表面时，由于基层土壤导水率相对于铺装层而言为一个较小值且小于降雨强度，因此会在基层土壤表层形成积水，并按照土壤积水入渗的方式向下入渗，随着降雨时间的延长，基层土壤表层的积水深度逐渐增加，最终达到铺装面层表面形成地表积水，并逐渐沿着地表坡度产生径流；当降雨强度大于铺装层导水率时，等于铺装层导水率的部分雨水能够发生上述入渗过程，多余的雨水在铺装层表面产生积水并形成径流，但一般而言，透水铺装材料的导水率远远大于降雨强度，该情况发生的可能性极低。

2.2.1.2　降雨产流模式

自然界最基本的降雨产流的基本模式为“超渗产流”和“蓄满产流”。“超渗产流”模式的次降雨量与总径流量的关系受降雨强度影响，“蓄满产流”模式的次降雨量与总径流量的关系不受降雨强度影响。透水地面的降雨产流模式如果以下面的基层土壤为对象，应当为超渗产流，如果以铺装层为对象应当属于蓄满产流，因此总体上透水铺装地面的产流应当为垂向混合产流模式，如图 2.13 所示。

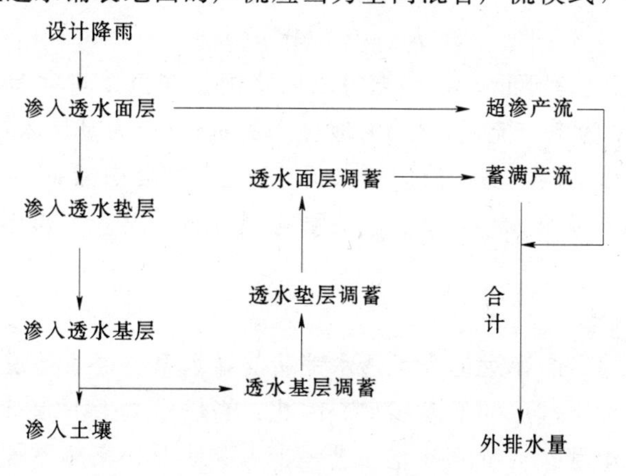

图 2.13　透水铺装降雨产流关系示意图

2.2.2 降雨产流模型

2.2.2.1 铺装层产流

如前所述，在铺装层发生的是蓄满产流模式，也称超蓄产流。所谓蓄满，指铺装层含水量达到田间持水量，而不是饱和状态。在蓄满前，铺装层不产流，所有降雨量均被基质吸附，完成吸湿过程，增加含水量；在蓄满后，所有降雨量均产流。需要指出的是，这里所说的产流为“虚产流”，其产流量为“虚产流量（R）”。虚产流所形成的流量包括三部分：基层入渗量（R_G）、大孔隙蓄水量（W_R）和地表产流量（R_S）。虚产流量首先以大孔隙流的形式存在于铺装层大孔隙内，这部分水量无法被铺装层介质吸持，因此在重力驱动下沿大孔隙发生近似自由的运移，当下渗至基层土壤表面时则根据基层土壤入渗能力（F_C）产生基层下渗，超过下渗能力的流量则暂时存蓄在铺装层大孔隙内，并在侧边界上发生侧渗（这部分侧渗量很小可忽略不计），当大孔隙蓄水量达到最大时，即铺装层孔隙完全被雨水填充，达到铺装层饱和含水量（W_S），则开始形成地表产流。

由此可以建立铺装层产流模型如下：

蓄满前：
$$P-E=W_2-W_1 \quad (P-E+W_1\leqslant W_M) \tag{2.2}$$

蓄满后：
$$P-E-R=W_M-W \quad (P-E+W_1\geqslant W_M) \tag{2.3}$$

饱和前：
$$W_R=R-R_G \quad (W_R+W_M\leqslant W_S) \tag{2.4}$$

饱和后：
$$\begin{cases} W_R=W_S-W_M \\ R_S=R-R_G-W_R \end{cases} \quad (W_R+W_M\geqslant W_S) \tag{2.5}$$

降雨结束后，大孔隙蓄水量继续作为基层入渗量的水源维持入渗过程的发展，直至铺装层含水量降至田间持水量的程度：

$$\begin{cases} R_G=F_C \quad (W_R\geqslant 0) \\ R_G=0 \quad (W_R<0) \end{cases} \tag{2.6}$$

以上式中：$P-E$ 为净雨量，系计算时段内降雨量与蒸发量之差，短历时降雨可取蒸发量为0；R 为虚产流量；R_S 为地表产流量；R_G 为基层入渗量；F_C 为基层土壤入渗能力，由基层土壤入渗曲线求得；W_1 为时段初铺装层基质含水量；W_2 为时段末铺装层基质含水量；W_R 为大孔隙蓄水量；W_M 为铺装层田间持水量；W_S 为铺装层饱和含水量。

2.2.2.2 基层入渗

由于基层土壤导水率远远小于透水铺装层导水率，也就是说，铺装层向下的供水能力一般会大于基层的下渗能力。因此，当供水小于下渗时，水分全部入渗到土壤内，作为土壤含水量的补充并进一步入渗地下补充地下水；当供水大于下渗时，土壤以稳定的入渗能力下渗雨水，多余的水分在土壤表面形成积水，此时在土壤表面发生的入渗产流形式是超渗产流模式。此时入渗量的决定条件为土壤各时刻的入渗能力（F_C），其影响因素主要为土壤含水量。由于深层土壤的含水量变化不大，可视为常数，因此重点考察浅层土壤含水量，通过建立水量平衡关系即可得到基层土壤入渗过程的公式。

设影响土层的含水量为 θ，则

$$\begin{cases} R_G=\theta_2-\theta_1=R \quad (R<F_C) \\ R_G=\theta_2-\theta_1=F_C \quad (R\geqslant F_C) \end{cases} \tag{2.7}$$

式中：θ_1 为时段初基层土壤影响土层含水量；θ_2 为时段末基层土壤影响土层含水量。

2.2.3 算例分析

2.2.3.1 计算流程

模型计算流程如图 2.14 所示。首先判断时段雨量是否使得铺装层达到蓄满

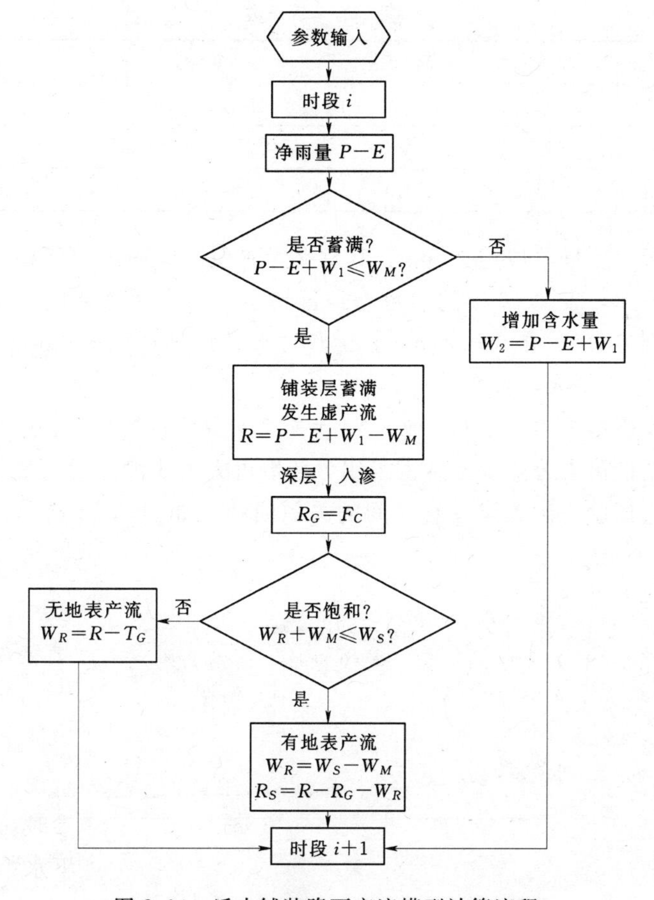

图 2.14　透水铺装降雨产流模型计算流程

状态，若未达到，则时段雨量完全补充铺装层含水量，进入下一时段计算；若已达到，则在铺装层中发生虚产流，并开始发生深层土壤入渗过程，时段土壤入渗量根据土壤含水率及入渗能力曲线确定。此时再判断铺装层是否达到饱和状态，若未达到，则以该时段垫层内增加的水量作为土壤入渗和大孔隙流的补充，并进入下一时段计算；若已达到则发生地表产流，并进入下一时段计算。总产流量为各时段地表产流量的综合。

2.2.3.2 参数确定

该模型为2层1维模型，即只考虑垂向入渗过程，平面概化为均一特性，以均值表示。竖向上分为2层：透水铺装层和基层土壤层。透水铺装层包括透水面层、透水垫层、碎石垫层、粗砂层，各层数值经厚度加权平均后，取其平均值代表铺装层数值。模型采用的基础参数通过试验室材料检测的方法获得，见表2.10。

表2.10 基 础 参 数

基础参数	铺装层	基层土壤	计算参数	数值
田间持水量（%）	5	29	时间步长（min）	1
饱和含水量（%）	29.1	39.9	降雨强度（mm/min）	1.67
厚度（mm）	520	300		

模型中所用变量单位均为mm，其意义为单位时间内单位面积上固定厚度土壤的数值，因此，表2.10中的参数需经过转换，转换后铺装层和基层土壤的田间持水量分别为20.86mm和87mm，饱和含水量分别为151.32mm和119.7mm。

2.2.3.3 基层土壤入渗过程

土壤入渗模型很多，如Green－Ampt模型，Philip模型、霍顿模型、通用经验公式、考斯恰可夫公式等。本例采用考斯恰可夫公式为土壤入渗过程的基本形式。通过室内试验得到入渗率与时间的关系曲线，如图2.15所示。根据试验结

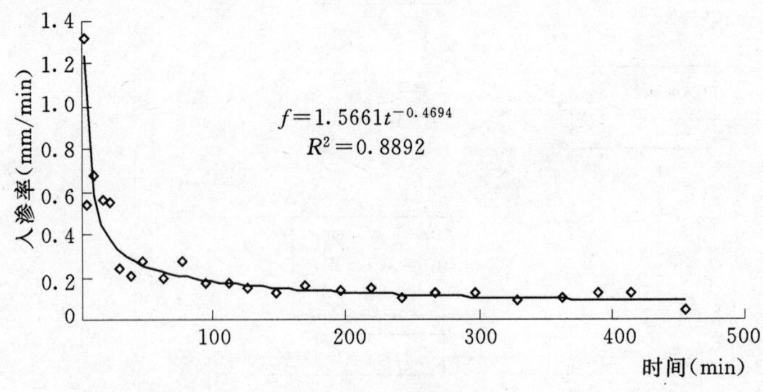

图2.15 入渗率曲线

果采用最小二乘法对试验数据进行拟合，得到本试验基层土壤的入渗率公式，并利用 $f—t$ 曲线和土壤初始含水率得到 $F—f$ 和 $W—f$ 关系曲线，如图 2.16 和图 2.17 所示。

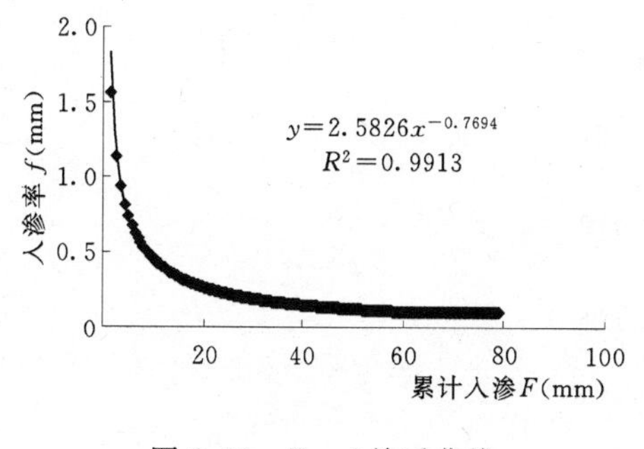

图 2.16　$F—f$ 关系曲线

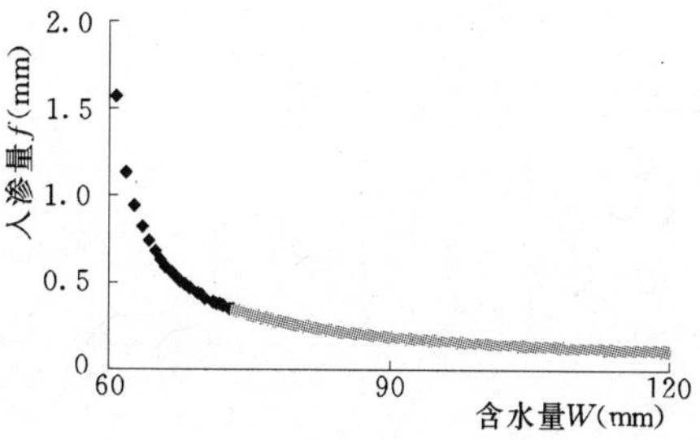

2.0
1.5
1.0
0.5
0
入渗量 f(mm)
60
90
120
含水量W(mm)

图 2.17　$W—f$ 关系曲线

由于 $W—f$ 关系曲线较复杂，无法用单一公式进行拟合，故采用分段多项式拟合的办法。各拟合公式形式及参数见表 2.11 和表 2.12。

表 2.11　　拟　合　公　式

考斯恰可夫公式	$F—f$	$W—f$（上段）
$f(t)=at^b$	$f=aF^b$	$f=aW^n+bW^{n-1}+\cdots$

表 2.12　　拟 合 公 式 参 数

参数	考斯恰可夫公式	$F—f$	$W—f$（上段）	$W—f$（下段）
a	1.5661	2.5826	2.80×10^{-6}	-2.15×10^{-9}
b	−0.4694	−0.7694	-1.15×10^{-3}	1.12×10^{-6}
c			1.96×10^{-1}	-2.36×10^{-4}
d			-1.79×10^{1}	2.48×10^{-2}
e			9.17×10^{2}	−1.32
f			-2.51×10^{4}	2.85×10^{1}
g			2.85×10^{5}	
R^2	0.8892	0.9913	1.0000	1.0000

2.2.3.4　结果分析

模型输入降雨过程与试验降雨过程相同，为等强度降雨，降雨时间为 130min。过模型计算的结果如图 2.18 所示。与人工降雨试验结果对照可以看出，计算产流过程与实测产流过程基本吻合，模型计算结果比较满意。

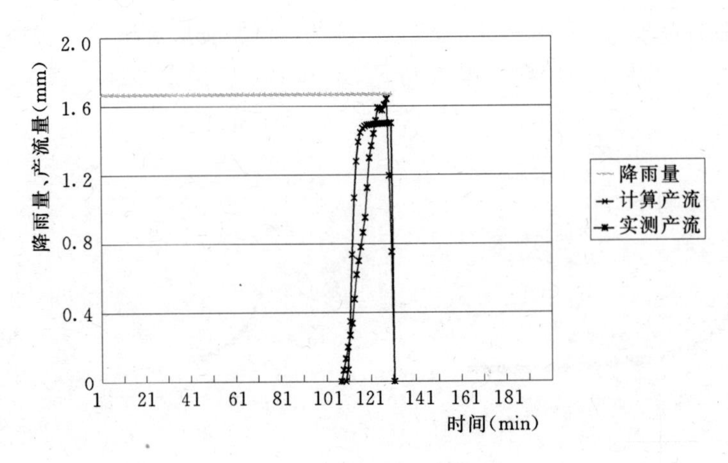

图 2.18　降雨产量算例模拟结果

实测与模拟结果相应数据见表 2.13。产流起始和结束时刻模拟比较好，入渗水量、产流量误差较大。分析原因与试验设备形式关系密切。实际降雨试验中，产流通过试验土槽一边的排水管排出，监测产流量过程为排水管出流过程，因此图 2.18 显示实测过程线缓慢上升和下降过程较明显；同时由于排水管口高出铺装面层约 5mm，这部分雨水没有被监测到，而是入渗进入铺装层和土壤层，因此实际监测产流量要偏小，而入渗量偏大。另外，数据监测方式为水位监测，即将产流通过排水管排入水桶，监测桶内水位变化过程，通过容积曲线换算为流量过程，水位探头精度为 5mm，设备精度对流量监测结果也会产生一定的误差影响。

表 2.13　　**实测与模拟结果对照情况**

项　　目	产流量 (mm)	产流起始时刻 (min)	产流结束时刻 (min)	入渗量 (mm)
实测	28.8	108	130	182
模拟	30.6	110	130	165.7
误差	1.8	2	0	−16.3
	6.3%	1.9%	0	−9.0%

2.2.3.5　敏感度分析

影响模型计算结果的因素很多，如计算时间步长、铺装层含水量等。各参数在选取上的准确度，将影响模型计算结果的可信度。由于某一参数的调整而导致计算结果在数值上的变化幅度能够反映模型对该参数的敏感度，敏感度越大则说明该参数的选取必须严格精确，敏感度越小则说明该参数的变化对模型计算结果的影响不大。

时间步长能够反映一个模型的稳定性，步长选择范围广则表示模型稳定性强，反之亦然。表 2.14 列出了调整时间步长后的模型计算结果。因为透水铺装试验为短历时降雨试验，因此其时间步长不可过大，故对该参数在［0.1，10］的区间内进行调整。从中可以看出，时间步长在 0.1～10min 之内的变化对模型计算结果的影响不大，说明模型稳定性较强。为模型计算方便，一般取 1min 为时间步长。

表 2.14　　时间步长敏感度分析结果

时间步长（min）	产流量（mm）	产流起始时刻（min）	产流结束时刻（min）	入渗量（mm）
0.1	30.6	109.6	130.0	164.8
0.5	30.6	110.0	130.0	165.7
1	30.6	110.0	130.0	165.7
5	30.5	110.0	130.0	165.8
10	29.5	120.0	130.0	166.8

田间持水量是划分铺装层基质入渗和大孔隙入渗过程的标准，超过田间持水量的水量以自由水的形式存在于铺装层大孔隙之中，并作为基层土壤入渗的水源。表 2.15 列出了对田间持水量增加或减小一定幅度后取值的模型计算结果的变化情况，表中 ΔW_M 即表示田间持水量的变化程度。从中可以看出，田间持水量的变化对计算结果有一定的影响，在饱和含水率一定的前提下，随着田间持水量数值的增加，铺装层基质持水能力上升，其大孔隙蓄水能力下降，可供给基层土壤入渗的水量相应减少，由于水量深层入渗受到限制，进一步导致整体入渗水量的下降，从而使得产流量有所上升，产流时间有所提前。反之亦然。

表 2.15　　铺装层田间持水量敏感度分析结果

ΔW_M（%）	产流量（mm）	产流起始时刻（min）	产流结束时刻（min）	入渗量（mm）
100	32.7	108.0	130.0	142.8
50	31.6	109.0	130.0	154.3
0	30.6	110.0	130.0	165.7
−50	29.5	111.0	130.0	177.2
−100	28.5	112.0	130.0	188.6

图 2.19 反映了田间持水量和计算结果的变化幅度。从中可以看出，田间持水量在［−100%，100%］范围内变化，引起产流量在［−10%，10%］范围内进行变化，入渗量在［−20%，20%］范围内进行变化。由此可知，田间持水量的变化

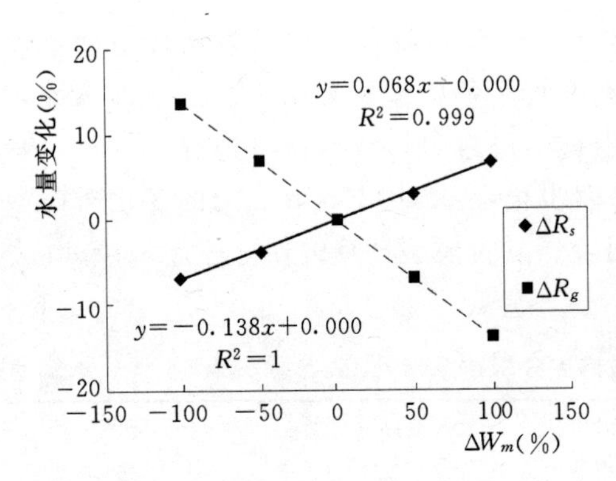

图 2.19　铺装层田间持水量敏感度分析

对入渗量的影响要大于对产流量的影响，但总体看来，田间持水量虽然对模型计算结果有一定的影响，但是其影响幅度不大。

饱和含水率反映了铺装层能够存蓄雨水的最大能力，对于蓄满产流模式而言，该参数是判断地表产流发生与否的主要标准。表 2.16 列出了不同饱和含水率对模型计算结果的影响情况。饱和含水率高，铺装层能够存蓄的雨水多，因此发生地面产流的时间晚，地面产流量也相应变小，同时由于铺装层内存蓄的雨水量大，为基层土壤入渗提供的水源多，因此导致基层土壤入渗量也会增加。反之亦然。

表 2.16　　铺装层饱和含水率敏感度分析结果

ΔW_s (%)	产流量 (mm)	产流起始时刻 (min)	产流结束时刻 (min)	入渗量 (mm)
20	0.3	130.0	130.0	196.0
10	15.4	120.0	130.0	180.9
0	30.6	110.0	130.0	165.7
−10	45.7	100.0	130.0	150.6
−20	60.8	90.0	130.0	135.5

图 2.20 反映了饱和含水率和计算结果的变化幅度。从中可以看出，饱和含水率在［−20%，20%］范围内变化，引起产流量在［−100%，100%］范围内进行变化，入渗量在［−20%，20%］范围内进行变化。由此可知，饱和含水率对模型计算结果的影响较大，其中对产流量的影响要远大于对入渗量的影响。

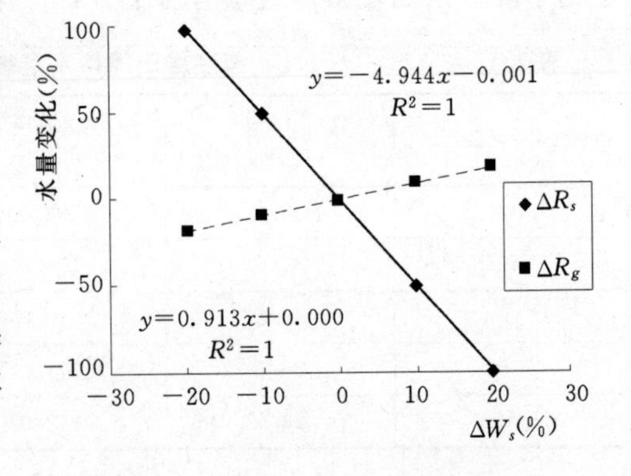

图 2.20　铺装层饱和含水率敏感度分析

2.2.3.6　情景模拟

在实际工程应用中，雨水利用工程都面临一个前期降雨的问题。前期降雨时间间隔短或降雨量大，则雨水利用设施内可能留存有部分雨水未能及时利用或排空，对本次降雨的拦蓄和利用可能造成一定的影响；前期降雨时间间隔长或降雨量小，则雨水利用设施内的雨水有足够的时间得以排空或被利用，设施内的存蓄空间较大，有利于本次降雨的拦蓄和利用。对于透水铺装来说，前期降雨的影响反映在初期含水率的变化上，初期含水率较高则说明前期降雨还未被完全消纳，初期含水率低则说明前期降雨对本次雨水利用的影响不大。

情景①表示前期降雨时间间隔很长，透水铺装层和基层土壤内的雨水有足够的时间入渗、蒸发，使得土壤初始含水率达到较低的水平，铺装层内的水分基本为0；情景②表示前期降雨时间间隔较长，透水铺装层内的雨水已完全入渗或蒸发，由于受到透水铺装层大孔隙的影响，基层土壤蒸发量不大，土壤内的水分维持在田间持水量的水平；情景③表示前期降雨间隔较近，虽然铺装层内的水分基本得以排除，但是基层土壤内的水分含量还较高；情景④表示前期降雨刚刚发生，基层土壤水分含量还处于饱和含水率的水平，铺装层内的自由水已经入渗进入基层土壤，但其基质水还未被蒸发掉，维持在田间持水量的水平。情景①多发生在年初第一场降雨的时候；情景②一般为初夏时期，有一定的降雨量，但总前期雨量较小，且时间间隔较长；情景③一般为刚开始进入汛期或汛前时期，有一定的降雨发生，虽然总雨量不大但是前期降雨间隔较近；情景④多为主汛期时期，不仅降雨量较大且降雨发生频繁，铺装层和基层土壤内的雨水没有足够的时间得以排除。

表 2.17　　情 景 分 析

情景		初始含水率		产流量 (mm)	入渗量 (mm)	备注
		土壤	铺装层			
①	初春	0.15	0	17.4	178.9	最有利
②	初夏	0.29	0	47.2	149.1	较有利
③	汛前	0.32	0	49.8	146.5	较不利
④	主汛	0.40	0.04	73.1	144.0	最不利

表2.17反映了各种情景下透水铺装产流量和入渗量的变化情况。由表中数字分析可知，初始含水率较低时，铺装层和土壤内有较大的空间存蓄和入渗雨水，使得产流量较小，入渗量较大，能够较好地实现入渗补源、较少径流的目的；初始含水率较高时，铺装层和土壤内的空间被前期降雨的雨水占据，无法为后来的降雨提供有效的存蓄空间和入渗能力，因此其产流量较大，入渗量较小，对透水铺装效果有一定的不利影响。总体看来，土壤和铺装层的初始含水率对透水铺装雨水径流控制的影响较大，但是，由于透水铺装层本身具有较多的孔隙，能够存蓄的雨水量较大，因此其对雨水径流依然能够起到较好的控制作用。

2.3 透水砖铺装地面下渗雨水收集利用技术

由于奥运场区土壤质地偏粘，特别是地下构筑物较多，不利于雨水下渗补充地下水，同时考虑到场区有大面积的绿地需要灌溉，为了减少地表径流、增加雨水回用量，研究开发了透水铺装下渗雨水的收集利用技术，可通过下渗收集加快储水层排空储水、提高铺装层的复蓄空间，增强径流控制能力。

2.3.1 试验材料与方法

试验装置由人工降雨设备、试验土槽、集水材料、监测设备等设施组成，如图 2.21、图 2.22 所示。人工降雨模拟系统采用叠加喷洒式降雨原理，即在降雨

图 2.21 试验装置实体照片

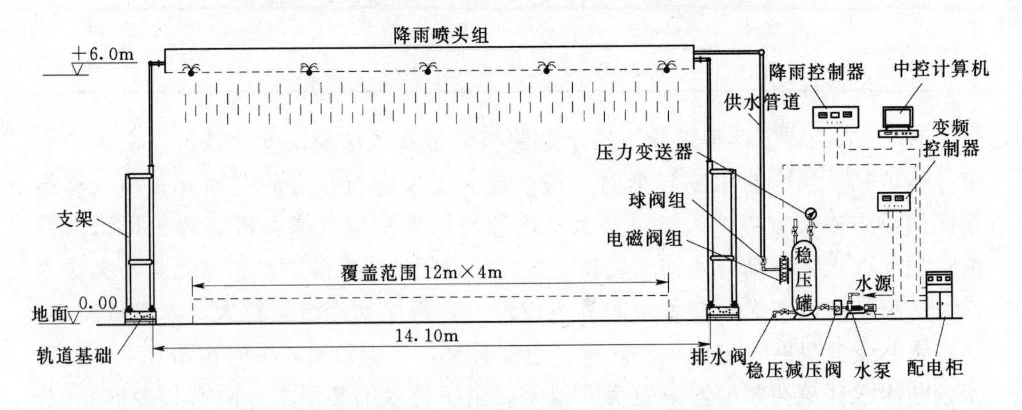

图 2.22 人工模拟降雨系统组成示意图

覆盖范围内布置多组降雨喷头，每组喷头单独工作时均可在覆盖范围内造成一种稳定雨强的降雨，各组喷头组合工作就可以造成不同雨强的降雨。试验土槽内分别布置不同透水铺装及收集形式，其典型铺装剖面如图 2.23 所示。

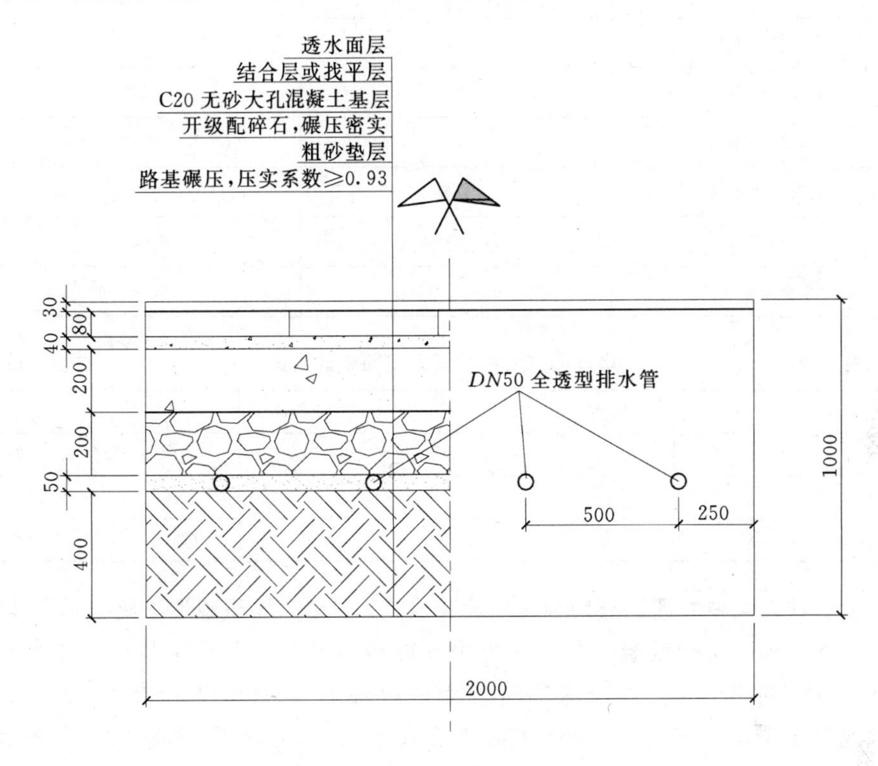

图 2.23　土槽透水铺装基本形式（单位：mm）

根据前述研究结果，该试验所采用的铺装结构为透水面层＋无砂混凝土垫层＋单级配碎石垫层＋基层土壤的形式。透水面层包括透水砖和找平层，无砂混凝土垫层强度为 C20，单级配碎石垫层采用粒径 5～10mm 的碎石。为便于铺设收集系统，在碎石垫层和基层土壤之间铺设一层粗砂作为集水层，粗砂中铺设收集管材。试验典型铺装结构如图 2.23 所示。

试验中所需材料包括面层透水砖、找平层、无砂混凝土、碎石、粗砂、收集管材等。各材料基本物理参数见表 2.18。试验采用的收集材料为透水管材，其它试验材料特性与前述试验相同。

根据奥运场区雨水设计要求，透水铺装地面按照 5 年一遇日降雨强度标准设计。场区内不同重现期设计雨量见表 2.19。考虑室内试验结果与实际应用相衔接，试验设计透水铺装各层总容水量参考值为 151mm。各层厚度及容水量见表 2.20。

表 2.18　　试验材料基本参数

材　料	孔隙率（%）	渗透系数（cm/s）
C20 垫层混凝土	26	9.61
C15 找平层混凝土	25	1.51
C25 露骨料混凝土	2	0.05
风积砂透水砖	5.3	0.36
混凝土透水砖	4.3	0.14
粗砂	45	0.00039
单级配碎石	55	0.00604

表 2.19　　奥林匹克公园不同重现期设计雨量　　单位：mm

时段（h）	1 年	2 年	5 年	10 年	20 年	50 年
1	21	38	60	76	91	112
6	34	60	102	134	168	212
24	47	81	151	209	270	351

试验共设 4 种处理，分别为 4 种铺装形式。1 号为风积砂透水砖＋40cm 厚找平层＋200cm 厚无砂混凝土垫层＋200cm 厚碎石垫层；2 号为混凝土透水砖＋40cm 厚透水混凝土找平层＋200cm 厚无砂混凝土垫层＋200cm 厚碎石垫层；3 号为混凝土透水砖＋40cm 厚透水混凝土找平层＋100cm 厚无砂混凝土垫层＋100cm 厚碎石垫层；4 号为露骨料混凝土面层＋200cm 厚无砂混凝土垫层＋200cm 厚碎石垫层。

对于上述试验土槽处理进行人工降雨试验，各个处理所采用的降雨过程和降雨量有所不同。在人工降雨过程中与降雨后观测记录不同处理地表产流的开始时刻、结束时刻、产流量，收集水量出流的开始时刻、结束时刻、出流量，以及降水渗过土层流出的开始时刻、结束时刻和渗透的排水量数据进行对比分析。

表 2.20　　试验各处理基本参数

处理	材料	厚度（mm）	孔隙率	容水量（mm）	
1 号	中砂	0.015	0.44	6.6	149
	碎石	0.2	0.45	90	142.4
	垫层	0.2	0.209	41.8	52.4
	找平层	0.04	0.065	2.6	10.6
	面层	0.08	0.1	8	8

续表

处理	材料	厚度（mm）	孔隙率	容水量（mm）	
2号	中砂	0.015	0.44	6.6	150.2
	碎石	0.2	0.45	90	143.6
	垫层	0.2	0.209	41.8	53.6
	找平层	0.04	0.205	8.2	11.8
	面层	0.08	0.045	3.6	3.6
3号	中砂	0.015	0.44	6.6	84.3
	碎石	0.1	0.45	45	77.7
	垫层	0.1	0.209	20.9	32.7
	找平层	0.04	0.205	8.2	11.8
	面层	0.08	0.045	3.6	3.6
4号	中砂	0.035	0.44	15.4	161.6
	碎石	0.2	0.45	90	146.2
	垫层	0.2	0.209	41.8	56.2
	面层	0.12	0.12	14.4	14.4

2.3.2 透水铺装地面下渗雨水的水质特性

透水铺装具有多孔介质的特性，其内部大量的孔隙和固相颗粒为过滤、吸附入渗雨水提供了便利条件。透水铺装多布置在非机动车道、人行步道等污染物较少的区域。对于一般的透水铺装区域而言，也很难产生地表径流，天然降雨只对铺装表层进行淋洗，随即进入铺装层内部，经多孔介质系统净化后进入下层土壤，或经过垫层内的收集系统回收利用。

2.3.2.1 试验设计

在透水铺装地面示范区施工时，划定 $1m^2$ 的正方形区域为试验区，试验区垫层下交错布设 3 层不锈钢筛网，筛网下由铁箅子支撑于入渗雨水收集室上方，收集室底层坡向旁侧的试验观测井，并通过 PVC 管与观测井连接，管口装阀门方便取水。试验区四周垂直铺设防渗膜，避免周边区域雨水进入。试验区所在地为混行道，但机动车流量非常小可忽略不

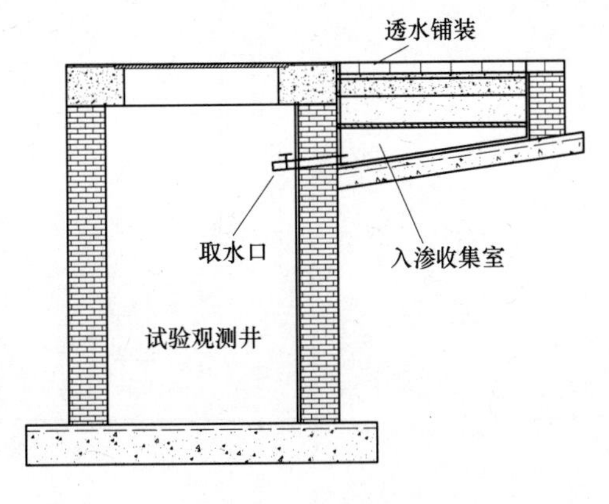

图 2.24 试验装置

计。试验装置如图 2.24 所示。

降雨结束后，第一时间通过试验观测井内的取水口取得透水铺装入渗雨水作为入渗后水质样本，并在降雨时利用雨水收集装置收集天然雨水作为入渗前水质样本进行对照，样本取得后立即同时送往检测单位进行水质化验。考虑到入渗雨水的回用途径，参考景观用水、市政杂用水，地表水、地下水等相关的国家标准，对水样进行化验，化验指标选定为较敏感的五类：氨氮、总氮、总磷、高锰酸盐指数、生化需氧量。参考标准见表 2.21。

表 2.21　雨水回用参考标准　单位：mg/L

参考标准	NH_3—N	TN	TP	COD_{Mn}	BOD_5
景观	5	15	0.5	—	6
杂用水	10	—	—	—	10
地表水	1.5	1.5	0.3	10	6
地下水	0.5	—	—	10	—

注　表中各标准数值来源依次为：GB/T 18921—2002《城市污水再生利用 景观环境用水水质》、GB/T 18920—2002《城市污水再生利用 城市杂用水水质》、GB 3838—2002《地表水环境质量标准》、GB/T 14848—93《地下水质量标准》。

2.3.2.2　结果分析

水质化验结果表明：透水铺装对入渗雨水的净化作用较为明显。图 2.25 所示为透水铺装对污染物的去除率。定义去除率为：出水污染物浓度与原水相比减少的量与原水浓度的比值。其数学表达式如下：

$$R=\frac{(C_i-C_o)}{C_i} \tag{2.8}$$

式中：R 为污染物去除率；C_i 为原水污染物浓度；C_o 为出水污染物浓度。

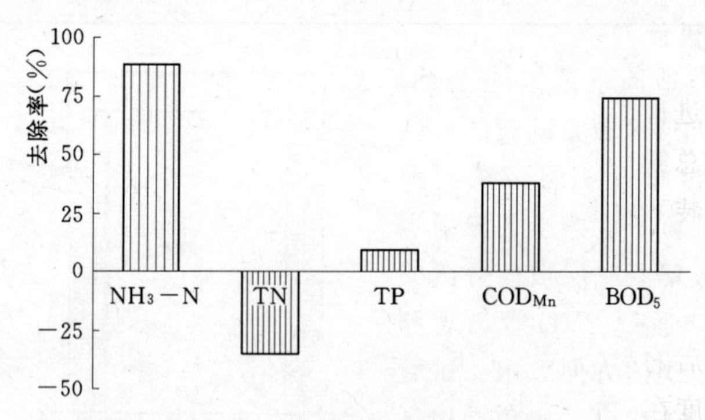

图 2.25　透水铺装污染物去除率

从图 2.25 可以看出，透水铺装结构对氨氮、高锰酸钾指数和生化需氧量的去除效果很好，其中，氨氮的去除率高达88.8%，生化需氧量的去除率为74.3%，高锰酸钾指数的去除率为38%。而对总磷的去除效果不好，对总氮的去除效果最差。这与透水铺装材料的结构和物理特性有关。透水铺装材料为人工合成的多孔介质材料，其主要特性为多孔隙，结构中的不均匀孔隙能够有效过滤污染物，而介质中的颗粒材料也为污染物的吸附提供了条件。因此透水铺装材料对污染物的去除机理主要体现在过滤和吸附作用上。

水体中氮的主要存在形式为氨氮和有机氮，它的去除途径主要有生物脱氮、作物的吸收、介质颗粒的吸附以及氨氮的挥发等。氮的迁移转化过程可以分为以下几个阶段：有机氮转变成为氨态氮，氨态氮被土壤颗粒吸附，土壤吸附的氨态氮在硝化细菌的作用下转化为硝态氮，硝态氮通过反硝化以 N_2 或 N_2O 的形式扩散到大气中。由此可见，总氮去除的效果好坏主要取决于系统的硝化以及反硝化的程度。而透水铺装介质中没有适合硝化菌和反硝化菌生长的环境，其消化和反硝化程度很低，相应而言对总氮的去除能力也很差。透水铺装介质的多孔性为氨氮的过滤和吸附提供了条件，而氨态氮本身属不稳定结构，极易分解为氨气和水释放到空气中。因此透水铺装对氨氮的去除效果较好，而对总氮的去除效果却很差。

多层介质渗滤系统中磷的去除主要是通过以下几个过程完成的：介质颗粒的吸附作用、化学沉淀反应、微生物同化作用和植物吸收作用。有研究和实践表明：土壤渗滤系统运行初期，吸附对磷的去除有重要的意义，但是对于磷的进一步去除而言，吸附不是主要作用，系统中对磷的去除过程主要是由化学沉淀反应来控制的，这种磷去除作用的土壤同化容量远比吸附容量大得多。对于透水铺装材料而言，其本身属于人工合成材料，与土壤相比其化学、生物作用很低，对磷的去除能力只是体现在吸附作用上，因此其去除效果也会较差。

由此看来，能够通过过滤和吸附作用去除的污染物，在透水铺装系统中的去除效果会比较明显，如氨氮、高锰酸钾指数和生化需氧量等；而需要生物、化学环境为媒介才能进行转换、转移和去除的污染物，在透水铺装系统中不会有较好的去除效果，如总氮、总磷等。

通过透水铺装下渗的雨水，可以直接深层入渗回补地下水，也可以通过埋设在垫层内的收集系统收集后回用。收集雨水的回用途径一般可考虑绿化灌溉、道路冲洗、洗车、景观补水等，各种回用途径对水质均有相应的要求。图2.26为透水铺装入渗前后的水质指标与相应标准的对比情况。图2.26显示，入渗前的雨水水质污染程度在氨氮、总氮、生化需氧量指标上未能满足地表水Ⅳ类标准、地下水Ⅳ类标准和环境用水标准（各标准见表2.21注），而入渗后的雨水水质除总氮指标未能达到地表水Ⅳ类标准要求外，其他各项指标均能满足环境用水、城市杂用水、地下水Ⅳ类的标准。

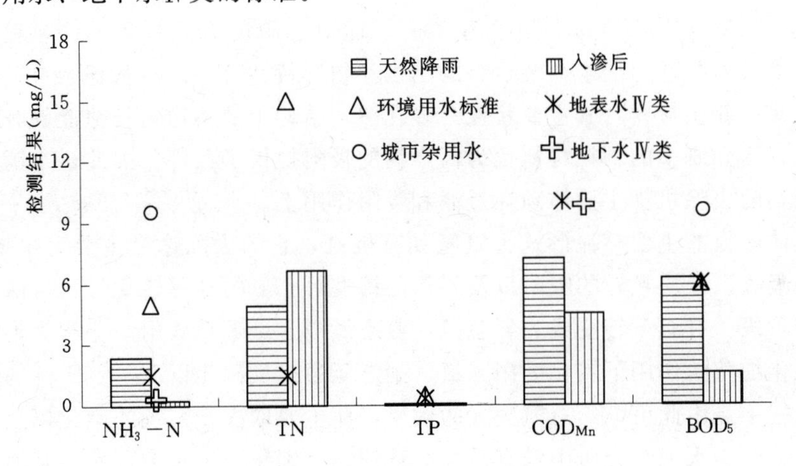

图 2.26　透水铺装入渗前后水质与相关标准对比情况

总体看来，透水砖铺装地面下渗收集雨水的主要污染物为总氮，其过滤后的浓度约为 3～10mg/L，但仍未超过《城市污水再生利用 景观环境用水水质》的要求，而《城市污水再生利用 城市杂用水水质》未对总氮浓度作出要求。由此可见，经过透水铺装入渗净化后所收集的雨水，能够安全回用于景观环境补水、城市杂用水、地下水回灌、除特种树木及特种花卉以外的绿化杂用水。

2.3.3　透水铺装地面雨水下渗收集水量

透水铺装材料内能够存蓄大量的雨水，这部分雨水若通过适当手段收集到蓄水设施内贮存回用，则相当于及时排空了透水铺装内的存蓄空间，有利于雨水的进一步入渗。因此，本部分试验针对垫层内有收集（S2）措施和无收集（S1）措施两种形式，分别考察透水铺装在不同措施条件下的雨水控制能力和规律。其降雨强度和降雨历时见表 2.22 和表 2.23。

表 2.22　　无收集（S1）不同处理的人工降雨情况

处理编号	降雨编号	设计雨强（mm/min）	降雨历时（min）	实测雨强（mm/min）	实测雨量（mm）
1	11	1.228	60	1.145	69
	12	0.937	60	0.985	59
2	21	1.228	60	1.119	67
	22	0.937	60	0.994	60

表 2.23　　有收集（S2）不同处理的人工降雨情况

处理编号	降雨编号	设计雨强 (mm/min)	降雨历时 (min)	实测雨强 (mm/min)	实测雨量 (mm)
1	11	1.228	60	1.121	67.3
	12	0.722	90	0.614	55.2
2	21	1.228	60	1.132	67.9
	22	0.722	90	0.584	52.6

有收集（S2）措施是指在透水铺装的垫层内埋设入渗雨水收集系统，系统由透水花管和 PVC 排水管组成。透水花管为 *DN*50 全透型排水管，外包土工布，负责收集入渗雨水，间隔 0.5m 均布在垫层内，各条透水花管收集的雨水统一接入 PVC 排水管内，再通过一条 *DN*75 的总管排到土槽外收集桶内，测量收集水量和变化过程。无收集（S1）措施极为普通透水铺装形势，入渗雨水只能通过垫层深入基层土壤，没有其它排泄途径。

2.3.3.1　无收集措施

在试验中不采取垫层雨水收集措施，降落在透水铺装上的雨水只能通过透水材料入渗到土壤内，超过入渗能力的雨水则形成径流。

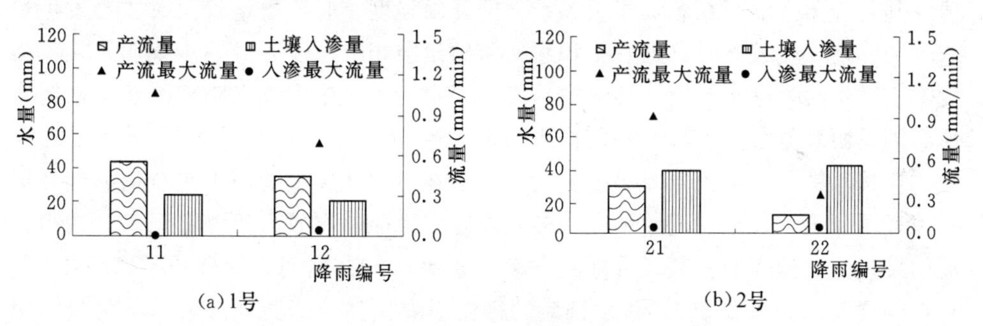

图 2.27　1号、2号降雨产流、入渗量

图 2.27 中的产流量指降雨全过程的产流总量；产流最大流量指产流过程中的最大时刻流量；土壤入渗量是指穿透土壤基层的入渗水量（其入渗过程会延续至降雨结束后数小时至数天），通过基层下埋设的排水管进行收集监测；入渗最大流量是指土壤入渗过程中的最大时刻流量。从图 2.27 中可以看出，当降雨强度和降雨量发生变化时，产流及入渗规律也相应发生变化，并分别与降雨的变化呈现正相关趋势，其中产流最大流量变化幅度较大，说明其受降雨变化影响大，产流量及入渗水量变化幅度较小，说明其受降雨变化影响小；两次降雨中，1 号处理的产流量、产流最大流量均比 2 号处理为大，而土壤入渗量均比 2 号处理为少，说明 1 号处理的铺装形式对雨水入渗能力小于 2 号处理的铺装形式，特别是

在雨强较小的12号和22号降雨时，2号处理能够入渗相对更多的雨水，减少相对更多的地表径流。

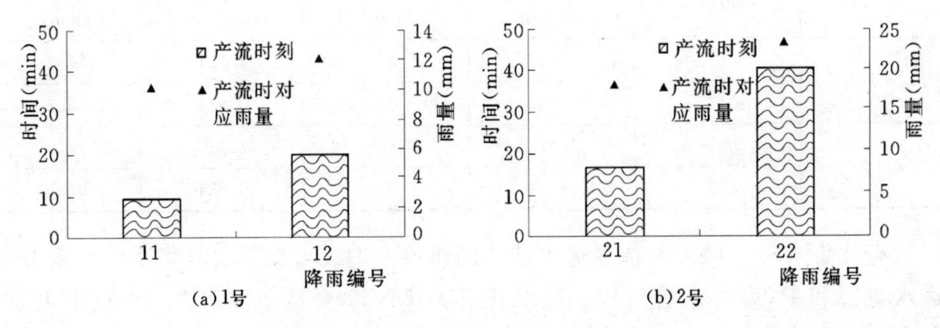

图2.28 1号、2号降雨产流时刻特征

图2.28反映了不同降雨情况下各种铺装类型产流时刻的特征。在降雨强度较大的11号和21号降雨时，各种铺装类型的产流时间均早于降雨强度较小的12号和22号降雨的情况，说明大强度降雨更容易发生积水。图中的▲表示产流发生时的总降雨量，该参数反映了透水铺装对雨水的消纳能力。随着降雨强度的增加，其产流时对应雨量相应减少，说明透水铺装地面的雨水消纳能力不是一个定值，其与降雨强度存在着负相关关系，即降雨强度小时，雨量较大时才会发生积水，而降雨强度较大时，则发生积水所需雨量会相应减少。进一步说明，在小强度降雨发生时，透水铺装能够容纳较多的雨水，当发生大强度降雨时，透水铺装所容纳的雨水量会减少，并提前产生积水和径流。

当透水铺装内不采取收集措施时，降落在透水铺装上的雨水完全依靠铺装层孔隙存蓄和土壤入渗，透水铺装的多孔入渗能力能够有效入渗滞蓄雨水，减少径流的发生。试验表明：其径流削减比率在30%～80%之间，洪峰削减比率在7%～70%之间（见图2.29）。透水铺装的径流削减比例与降雨强度和总降雨量呈现

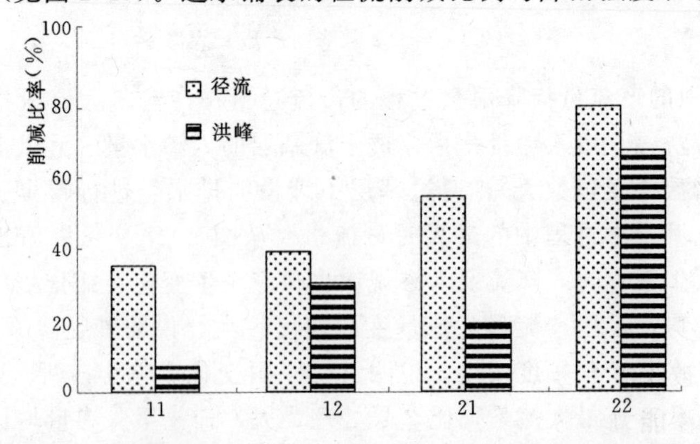

图2.29 无收集措施下1号、2号降雨产流控制效果对比情况

负相关的趋势，即降雨强度越大、总降雨量越大则径流削减的幅度越小。

径流削减比率指实际产流量较降雨量减少的比率，其在数值上等于实际产流量比降雨量减少的值与降雨量的比；洪峰削减比率指实际产流最大流量较降雨过程中最大雨强减少的比率，其在数值上等于实际产流最大流量较最大雨强减少的值与最大雨强的比。

2.3.3.2 有收集措施

在试验中采取垫层雨水收集措施，降落在透水铺装上的雨水通过透水材料，并经由埋设在透水垫层中的收集管道排出透水铺装以外，进入蓄水设施，同时，透水材料内的雨水也发生深度入渗，进入到土壤内，超过入渗和收集能力的雨水则形成径流。

由图 2.30 可以看出，在 60min 降雨历时条件下，处理 1 号、2 号的产流量随降雨强度的减弱而逐渐减少，洪峰流量的变化也与降雨强度关系密切，其在数值上随降雨强度的变化而发生显著变化；从土壤入渗水量来看，各种铺装形式均表现出入渗水量随降雨强度的降低而递减的趋势，但其数值变化幅度不大；入渗水量最大流量的变化趋势与降雨强度有关，在数值上呈现正相关趋势；垫层收集水量也随着降雨量的变化而变化，降雨强度大、总雨量多，则收集水量相对较大，反之亦然。

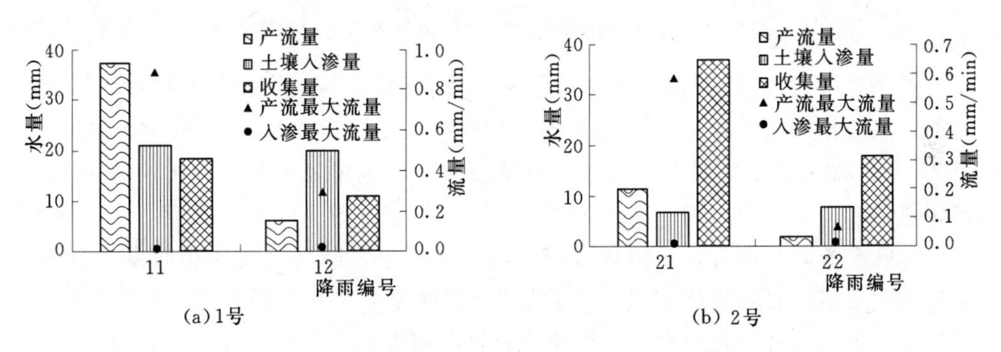

图 2.30 不同降雨强度下透水铺装产流、入渗效果

对照图 2.27 无收集措施时的产量结果可以看出，当在透水铺装中采取收集措施后，相似降雨情况下，各处理的产流量、洪峰流量、土壤入渗水量均出现明显减少的现象，从水量平衡的角度考虑，这部分水量转化为收集量，说明垫层中的收集管道能够排出垫层中存蓄的大量雨水，为透水铺装进一步入渗降雨提供了条件，但也减少了垫层雨水进一步渗入基层土壤并回补地下的水量，同时，由于垫层中的雨水被收集进入其它蓄水设施，垫层中的含水量明显下降，也使得透水铺装材料的入渗能力达到饱和的时间向后推延，即变相提高了透水铺装材料的入渗能力，因此对洪峰流量也产生了影响，有收集措施后，洪峰流量比无收集措施

时要有一定程度的降低。

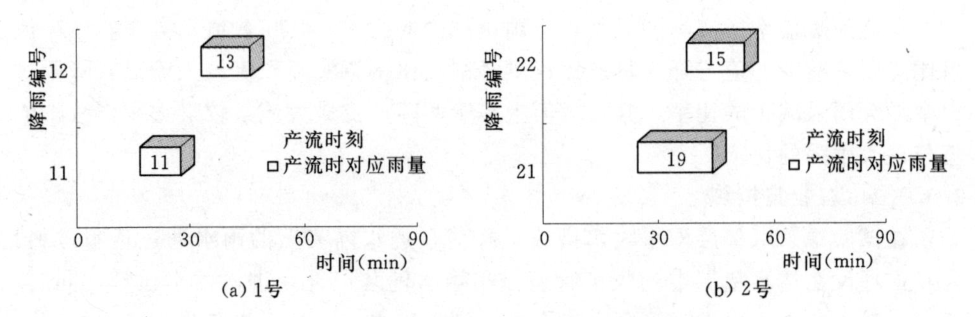

图 2.31　不同降雨强度下透水铺装产流时刻特征

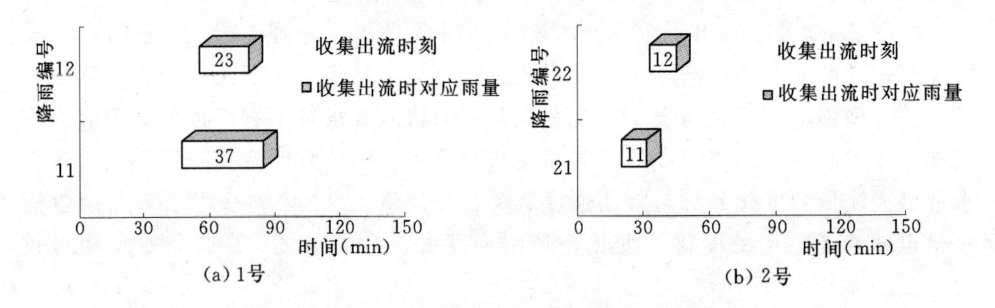

图 2.32　不同降雨强度下透水铺装收集出流时刻特征

图 2.31、图 2.32 反映了处理 1 号和 2 号在降雨后产流时刻、收集水量出流时刻，以及相应的降雨量。图中纵坐标为降雨编号，其中 11 号、21 号降雨强度较 21 号，22 号的降雨强度为大。图中横条的起始位置表示产流或出流时刻，起始靠左则时刻早，靠右则时刻晚；横条中的数值表示产流或出流时刻对应的累积雨量。就产流时刻而言，降雨强度较大时发生较早，降雨强度较小时发生较晚，这与无收集措施时的规律相似，1 号处理产流时刻要早于 2 号处理，且产流时对应降雨量也比 2 号处理为小，也就是说较小降雨即可使 1 号处理产生径流，说明 1 号处理的铺装形式对雨水的控制能力较 2 号处理为弱；两种收集水量出流时刻可呈现与降雨强度正相关的关系，同时也可以看出，1 号处理的收集水量出流时刻比 2 号处理为晚，对应的降雨量较大，也就是说与 2 号处理相比较大的降雨才能够从 1 号处理的铺装垫层中收集到雨水，这是由于 1 号处理入渗雨水的能力弱，因此需要较长时间或较大的雨量才能入渗足够的雨水并从垫层中收集出来。

对照图 2.28 分析可以看出，有收集措施后，1 号和 2 号两种处理的产流时刻均向后推延，分析其原因，是由于铺装垫层内的雨水及时排出，为雨水的进一步入渗存蓄提供了空间，有效增加了铺装系统对雨水入渗的能力，也相应提高了对雨水径流的控制能力。由此可知，采取收集措施后的透水铺装形式比不采取收集措施时对降雨径流的控制能力有所提高。

当透水铺装内采取收集措施后，降落在透水铺装上的雨水一部分存蓄在垫层中增加其含水量，一部分经由收集管道收集进入蓄水设施留待回用，一部分继续入渗进入深层土壤补充地下水，由于收集系统排出了部分入渗雨水，为透水铺装进一步吸纳后期降雨提供了空间，因此增加收集措施后，能够进一步提高雨水渗入透水铺装系统的能力，从而提高了系统对降雨径流的控制能力。试验表明：采取收集措施后，透水铺装径流削减比率在40%～90%之间，洪峰削减比率在20%～80%之间（见图2.33）。有收集措施后透水铺装的径流削减比例随降雨强度和总降雨量的变化而呈现负相关的趋势，即降雨强度越大、总降雨量越大则径流削减的幅度越小。

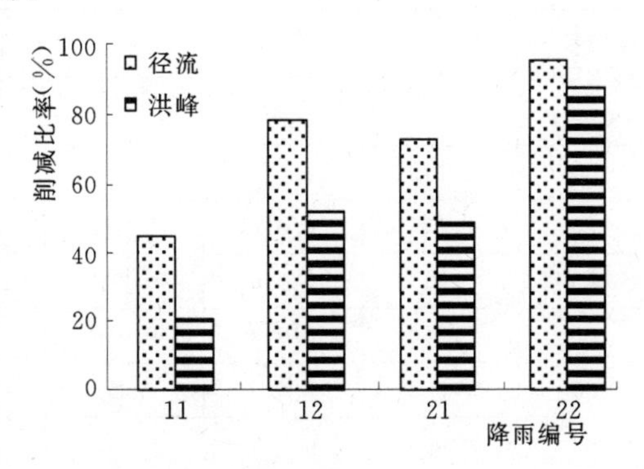

图2.33　有收集措施下1号、2号降雨产流控制效果对比图

2.3.4　不透水铺装与透水铺装立体结合的雨水收集技术

透水铺装虽然能够有效入渗雨水、减少径流，但受到自身多孔介质的影响，其外观的美感较低，且造价比一般不透水硬化铺装为高，因此从景观和经济成本的角度看，透水铺装有着与生俱来的弱点，这在很大程度上制约着透水铺装在实际工程中的应用和推广。而传统硬化铺装材料不仅工艺简单、种类繁多，而且容易造型、景观效果好，正可以弥补透水铺装的不足之处。在铺装形式上，统一采用透水垫层，针对实际需求，将面层进行透水和不透水混合铺设，形成立体组合的铺装结构，利用透水铺装及其垫层的强大渗透能力，入渗消纳不透水铺装的产流，同时利用不透水铺装的成熟工艺和造型弥补造价高和美观的不足，则能够形成较好的总体效益。

表2.24　　**奥运场区不同重现期、不同历时降雨强度**　　单位：mm/s

雨强 降雨历时 (min)	重现期（年）						
	1	2	5	10	20	50	100
5	0.032	0.040	0.051	0.058	0.066	0.077	0.085
10	0.026	0.032	0.040	0.046	0.053	0.061	0.067
15	0.022	0.027	0.034	0.039	0.044	0.051	0.056

续表

雨强 降雨历时 （min）	重现期（年）						
	1	2	5	10	20	50	100
20	0.019	0.023	0.029	0.034	0.038	0.045	0.049
30	0.015	0.019	0.024	0.027	0.031	0.036	0.040
45	0.013	0.016	0.020	0.023	0.026	0.030	0.033
60	0.010	0.012	0.016	0.018	0.020	0.024	0.026
90	0.008	0.010	0.012	0.014	0.016	0.018	0.020
120	0.006	0.008	0.010	0.012	0.013	0.015	0.017
150	0.005	0.007	0.009	0.010	0.011	0.013	0.014

从前述的研究可以看出，透水铺装对降雨径流的控制削减能力很强。现行透水砖规范规定：透水铺装材料的渗透系数不小于0.1mm/s。这一数值入渗雨水的强度已超过百年一遇的标准。奥运场区不同重现期短历时降雨强度见表2.24。由此可见，透水铺装的雨水入渗能力还有很大的潜力可以挖掘。特别是在中小降雨强度情况下，透水铺装材料的入渗能力、蓄水空间都没有被完全利用，还能够容纳更多的雨水。由此看来，利用透水铺装多余的雨水入渗能力，结合不透水铺装美观便宜的优势，更有利于雨水利用的优化配置。

针对3号、4号铺装形式进行人工降雨试验。每种铺装形式均选择三种不同透水铺装比例，透水铺装与不透水铺装比例分别为1：0、1：1和1：2。试验采用相同降雨强度和降雨历时。各参数具体选值见表2.25。

表2.25　　不同透水比率的人工降雨情况

处理编号	设计雨强 （mm/min）	降雨历时 （min）	实测雨强 （mm/min）	实测雨量 （mm）	透水比例
3号	1.454	150	1.262	189.3	1：0
	1.454	150	1.199	179.9	1：1
	1.454	150	1.219	182.9	1：2
4号	1.454	150	1.672	250.8	1：0
	1.454	150	1.680	252.0	1：1
	1.454	150	1.69	253.5	1：2

图2.34反映了三种透水铺装比例情况下，3号和4号处理的径流系数和收集率变化情况。径流系数能够表征铺装对降雨产流的控制能力，收集率则反映了垫层收集系统对入渗雨水的收集能力，其在数值上等于收集水量与降雨总量的比

值。从中可知，各类情况下的径流系数均较小，收集率均较大，说明 3 号、4 号铺装形式的降雨入渗能力极强，在短历时强降雨的情况下也能够入渗大部分雨水。

图中数据显示，径流系数随着透水铺装比例的增加呈逐渐减小趋势，说明透水铺装比例越大，径流量越小。试验结果表明：在完全透水铺装时，铺装表面产生的径流量最小，铺装层能够最限度力地入渗雨水；当透水铺装比例为 1∶1 时，产流量有所增加，但是增长幅度不大；而当透水铺装比例降低到 1∶2 时，铺装表面的产流量明显增大，说明透水铺装部分接受的全部雨水已经超过其入渗能力。

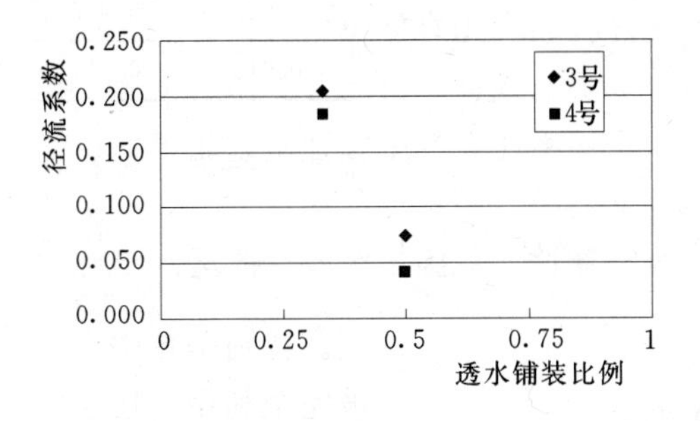

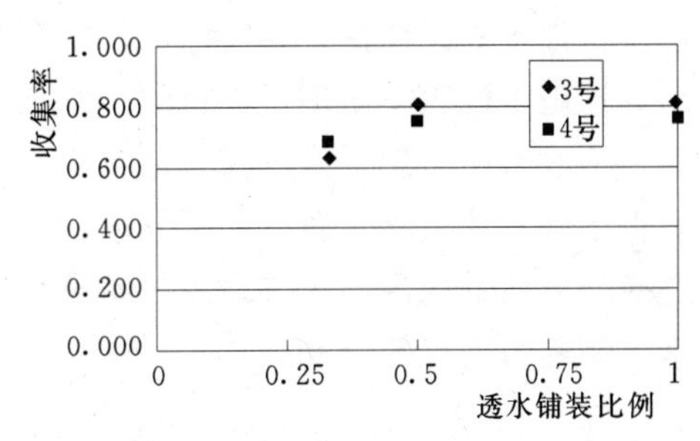

图 2.34　不同透水铺比例时的径流系数和收集率

收集率随着透水铺装比例的增加呈逐渐增大的趋势，说明透水铺装比例越大，能够收集的水量越多。在完全透水铺装时，透水铺装内能够收集的雨水最大，随着透水铺装比例的降低，收集率逐渐减小，当透水铺装比例降低到 1∶2 时，收集率也有突然下降。从总体看来，其变化的绝对值与径流系数变化的绝对值相当，说明由于增加透水铺装比例而减少的地面产流量，通过入渗的方式进入透水铺装层，再经由收集设施进行回收利用。与径流系数对比，收集率的变化幅度较小，说明对于短历时降雨而言，当硬化铺装材料能够入渗大部分雨水时，透水铺装比例的变化对雨水收集量的影响不大。

图 2.35 表示了不同透水铺装比例试验中土壤层入渗水量的情况。从中可以看出，3 号、4 号两类处理在三种比例情况下的土壤入渗率变化不大。分析其原因可知，由于降雨历时较短，土壤入渗能力较小而垫层入渗能力较大，垫层内的雨水很快即通过收集管道排出，雨水入渗进入土壤的时间较少且各类情况下变化不大，因此在降雨历时和雨强不变的情况下，透水铺装比例的变化对入

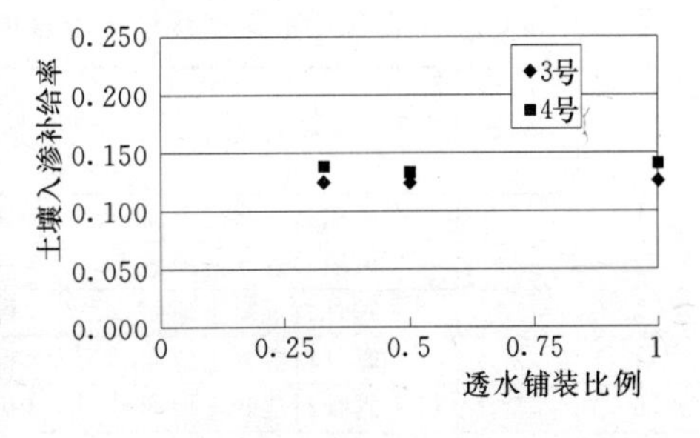

图 2.35　不同透水铺比例时的土壤入渗率

渗水量的影响不大。

由以上分析可知，透水铺装在整体硬化铺装的比例不宜小于0.5。也就是说，透水铺装能够较好地消纳同面积的不透水铺装产生的径流，并通过垫层收集系统回收入渗雨水，当透水铺装比例低于1/3时，硬化铺装地面对降雨径流的控制能力会明显下降。

2.4 雨水渗透设施的效果测试分析

奥运中心景观区作为大型集体活动场所，面临着排水困难，为了降低径流系数，将雨水资源留住，在奥运中心景观区雨水控制利用总体思路的指导下，场区的设计施工过程中使用了大量的透水材料，如透水地面、渗水井、渗水沟等，形成了地表入渗、地下渗排滞蓄加收集的雨水利用系统，其中各种透水材料的性能能否达到设计要求对系统能否发挥正常效益起到了至关重要的作用。为此，本课题专门对项目区内的主要透水材料进行了现场测试，对施工完成后的透水设施雨水控制能力进行检测和分析。

2.4.1 透水铺装综合透水能力测试

目前市场上比较成熟的透水铺装主要有风积砂透水砖、无砂混凝土透水砖、露骨料混凝土等形式，在奥运中心区内均有铺装。本课题利用便携式人工降雨装置对奥运场区内铺装的不同透水材料的透水性能进行了现场测试。

试验位置的选择遵循样本的随机性和独立性原则，范围控制在整个奥运中心景观区，具体试验点的布置如图2.36所示。

随机抽取测试地点，对1、2、3三个标段的11个试点进行了现场试验。试验内容为透水铺装的综合透水能力测试，考察透水铺装面层、垫层、找平层等部分的整体透水能力，数值上等于固定降雨强度下固定降雨面积上发生积水时的降雨量。本试验考察的目标区域为0.25m^2。试验结果见表2.26。

表2.26 奥运中心区透水铺装综合透水能力试验结果（2008年）

序号	统计	铺装类型	标段	降雨强度(mm/min)	综合透水能力	
					mm	mm/h
1	1	风积砂透水砖地面	1标段	0.75	112.5	45
2	2	风积砂透水砖地面	3标段	2.24	134.4	134.4
3	1	露骨料混凝土地面	1标段	0.8	98.4	48
4	2	露骨料混凝土地面	2标段	1.31	112.01	79.1
5	3	露骨料混凝土地面	3标段	1.1	33	66
6	1	无砂混凝土长方砖地面	2标段	0.91	113.75	54.6

续表

序号	统计	铺装类型	标段	降雨强度（mm/min）	综合透水能力	
					mm	mm/h
7	2	无砂混凝土长方砖地面	2 标段	1.44	5.45	—
8	3	无砂混凝土长方砖地面	3 标段	1	2.5	—
9	1	无砂混凝土小方砖地面	1 标段	1.59	111.3	95.4
10	2	无砂混凝土小方砖地面	2 标段	1.27	110.49	76.2
11	3	无砂混凝土小方砖地面	2 标段	1.44	6.72	—

注 遇暴雨试验中止，雨中查看试点无积水。

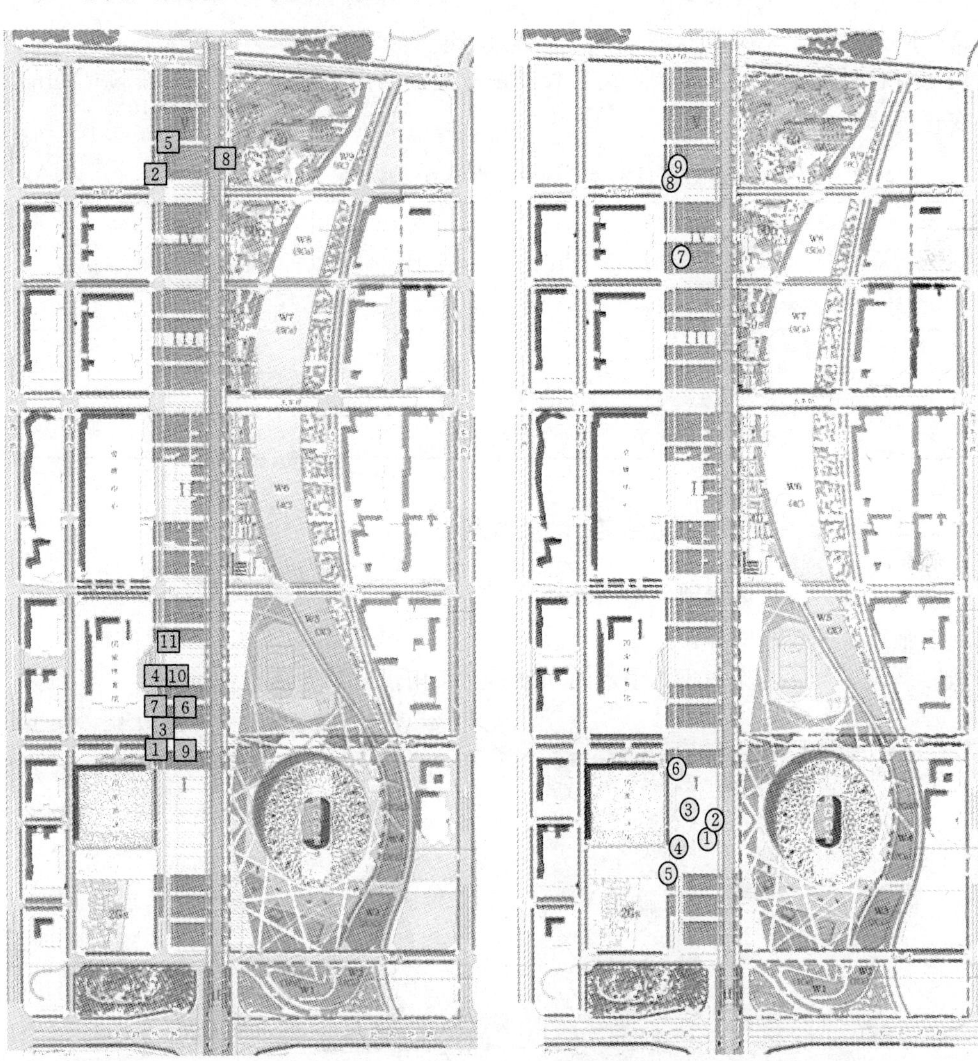

图 2.36 奥运中心区透水铺装测试位置示意图

图 2.37 渗水井（沟）综合渗水能力测试点布置图

通过现场试验可以看出，奥运中心区透水铺装的透水能力总体上能够达到标准的要求。各别试点透水能力较差。分析原因，可能是局部地区透水面层渗透能力不满足要求，或是垫层在施工过程中局部水泥浆过多而堵塞了空隙导致局部透水能力下降。

为对比透水铺装使用后的效果变化情况，2009 年选择 4 处测试点进行了两次透水铺装综合能力现场试验，结果见表 2.27。由于第一次现场测试时尚在施工期，第二次现场测试时有些点被地面设施所占用，因此只对部分可以测试的点进行了试验。从表中数据来看，各类透水铺装的变化较小，基本与 2008 年的数据在同一水平上。由此可见，透水铺装材料能够发挥较好的入渗能力，且一年的运行对材料没有明显的影响，需要长期观测才能得出透水铺装材料性能随时间的变化规律。

表 2.27　　奥运中心区透水铺装综合透水能力试验结果（2009 年）

序号	铺装类型	标段	降雨强度（mm/min）	综合透水能力	
				mm	mm/h
1	风积砂透水砖地面	下沉花园	1.17	70.2	70.2
2	露骨料混凝土地面	2 标段	1.01	60.6	60.6
3	无砂混凝土长方砖地面	2 标段	0.89	53.4	53.4
4	无砂混凝土小方砖地面	2 标段	1	60	60

2.4.2　渗水井（沟）综合渗水能力测试

奥运场区内除透水铺装地面外还采用了多种透水形式，对于不透水铺装集中的中轴路，在其两侧各设置透水性雨洪集水沟，集水沟由透水或多孔材料制作，能够兼顾下渗、排除和收集雨水的功能；对于雨洪收集系统内的检查井、弃流井等节点，也采用了透水材料，使其能够渗透、过滤雨水（见图 2.37）。本课题采用非标准注水试验法对渗透型的雨洪检查井、弃流井、渗水沟的综合渗水能力进行了现场测试。测试装置主要包括丁字架、浮球、竖向测杆和钢卷尺，如图 2.38 所示，通过向渗水设施内灌入一定体积的水，并测定不同的时间标准测杆下沉深度，确定井的渗透能力。

图 2.38　渗水井（沟）综合渗水能力测试装置

结果见表 2.28。

表 2.28　　渗水井（沟）综合渗水能力测试结果（2008 年）

编号	统计	标段	部位	透水能力（mm/s）
1	1	1 标	雨洪检查井	0.9
2	2	2 标	雨洪检查井	0.28
3	3	3 标	雨洪检查井	1.22
4	1	1 标	雨洪弃流井	0.12
5	2	2 标	雨洪弃流井	0.48
6	1	3 标	页岩砖汇流井	0.06
7	1	1 标	雨洪渗水沟	0.59
8	2	2 标	雨洪渗水沟	1.13
9	3	3 标	雨洪渗水沟	0.96

从表 2.28 可以看出，透水能力在数值上差别很大，这不仅与各类设施本身的制作工艺和材料有关，也与其周围的地下结构有密切关系。位于透水垫层内的渗水设施其周围介质的透水能力也很强，在现场测试时不会限制设施本身的渗水速度，而位于土壤和不透水垫层内的渗水设施其周围介质的透水能力较弱，会对被测试设施的渗水速度起到短板效应，造成测试结果在数值上较低。综合看来，表中所示的各类渗水井、沟的透水率基本都超过了 0.1mm/s 的要求，具有较好的渗水能力。

2.5　透水铺装设计与施工工艺研究

典型的透水铺装结构一般由土基、透水基层、透水垫层、透水找平层、透水砖面层组成，如图 2.39 所示。

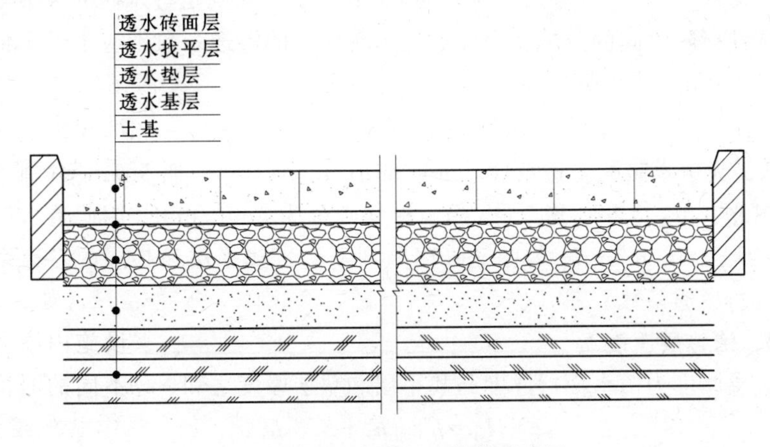

图 2.39　透水铺装地面结构示意图

2.5.1 透水铺装地面关键技术参数

决定透水地面铺装效果的关键参数有铺装层容水量、铺装层渗透系数、铺装层厚度等。

2.5.1.1 铺装层容水量

铺装层容水量与各层的有效孔隙率和厚度有关，其计算公式为

$$W_p = h_m\delta_m + h_z\delta_z + h_d\delta_d + h_j\delta_j \tag{2.9}$$

式中：W_p 为透水铺装层容水量，mm；h_m 为面层厚度，mm；δ_m 为面层孔隙率；h_z 为找平层厚度，mm；δ_m 为找平层孔隙率；h_d 为垫层厚度，mm；δ_d 为垫层孔隙率；h_j 为基层厚度，mm；δ_j 为基层孔隙率。

铺装层容水量应当能够满足相应重现期降雨情况下不同历时降雨地面不产生积水，即有

$$W_p = MAX[h_{y,t} - 60Kt]|_{t\in(0,\infty)} \tag{2.10}$$

式中：$h_{y,t}$为重现期为年、历时为 t 的降雨量，mm；K 为土基的饱和导水率，mm/min。

依据北京的降雨特征，考虑到安全性，一般情况下透水地面的设计重现期应大于 2 年一遇 60min 降雨，而土基压实后的饱和导水率一般在 0.01～0.1mm/min，W_p 取得最大值时的历时一般在 60～180min 之间。因此，对于北京市，透水砖铺装地面的铺装层容水量应能达到 2 年一遇 60min 降雨。

2.5.1.2 铺装层的渗透系数

铺装层的渗透系数决定于铺装层中面层、找平层、垫层的最小渗透系数。一般情况下，透水砖地面的透水性能随着使用年限的增加而降低。以透水砖铺装地面为例，由前面试验结果可知，透水砖在使用 4 年后透水性能降低 26.17%，理论使用寿命约 15 年。可依据 5 年一遇 5min 降雨雨强确定透水砖的渗透系数，并考虑渗透性能随时间的衰减。因此，透水砖面层的渗透系数不应小于 2 倍的 5 年一遇 5min 降雨平均雨强。即

$$K_{MZ} \geqslant 2\,\bar{i}_{5,5} \tag{2.11}$$

式中：K_{MZ}为透水砖的渗透系数，mm/min；$\bar{i}_{5,5}$为 5 年一遇 5min 降雨平均雨强。

对于北京市，5 年一遇 5min 降雨平均雨强为 3mm/min，因此透水砖的渗透系数应当大于 6mm/min。为保证降雨顺利下渗，找平层和垫层的渗透系数应不小于面层的渗透系数。

2.5.1.3 铺装层厚度

铺装层厚度为透水面层厚度与找平层和垫层厚度之和，即

$$H_p = h_m + h_z + h_d + h_j \tag{2.12}$$

式中，H_p 为铺装层厚度（mm）。面层厚度 h_m 由所选用的透水砖规格确定，找平层厚度 h_z 由承载力要求确定，垫层厚度 h_d 和基层厚度 h_j 由铺装层容水量经试算后确定，即有

$$\left.\begin{aligned} h_d &= \frac{(W_p - h_m\delta_m + h_z\delta_z + h_j\delta_j)}{\delta_d} \\ \text{或} \quad h_j &= \frac{(W_p - h_m\delta_m + h_z\delta_z + h_d\delta_d)}{\delta_j} \end{aligned}\right\} \tag{2.13}$$

2.5.2 透水铺装地面设计方法

透水铺装地面的设计主要是确定铺装面积、铺装结构，并选择适合的铺装材料。根据具体的工程要求，还可以加入收集回用等设施。透水铺装设计流程如图 2.40 所示。

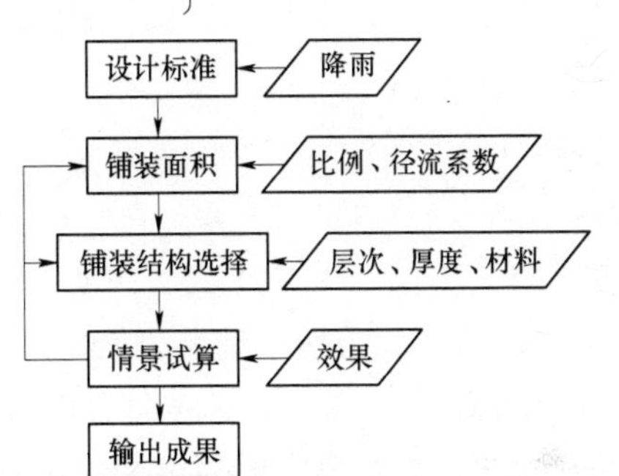

图 2.40 透水铺装地面设计流程

2.5.2.1 设计标准确定

在透水铺装地面的设计过程中，首先需要明确的是设计标准。标准的确定应充分考虑工程项目的预期效果和整体要求，以及相关设施、配套工程的要求，周边环境条件的限制等诸多因素。

透水铺装地面的设计标准一般套用排水设计方法，按降雨标准（给定时段内、给定重现期的降雨强度）进行。由于透水铺装材料的渗透能力较强，因此不作超短历时的要求，一般考虑以 5 年一遇 1h 降雨强度为控制标准，其实质上是以特定历时内，特定重现期的总降雨量作为控制标准，来进行后续设计过程中相应参数的计算和选取。

设计标准的选择可参考本地暴雨公式。奥运场区暴雨公式如下：

$$I_{N,t} = \frac{2001(1+0.811\lg N)}{(t+8)^{0.711}} \tag{2.14}$$

式中：$I_{N,t}$ 为重现期为 N 年、历时为 t 的降雨强度，L/(s · hm^2)；N 为重现期，年；t 为降雨历时，min。

2.5.2.2 铺装面积确定

透水铺装面积越大，其控制径流的能力越强，反之亦然。因此，对于非机动车道或机动车流量不大的硬化地面，均建议铺设透水铺装材料。然而，有些特定区域考虑到景观或其它功能的需要，必须使用不透水地面，则这部分不透水面积产生的径流需要其它透水地面进行消纳。

透水铺装地面的主要功能包括削减径流和入渗回补两部分。根据项目区透水

铺装的服务需求，可以有两种确定面积的方法：“径流系数控制法”和“雨水入渗率控制法”。

对于给定的设计区域，对其径流系数都有相应的设计要求，因此，从设计区域综合径流系数的控制能力角度出发，即可确定透水铺装的面积或比例：

$$\left.\begin{aligned} &\frac{A_P\Psi_P+A_I\Psi_I}{A_P+A_I}\leqslant\Psi \\ &A_P+A_I=A \end{aligned}\right\} \tag{2.15}$$

整理上式得

$$\left.\begin{aligned} &A_P\geqslant\frac{A\cdot(\Psi_I-\Psi)}{\Psi_I-\Psi_P} \\ &R_P\geqslant\frac{\Psi_I-\Psi}{\Psi_I-\Psi_P} \end{aligned}\right\} \tag{2.16}$$

或

以上式中：A_P 为透水铺装总面积，m^2；A_I 为不透水铺装总面积，m^2；A 为总铺装面积，m^2；R_P 为不透水铺装面积比例；Ψ_P 为透水铺装径流系数；Ψ_I 为不透水铺装径流系数；Ψ 为设计区域综合径流系数。

另外，对于径流系数不作为主要控制因素，而重点关注雨水入渗补给或入渗收集回用的案例，可以采用雨水入渗率控制法。即确定在给定设计降雨标准的情况下，透水铺装能够入渗的雨水占总降雨的比例，并以此为依据进行透水铺装材料的设计：

$$\left.\begin{aligned} &H+(W_P+f_S)A_P\geqslant C \\ &A_P\leqslant A \end{aligned}\right\} \tag{2.17}$$

式中：H 为收集水量，m^2；W_P 为铺装层容水量，mm；f_S 为土壤入渗量，mm；C 为需水量，m^2；其它符号意义同前。

2.5.2.3 铺装结构选择

透水铺装材料的结构设计主要包括材料选择和各铺装层厚度确定两部分。不同透水铺装材料的渗透系数、孔隙率、抗压强度等物理参数差异较大，应根据设计需要予以选择。确定材料后，其相应参数值即为已知，可据此确定铺装层厚度，确定方法见 2.5.1。

2.5.2.4 试算校核与成果输出

透水铺装地面的设计一般要经过多次比选、试算、调整参数的过程才能过最终确定。根据已知资料先确定径流系数、面积比例、铺装形式等，然后选择相应的材料和结构进行计算，若计算结果无法满足要求，则需要进一步调整设计要求，重新选择材料、结构形式，直到最终输出结果能够满足设计要求为止。若始终无法满足要求，则说明该区域的设计条件过于复杂，只通过透水铺装的形式无法达到预期的雨水利用效果，必须采取其它雨水利用设施，从渗、蓄、滞、排、用等多个环节入手，才能提高区域内整体的雨水利用能力。

2.5.3 透水铺装地面施工工艺

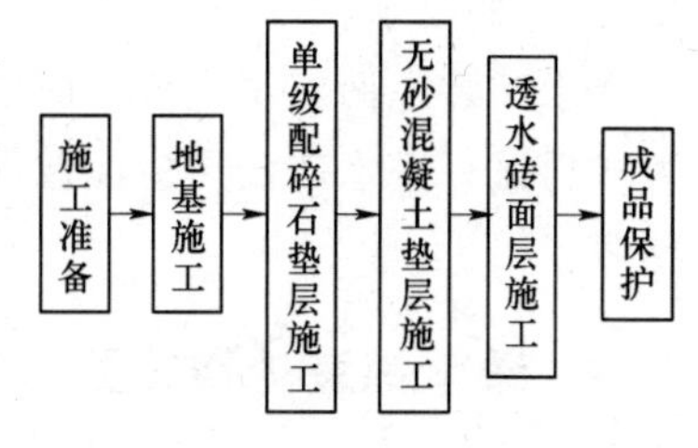

图 2.41 透水铺装地面施工工艺流程

透水铺装地面为城市道路的一种类型，其施工标准应遵循《北京市城市道路工程施工技术规程》（DBJ 01—45—2000）的要求。同时，透水铺装地面又与传统的道路施工有所不同，特别是对透水材料的使用有特殊要求，如各透水层的渗透系数均不得小于 0.1mm/s 等。因此其施工工艺也相应复杂，工艺流程如图 2.41 所示。

2.5.3.1 地基施工

地基一般为原状土土层，如遇到软弱地基，则必须对地基进行适宜的加固处理后才可进入下一步施工工艺。若需要对原土做换填处理时，不得使用渗透能力低的土质和材料。地基的纵坡、横坡、边线应与面层一致，表面平整、密实，压实度不小于 93%。地基的施工步骤一般包括平整、标高控制、压实、标高复核、检验验收。

2.5.3.2 单级配碎石垫层施工

单级配碎石垫层与基层土壤直接接触，为透水铺装系统中重要的蓄水层和支撑层，一般选用 5～10mm 的单级配碎石，单级配碎石垫层应表面平整、密实，标高、坡度应符合设计要求，对其厚度、高程、密实度、平整度及透水性能等进行检验，合格后方可进行下道工序施工。单级配碎石垫层的施工步骤一般包括铺设、整平、适量洒水碾压、标高复核、检验验收。

2.5.3.3 无砂混凝土垫层施工

无砂混凝土垫层为碎石垫层和透水面层之间的找平层，起支撑结合作用，一般采用 5～20mm 碎石为骨料，强度控制在 C20。对无砂混凝土垫层的强度、厚度、高程、平整度、透水性能等进行检验，验收合格后方可进行下道工序施工。无砂混凝土垫层应按宽度不大于 24m 设置膨胀缝，每 6m 设置缩缝，铺设时可结合设计图案留置胀缝，膨胀缝内预设膨胀材料，膨胀缝尽量与透水砖面层分格缝上下对应。无砂混凝土垫层的施工步骤一般包括碎石垫层找平、支设模板、定标高、摊铺、平板振捣器夯实、检查、养护、验收。

2.5.3.4 透水砖面层施工

透水砖面层施工包括找平层铺设和面砖铺设两部分，两步同时进行。找平层为垫层和面层之间的找平和结合部分，一般为 C15 细石混凝土，厚度为 4～6mm，骨料粒径控制在 1～5mm。面层的施工步骤一般包括施放控制标识、找平层摊铺、铺放透水砖、敲击压实、检查、验收。

2.5.3.5 成品保护

透水铺装地面施工完成后应注意成品保护，在找平层未达到强度要求时不应上人或器械，透水砖面层应注意保持干净，避免油污、水泥、细小颗粒等污染物的堵塞。

2.5.4 透水铺装地面检验方法

2.5.4.1 检验指标

透水铺装系统属多层渗滤介质，一般包括面层、垫层、基层等不同介质层。每一层的渗透能力和蓄水效果均存在着差异，因此用单一的渗透系数指标不易描述透水铺装系统的整体效果。另外，透水铺装地面为硬化路面，当施工完毕后，不易通过传统土工试验中的灌水或抽水试验来检测材料渗透系数。因此需要提出一种能够综合反映透水铺装渗透效果的指标，同时，该指标也能够通过简便的方法获取。基于以上考虑，提出了以透水铺装地面综合透水能力作为其效果的检验指标。

综合透水能力（IS）为一定面积透水地面在某一恒定降雨强度下达到全面积水时的累积入渗量，反映了透水铺装面层、找平层、垫层、基层等各部分的整体透水能力，数值上等于固定降雨强度下固定降雨面积上发生全面积水时的降雨量，以 mm 计。

综合透水能力通过试验确定。采用有效降雨范围为 1.5m×1.5m 的人工降雨模拟装置进行现场试验，中间的 0.5m×0.5m 范围为目标测试区，周围为保护区。降雨器的雨强应与所选择的重现期 1h 降雨的平均雨强相对应。用粉笔或标记笔标出目标区，给目标区内的透水砖块编号并标记。然后开始喷洒试验，同时观测并记录目标区内的积水发展过程，直到积水面积达到 60%。

可依据 2 年一遇 1h 降雨平均雨强测定的综合透水能力 IS_2 对透水地面划分等级。划分标准见表 2.29。

表 2.29 渗透性铺装地面等级

级别名称	符号	IS_2 范围	备注
初级	TS_0	IS_2<35mm	35mm 相当于 1 年一遇 60min 降雨
一星级	TS_1	35mm≤IS_2≤45mm	45mm 相当于 2 年一遇 60min 降雨
二星级	TS_2	45mm≤IS_2≤56mm	56mm 相当于 5 年一遇 60min 降雨
三星级	TS_5	56mm≤IS_2≤66mm	66mm 相当于 10 年一遇 60min 降雨
四星级	TS_{10}	66mm≤IS_2≤76mm	76mm 相当于 20 年一遇 60min 降雨
五星级	TS_{20}	76mm≤IS_2	

2.5.4.2 检验设备

为方便透水铺装效果的现场测试，自行开发了一套便携式人工降雨装置，该设备易于携带，方便拆装，雨强可调，具体结构如图 2.42 所示。

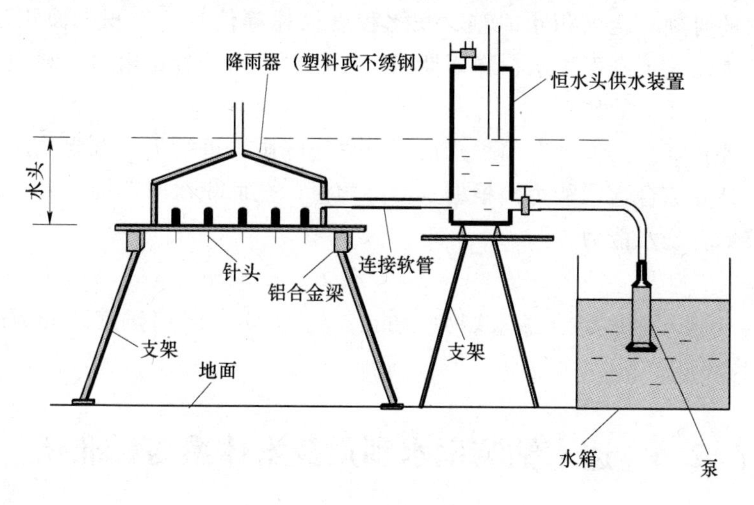

图 2.42　针式降雨器装置示意图

便携式人工降雨装置为针式降雨器，即利用注射用针头通过在其上施加一定水头，使水从针头中缓慢下移，当针头出口处水滴聚集到一定量时水滴下落形成模拟降雨。许多针头按照一定的间距排列，并在其上设置一个储水室就形成针式降雨器。针式降雨器不仅拆卸安装方便，而且降雨均匀度很高，一般可达 0.95 以上，降雨强度可在 0.3～4mm/min 内线性调节，并且在一定条件下非常稳定。降雨系统由支架、遮雨板、降雨器和可调恒水头供水装置、加水水泵等组成。

2.5.4.3 检测方法

透水铺装综合渗透能力的现场检测应采用随机抽样的方法确定独立样本空间，检测点由检测人员独立、随机选取。一般每个标段应有 3 个以上检测点，各点应均匀分布在施工范围内。

检测时应遵照以下步骤进行：

（1）设备架设。在选定的检测点架设便携式人工降雨装置，支架必须架设牢固，各组件的连接处应用螺丝拧紧，避免漏水；架设高度适中，方便操作。

（2）试验准备。估算试验用水量，准备足够的试验用水，若用水泵供水则应准备好电源；在降雨区域中心位置画出目标区域，一般以 0.5m×0.5m 范围为目标测试区，周围为保护区；选择设计雨强，将降雨器水箱调整至与设计雨强相对应的高度；将遮雨板铺设在降雨区域内。

（3）开始降雨。打开降雨开关，使降雨器内充满水，并再次确认水头高度与设计降雨要求是否相符，并进行微调。待降雨区域内降雨稳定后，拿开遮雨板并开始计时。

(4) 观察记录。记录设计降雨强度；观察透水地面入渗积水情况，记录发生局部积水的时刻、全面积水时刻、积水程度描述等信息，当积水面积达到60%时即可认为已发生全面积水；降雨期间应在保护区内放置量雨器，观测实际降雨强度，作为设计值的校正。

(5) 停止降雨。发生全面积水后即可停止降雨，进行下一点测试。

(6) 计算综合透水能力。根据实测降雨量、全面积水时刻即可计算测试点的透水铺装综合透水能力：

$$I_{S2}=h_{y,t}t \tag{2.18}$$

式中：I_{S2}为透水铺装综合透水能力，mm；$h_{y,t}$为实测降雨强度，mm/min；t为降雨历时，min。

2.6 透水铺装雨水利用技术体系与标准化

2.6.1 透水铺装雨水利用技术体系

透水铺装技术是雨水利用技术措施中的一部分，在雨水利用系统中起着不可替代的作用。本课题以奥运场区为重点研究区域，对透水铺装雨水利用技术进行了系统的研究，形成了该技术的体系集成。总体看来，透水铺装雨水利用技术应包括从科研、生产到实践应用的诸多环节，并在应用中总结问题和经验，再回头指导科研的深入进行，进一步优化生产工艺，不断完善技术体系并使利用效果逐步达到最佳状态。

图2.43为透水铺装雨水利用技术体系框架。该体系共分为三个阶段，科研阶段、生产阶段、应用阶段，以及两大层次，分别是目标层次和技术指标层次。

科研阶段注重对透水铺装材料特性的分析和研究，探讨孔隙率、透水能力等各指标之间的关系，研究出适合城市铺装的透水材料；并对透水铺装地面的水质水量控制和影响效果进行实际监测，掌握第一手资料，为透水铺装技术的改进提供依据；通过一系列的试验研究，建立透水铺装降雨产流模型，对透水铺装径流控制能力进行数值模拟和情景分析，研究不同工况下透水铺装的径流控制效果，为生产实践做好理论准备。

生产阶段的目标是工艺和方法的技术研究。首先将科研积累的技术转化为设计施工的工艺，包括设计标准的选择、规模的确定、透水铺装材料和铺装结构的

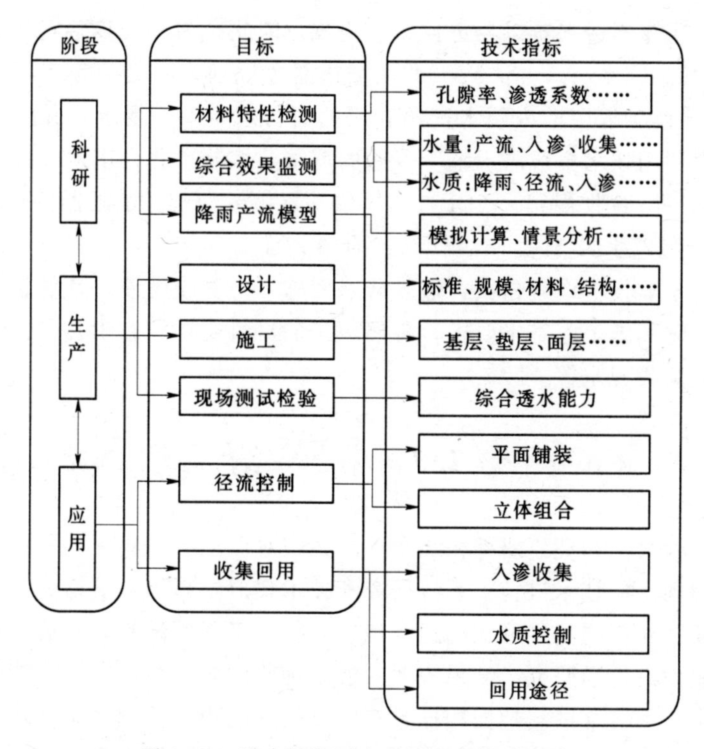

图 2.43　透水铺装雨水利用技术体系框图

选择等；进而将设计付诸实施，确定优化的施工工艺，建立基层、垫层和面层的铺装形式和方法；当成品完成后，还需要对建成区域的综合效果进行监测和评价，作为反馈资料帮助进一步完善和优化透水铺装设计。

应用阶段的目标是依靠科研和生产阶段的过程来完成的。透水铺装的应用技术主要体现在径流控制和收集回用两个方面。采用平面铺装透水材料或对透水不透水材料进行立体组合铺装的形式均可以通过增加入渗量的方法来减少地面产流，从而控制区域的径流外排。在透水垫层内铺设收集系统，还能将入渗的雨水收集起来进行回用，雨水经过透水材料过滤净化后，水质指标得到明显的改善，能够回用于地下补源、景观补水、绿化灌溉、道路冲洒、车辆清洗等多种途径，大量节约自来水的使用量。

2.6.2　透水地面技术标准

尽管国家发布了透水砖的行业标准（JC/T 945—2005），但它仅仅是路面铺装面层产品的标准。透水砖铺装路面作为一个整体，透水不应体现在某一层上。在实际施工过程中，因缺乏统一的施工和验收标准，因而有些路面面层透水，而在其下的垫层和基层仍使用传统的铺装工艺，导致整体仍然表现为不透水，或者说整体透水还是不透水难以界定，无法验收。因此，为进一步落实《北京市实施〈中华人民共和国水法〉办法》、《北京城市总体规划》、《北京市节约用水办法》、《关于加强建设工程用地内雨水资源利用的暂行规定》等要求，并结合“奥运场区雨洪资源利用技术集成与示范”课题的需求，编制了北京市地方标准《透水砖铺装路面施工与验收规程》（DB11/T 686—2009），已经由北京市质量技术监督局于2009年12月12日发布，于2010年4月1日实施。

规程的主要技术内容包括：透水砖路面施工与验收所涉及到的主要术语和定义，透水砖路面施工的基本要求，各层施工的材料要求、施工要求，透水砖路面施工的质量验收规定等。

2.7 小　　结

采用试验研究和理论研究相结合的方案，对奥运中心场区利用透水铺装地面下渗并集用雨水的技术进行了系统研究和技术集成，得出以下结论：

(1) 通过对不同垫层形式的透水铺装进行人工降雨试验，对透水铺装地面的降雨产量规律进行了研究。结果表明：透水铺装的多孔介质特性，能够有效入渗存蓄雨水，与不透水铺装地面相比具有明显较好的雨水控制效果。在各类垫层形式中，面层＋无砂混凝土垫层＋碎石垫层＋基层的形式最有利于雨水的入渗；透水铺装材料渗透系数与孔隙率均呈现一定的幂指数关系，因此有效控制其孔隙率，对控制其透水能力起到了关键性作用；由于基层土壤的渗透能力小于透水铺装材料的渗透能力，因此土壤渗透系数对透水铺装整体入渗效果影响较大；除此之外，为避免在透水铺装层内部发生层间滞水，各铺装层渗透系数应满足从上到下逐渐增加的条件，既$K_{垫层}>K_{透水砖}>$雨强。

(2) 对于透水铺装地面下有构筑物、底部土壤渗透性差或需要收集回用雨水等情况，可在透水地面铺装层内设置收集系统收集回用下渗的雨水。当透水铺装内采取收集措施后，降落在透水铺装上的雨水一部分存蓄在垫层中增加其含水量，一部分经由收集管道收集进入蓄水设施留待回用，一部分继续入渗进入深层土壤补充地下水，由于收集系统排出了部分入渗雨水，为透水铺装进一步吸纳后期降雨提供了空间，因此增加收集措施后，能够进一步提高透水铺装系统的雨水入渗能力，从而提高了系统对降雨径流的控制能力。试验表明：采取收集措施后，在试验降雨范围内，透水铺装径流削减能力在30%～90%之间，洪峰削减能力在5%～40%之间；有收集措施后透水铺装的径流削减比例随降雨强度和总降雨量的变化而呈现负相关的趋势。

(3) 透水铺装与不透水铺装进行立体组合，可以发挥各自的优势，利用透水铺装多余的雨水入渗能力，结合不透水铺装美观便宜的优势，更有利于雨水利用的优化配置。透水铺装面积在整体硬化铺装中所占的比例不同，对降雨的入渗收集能力会产生影响，径流系数随着透水铺装比例的增加呈逐渐减小的趋势，收集率随着透水铺装比例的增加呈逐渐增大的趋势。试验表明：透水铺装面积在整体硬化铺装中所占的比例不宜小于0.5，此时透水铺装能够较好地消纳相邻不透水铺装产生的径流，并通过垫层收集系统回收入渗雨水，当透水铺装比例低于1/3时，硬化铺装地面对降雨径流的控制能力会明显下降。

（4）通过试验研究和理论分析，建立了透水铺装地面降雨产流模型。将透水铺装材料雨水下渗概化为基质入渗和大孔隙入渗两个部分，提出了超渗产流和蓄满产流相结合的垂向混合产流模式，给出了模型计算公式和流程。通过与人工降雨试验结果对比，透水铺装地面降雨产流模型的计算结果能够满足要求；在模型各参数中，铺装层田间持水量与饱和含水量对模型计算结果的影响较大，土壤和铺装层的初始含水量对透水铺装雨水径流控制的影响较大。

（5）对透水铺装设计、施工、检验和验收的工艺方法进行了系统总结，确定了透水铺装地面关键技术参数和计算方法，提出了透水铺装地面的设计、施工和检验方法与工艺流程，编制了《透水砖路面施工与验收规程》（DB11/T 686—2009），已发布实施。

第3章　深下沉区域雨洪调蓄与利用技术

奥林匹克中心区下沉广场较周围自然地面下沉8～9m，广场下垫面除铺装层（或绿化）下是3m厚覆土，最下层为钢筋混凝底板。相比普通公园下凹绿地及下沉庭院有下沉深度大（普通地下一层庭院深一般不超过6m）、下垫面结构复杂、覆土较厚、空间复杂、交通量大、周边建筑多等特点。该区域在汇水条件、排水条件、防洪要求等方面与普通下沉区域相比更为复杂和重要，为了与普通下沉区域区别，在此称其为"深下沉区域"。深下沉区域作为奥体中心区重要的组成部分，有着特殊的地位，要求将防洪作为首要目标，兼有雨水收集利用的功能。本研究以奥运中心区的"深下沉区域"为代表研究深下沉区域的雨洪调蓄与利用技术，为示范工程的建设提供技术支撑。

3.1　深下沉区域的防洪和雨水利用标准

在寸土寸金的城市，一定的区域既要满足景观需求又要满足商务等各种功能需求，因此，低于周围地面的下沉区域被广泛采用，它不仅要满足防洪要求，还需要将景观、商务、休闲等融为一体。深下沉区域是较常规下沉区域更深的区域，下沉深度在6m以上，防洪要求更加艰巨，排水条件更加特殊和艰难。本项目所研究的北京奥林匹克公园中心区下沉花园就是典型的深下沉区域。

北京奥林匹克公园中心区下沉花园由铺装休闲广场、绿化和观赏水面等组成，其自身防洪标准很低，可低于20年一遇。但是，深下沉区域的东西两侧为地下商业建筑，这些商业建筑通过若干出入口与深下沉区域连通；地铁交通枢纽站的出入口设置在地下商业建筑内部；超出深下沉区域排放标准的汛期雨水可能经过地下商业建筑的出入口和地铁出入口进入建筑内部，造成很大的经济损失。因此，规划将深下沉区域、地下商业建筑和地铁视为一个整体来编制其防洪方案。

根据国家防洪标准、北京市总体规划（2004～2020年）、北京市防洪规划、北京市目前执行的地铁防洪标准，结合奥林匹克公园中心区的重要性和受洪水灾后可能造成的社会和经济损失，经综合分析比较，深下沉区域的防洪标准应按照50年一遇24h降雨量设计（深下沉区域的道路、广场等主要设施不积水）、100

年一遇24h降雨量校核（雨水不进入地下商业建筑的出入口）。当发生50年一遇及以下标准的降雨时，通过雨水泵站提升排水和设计的蓄洪涵蓄水，保证深下沉区域的道路、广场等主要设施不积水；当发生50～100年一遇暴雨时，通过雨水泵站提升排水、蓄洪涵蓄水和地面洼地临时滞水的方式，保证洪水不进入地下商业建筑的出入口；同时要做好防洪非工程措施的建设与管理。

雨水利用标准为5年一遇24h降雨量，设计标准内的雨水以下渗为主，辅助回收；先下渗、净化，再收集、回用。设计标准内的雨水通过各区域的雨水渗滤收集系统就地回收到雨水收集池，就近回用于绿地灌溉和景观补水等。超雨水利用标准的雨水，由雨水口、排水沟等汇集进入自南向北通长的蓄洪排水涵内，由内部的排水沟靠重力流排至设在北区最北端雨水泵站，排至市政雨水管网。

3.2 下沉花园雨洪利用技术方案研究

3.2.1 下沉花园洪水分析计算

1. 设计暴雨

设计暴雨根据1999年编制的《北京市水文手册》第一分册暴雨图集计算。由于深下沉区域总占地面积为4hm²，远小于《北京市水文手册》中300km²的区分点面的临界值，因此，可以用深下沉区域的点暴雨代表其面暴雨。

2. 点雨量计算

根据《北京市水文手册》得到深下沉区域处1h、6h、24h的点雨量$\overline{H}$和变差系数C_v；根据皮尔逊Ⅲ型曲线，采用$C_s/C_v=3.5$，计算得1h、6h、24h的20年一遇、50年一遇、100年一遇的K_p值；根据公式$H_{tp}=\overline{H}K_p$计算出深下沉区域处1h、6h、24h的20年一遇、50年一遇、100年一遇的点雨量，见表3.1。

表3.1　不同重现期和不同降雨历时的点雨量H_{bp}　单位：mm

降雨历时（h）	重现期（年）		
	20	50	100
1	95.4	116.6	133.0
6	168.0	212.3	246.8
24	267.1	347.7	412.0

根据公式$H_{tp}=H_{bp}\left(\frac{tp}{bp}\right)^{1-n}$计算3h、12h的暴雨量，其中1h、6h、24h的

20 年一遇、50 年一遇、100 年一遇的 n 值计算结果见表 3.2。根据 n 值计算结果，可以计算出 3h、12h 暴雨量，见表 3.3。

表 3.2　　不同降雨历时和不同重现期下的 n 值

降雨历时(h)	n 值计算公式	重现期（年）		
		20	50	100
3	$1+1.285\lg\left(\frac{H_{1p}}{H_{6p}}\right)$	0.6842	0.6656	0.6550
12	$1+1.661\lg\left(\frac{H_{6p}}{H_{24p}}\right)$	0.6655	0.6441	0.6303

表 3.3　　不同降雨历时下的不同重现期的暴雨量 H_{tp}　　单位：mm

降雨历时（h）	重现期（年）		
	20	50	100
3	135.0	168.4	194.3
12	211.8	271.7	318.9

3. 设计暴雨过程线计算

根据《北京市水文手册》的设计雨型时程分配和上述计算的 1h、3h、6h、12h、24h 设计暴雨量，可以计算出深下沉区域的 20 年一遇、50 年一遇、100 年一遇的 24 小时设计暴雨过程线，见表 3.4。

表 3.4　　不同重现期的设计暴雨过程　　单位：mm

时程(h)	20 年一遇降雨		50 年一遇降雨		100 年一遇降雨	
	时段雨量	累积雨量	时段雨量	累积雨量	时段雨量	累积雨量
1	0	0	0	0	0	0
2	0	0	0	0	0	0
3	0	0	0	0	0	0
4	0	0	0	0	0	0
5	16.04	16.04	22.04	22.04	27.00	27
6	16.04	32.07	22.04	44.08	27.00	54
7	8.295	40.37	11.40	55.48	13.97	67.96
8	8.295	48.66	11.40	66.88	13.97	81.93
9	6.636	55.30	9.12	76.00	11.17	93.10
10	0	55.30	0	76.00	0	93.10
11	0	55.30	0	76.00	0	93.10

续表

时程(h)	20年一遇降雨		50年一遇降雨		100年一遇降雨	
	时段雨量	累积雨量	时段雨量	累积雨量	时段雨量	累积雨量
12	0	55.30	0	76.00	0	93.10
13	0	55.30	0	76.00	0	93.10
14	0	55.30	0	76.00	0	93.10
15	8.76	64.06	11.88	87.88	14.42	107.50
16	5.694	69.75	7.722	95.60	9.373	116.90
17	24.53	94.28	33.26	128.90	40.38	157.30
18	4.818	99.10	6.534	135.40	7.931	165.20
19	19.80	118.90	26.34	161.70	31.50	196.70
20	8.58	127.50	11.41	173.20	13.65	210.40
21	4.62	132.10	6.146	179.30	7.35	217.70
22	15.05	147.10	19.68	199.00	23.29	241.00
23	95.40	242.50	116.60	315.60	133.00	374.00
24	24.55	267.10	32.12	347.70	38.01	412.00

4. 汇水面积

深下沉区域以大屯路为界，分为南北两区。南区总面积3hm²，其中，铺装面积2.09hm²，绿化及水景面积0.91hm²。北区总面积1hm²，其中，铺装面积0.8hm²，绿化及水景面积0.2hm²。另外，根据有关单位的意见，大屯路与深下沉区域交叉范围的部分雨水要排入深下沉区域内，这部分面积约0.14hm²，见表3.5。

表3.5　　深下沉区域各部分面积统计情况　　单位：hm²

汇水区域	流域面积	其中	
		铺装面积	绿化及景观水面积
下沉花园内	4.00	2.89	1.11
下沉花园外围	0.14	0.14 （大屯路与下沉花园交叉口局部）	0
合计	4.14	3.03	1.11

5. 径流系数

深下沉区域内含有透水地面、不透水地面和透水铺装地面。对于不同性质的地面，其径流系数随降雨重现期的加大而增大，也随降雨强度的加大而增大，还随地面透水性的加大而减少，并且是随降雨历时而变化的。为方便下面的规划流量和洪水总量计算，需分析计算次暴雨的综合径流系数。

根据第 2 章对透水铺装地面的研究成果，并参考相关文献，可对奥运中心区的透水地面径流系数进行估算。结合铺装的实际情况，并考虑到透水铺装在使用一段时间后，其透水性会降低的情况，根据以往的工作经验，铺装和绿化地面的径流系数宜采用表 3.6 的数值。

表 3.6　　铺装地面和绿化地面在不同重现期下的径流系数

重现期（年）	下垫面类型	
	铺装地面	绿化地面
50	0.90	0.30
100	0.95	0.40

根据深下沉区域的下垫面情况，按照表 3.5 铺装地面与绿化地面的比例关系，采用加权平均的方法，计算出深下沉区域的 50 年一遇暴雨的综合径流系数为 0.744，100 年一遇暴雨综合径流系数为 0.81。

6. 汇流速度

根据相关研究成果、深下沉区域的下垫面情况和排水设计方案，在下面的流量计算时，采用的次暴雨流域平均汇流速度为 1.75m/s。

7. 设计 24h 径流总量

根据公式 $W=FP\alpha$（W 为洪水总量；F 为流域面积；P 为不同重现期的设计 24h 暴雨量；α 为综合径流系数），计算出 50 年一遇和 100 年一遇的 24h 径流总量分别为 12003m^3 和 15427m^3。

3.2.2　防洪、雨水利用方案确定

3.2.2.1　防洪方案

考虑到下沉花园的特殊性，将防洪系统作为首要问题考虑。如前所述，深下沉区域位置重要且与地铁、变电站、交通枢纽等重要设施相连，根据《城市防洪工程设计规范》，该区域防洪标准应为 50 年一遇。根据《地铁设计规范》，地铁站出入口处室内外高差应大于 450mm，但实际做法仅为 150mm，因此，深下沉区域应设防洪设施，要确保重要建筑的安全。

考虑以上因素，提出采取以下方案：在深下沉区域设蓄洪空间，容纳 50 年一遇最大日降雨量（北京地区 50 年一遇最大日降雨量为 347.7mm，加上 150mm 室内外高差，可满足地铁规范的标准），并按 100 年一遇时，即使雨水系统受下游雨水管道影响不能正常提升排水、排水设施失去作用也不至形成水患，来校核计算深下沉区域总蓄洪能力。经过专家论证会论证，确定按该方案作为设计标准

实施。

从防洪角度，只要有足够的空间蓄存暴雨时来不及排出的雨水量即可。最简单的办法是加大深下沉区域与周边建筑的室内外高差，形成满足防洪标准的容纳暴雨的自然蓄水空间。经计算，单纯采取地面蓄水的做法，室内外高差应大于412mm。但是，《民用建筑设计通则》及《城市道路和建筑物无障碍设计规范》均要求残疾人坡道坡度不大于1∶12。而深下沉区域为狭长区域，人员集中的两边建筑最近处距离仅40m，采用加大室内外高差的方案非常困难。且如室内外高差加大，非但人员出入不便，暴雨时室外将会大面积积水，标准太低又不安全，也不符合人文奥运的理念。因此决定采取地下蓄洪的方法解决，在深下沉区域设置了上部为蓄洪涵，下部为排水沟的蓄洪排水涵（见图3.1）。

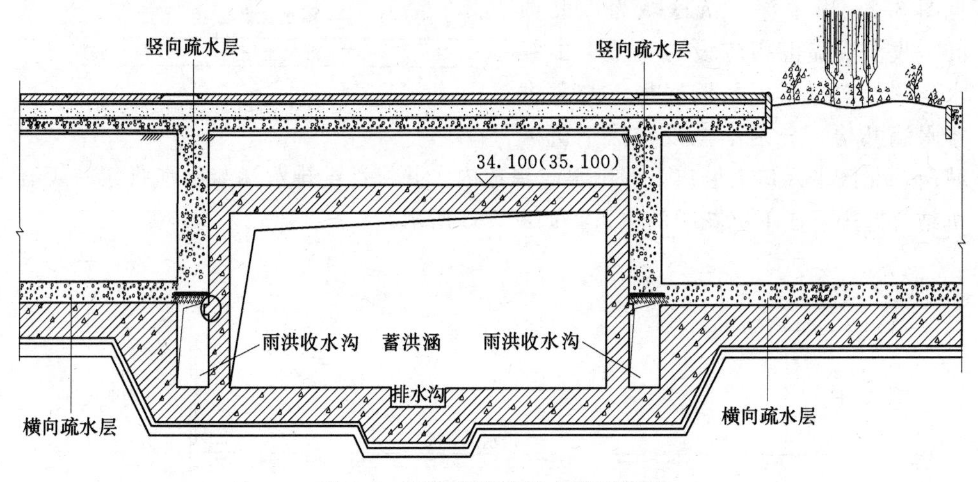

图3.1　下沉花园洪排水涵示意图

雨水排水系统设计能力范围内的雨水通过下部的排水沟进入雨水泵站排出，超过排放能力（50年一遇24h降雨量）或市政雨水系统不能正常接收本区雨水量时，雨水滞留储存在蓄洪涵内，待雨量高峰过后再排出。蓄洪空间须能容纳超城市雨水排放标准（50年一遇24h降雨量）时排水系统瘫痪期间的雨水量，当雨水排水系统失效（停电或其它极端情况）时，蓄洪排水涵上部的蓄洪空间加上整个深下沉区域的凹地蓄水量共能保证蓄存50年一遇24h降雨量，当出现100年一遇24h降雨量时，保证雨水不进入地铁及地下商业建筑室内。

3.2.2.2　雨水利用方案

雨水利用设计标准内的雨水以下渗为主，辅助回收；先下渗、净化，再收集、回用；设计标准内的雨水通过各区域的雨水渗滤收集系统就地回收到雨水收集池，就近回用于绿地灌溉。通过下列方式收集设计标准范围内的降雨量：

（1）铺装区域。深下沉区域内部广场及人行道有不小于80%的面积采用透水砖铺装，其它部分为不透水路面。按入渗要求，不透水路面坡向透水路面。

(2) 绿化区域。全部采用下凹式绿地或带增渗设施的下凹式绿地形式。绿地比周围路面或广场下凹 50～100mm，路面和广场多余的雨水可经过绿地入渗。

(3) 集水系统。雨水利用系统设计标准内的雨水经过透水铺装（或绿地）、水平疏水层、竖向疏水层、集水沟汇集到雨水泵站内的雨水收集池，见图 3.2。由于深下沉区域为南北两区，收水系统也相应设为两个，由集水沟（设在深下沉区域底板上与蓄洪排水涵共构）分别汇至设在深下沉区域南、北区主入口大坡道下的雨水收集池内。并将蓄洪排水涵与雨水收集系统有机结合起来形成下沉花园的体系，如图 3.3 所示。

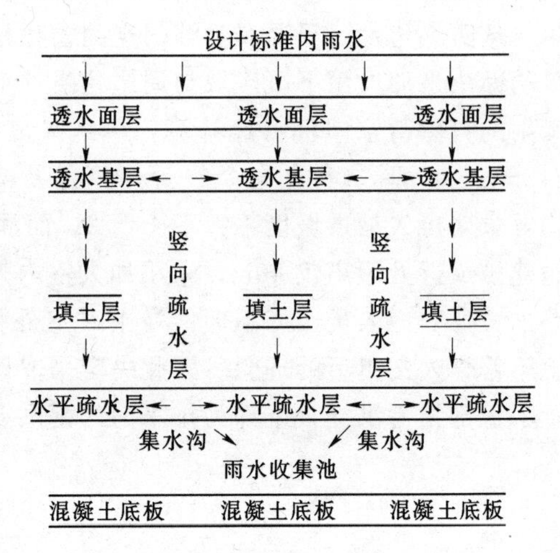

图 3.2　下沉花园雨水利用示意图

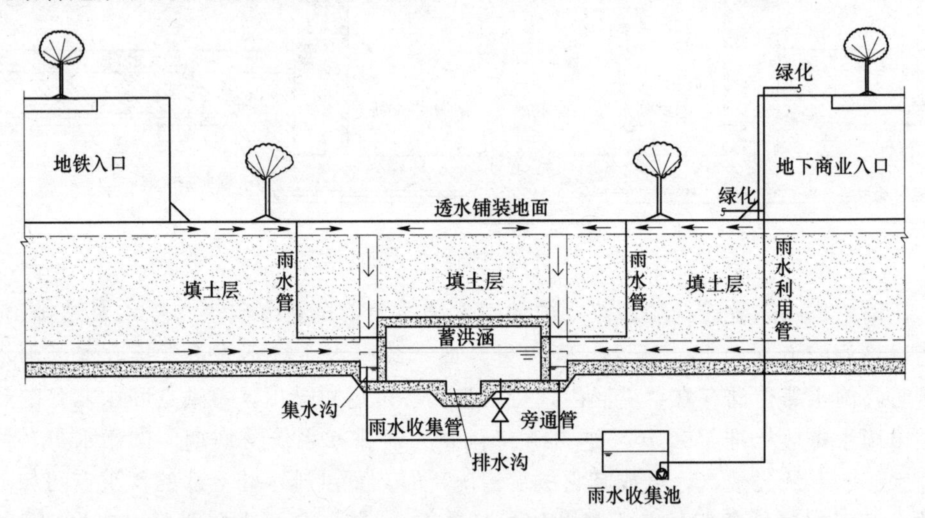

图 3.3　下沉花园雨水利用及蓄洪排水相结合原理图

3.2.2.3　蓄洪排水涵设计

蓄洪排水涵由蓄洪涵和排水沟组成，考虑绿化及管道交叉，涵顶覆土 3m。为雨季正常排水，在下方设雨水排水沟，排水沟按排水明渠设计，根据设计排水量设为底宽 1m、边坡 1∶0.75、沟底坡度 2‰。上部蓄洪空间截面为矩形，按照地面标高及平面尺寸，以大屯路地下隧道为界，分成南、北、中三段。南段蓄洪涵高 2.5m、净宽 7m；北段蓄洪涵高 3.5m、净宽 4m。两侧结合深下沉区域地板设集水沟，用来收集雨水，沟宽 1.0m，底低于结构底板 1m。蓄洪涵过大屯路时排水涵沟设在大屯路隧道以下，高 1.8m、净宽 2m。

3.2.2.4 蓄洪能力校核

1. 深下沉区域南区

深下沉区域南区蓄洪排水涵总长 320m（以南部大台阶下至大屯路自然长度计算），蓄洪涵高 2.5m、宽 7m，南区可蓄洪容积为 320×7×2.5＝5600m^3。另外，雨水排水沟容积为 320×(0.9＋0.3)/2×1＝192m^3。

2. 深下沉区域北区

深下沉区域北区蓄洪排水涵总长 230m（以北部大台阶下至大屯路自然长度计算），涵高取 3.5m、涵宽取 4m，则北区可蓄水容积为 230×4×3.5＝3220m^3。另外，雨水排水沟容积为 230×(1.0＋1.5)/2×1＝287m^3。

3. 大屯路隧道下

大屯路隧道下蓄洪涵长 55m、宽 2m、高 1.8m，容积为 198 m^3。

4. 绿地及水面

深下沉区域南区总面积 3hm^2，其中绿地及水景为下凹地形，总面积约占 30％，故考虑此部分蓄水量，为 30000×80％×30％×0.15＝1080m^3。

5. 雨水收水沟

蓄洪涵两侧的雨水集水沟容积为 871m^3。

6. 泵站容积

1 号泵站雨洪利用池容积为 1823m^3。

2 号泵站雨洪利用池容积为 972m^3；雨水排水集水坑容积为 1246 m^3。

7. 总容积

下沉花园用于储存雨水的空间包括：1 号泵站和 2 号泵站的雨洪利用池以及蓄洪涵两侧的雨水集水沟，可利用容积总为 3666m^3。

当暴雨来临时，用于调蓄雨水的空间包括：下沉花园南北通长的蓄洪排水涵（含南区、北区、大屯路隧道下空间）、南区绿地水景的下凹空间以及排水泵站的雨水集水坑容积，总调蓄容积为 11823m^3。

8. 50 年蓄洪能力校核

由 3.3.2 计算出 50 年一遇的洪水总量为 12003m^3，基本满足蓄存 50 年一遇 24h 雨量的要求（11823m^3）。

9. 100 年最大日降雨量校核

由 3.2.1 计算可知，深下沉区域南北区 100 年一遇 24h 暴雨总量为 15427m^3。在泵站不能正常工作的极端情况下，由于北区地面高于南区 1m，因此南区地面（包括路面）的最大集水深度为(15427－11823)/30000＝0.120m，小于室内外建筑最小高差0.15m，因此雨水不致进入室内形成水患。

如果遇到连续降雨，雨水收集池都已经收集满，土壤也已经饱和，此时，径流系数会变大，或者透水铺装钝化失效，透水性变差，径流系数也随之增大。对于这种特殊情况，可按最不利情况校核。假定径流系数$\alpha=1$，遭遇100年一遇24h暴雨时，根据公式$W=FP\alpha$（W为洪水总量；F为流域面积；P为不同重现期的设计24h暴雨量；α为综合径流系数），计算得100年一遇的洪水总量为16480m^3，南区地面（包括路面）的最大集水深度为(16480－11823)/30000＝0.155m，略大于室内外建筑最小高差0.15 m，由于径流系数不可能达到1，南区地面积水深度不会超过0.15m，因此深下沉区域的防洪设计是满足设计要求的，是偏安全的。

3.2.3　下沉花园防洪保障措施

3.2.3.1　设计流量

地面的径流雨水由雨水排放系统排除，雨水排放系统设计重现期定为50年。设计流量计算采用“多点入流汇流计算方法”。由于深下沉区域南北总长约730m，小于等流时块长6120m，因此计算中等流时块数为1，等流时块面积为4hm^2。由3.2.1计算结果可知深下沉区域50年一遇降雨的综合径流系数为0.744，降雨历时取10min，根据北京市暴雨强度公式求得深下沉区域50年一遇的泵站设计排水流量为2.2m^3/s。

由于市政雨水管道和雨水泵站的流量计算方法与水文流量计算方法存在较大差异，并且目前国内也没有关于二者相关关系的理论依据。因此，深下沉区域雨水泵站和雨水管道的流量计算采用市政暴雨强度公式的计算方法。

3.2.3.2　保证径流雨水收集的措施

a. 严格控制深下沉区域与周边地下建筑的地面标高关系，即排水坡向：地下过街隧道、建筑出入口（室内）标高＞建筑周边地面标高＞路面及小广场标高＞绿地及水景水面标高，确保降雨优先进入雨水收集系统。利用草地、树池及水景等下凹空间上部做最初的调蓄空间，同时室内外高差可作为超雨水排放系统设计标准（重现期50年）暴雨时来不及排放的雨水的蓄洪空间。

b. 人行道及小广场雨水口设在旁边绿地内，收水篦子低于路面但高于周围绿地。雨水首先进入透水地面，然后进入地势低凹的绿地进行入渗、收集和储存。超过雨水利用系统设计标准的雨水，溢流至设在绿地内的雨水口汇集进入雨水管道排出。

c. 在人行坡道、地下过街隧道及地下建筑出入口（即铺装地面最高处）设连续的线性排水沟，当室外雨水有漫入室内的危险时，拦截并快速至雨水管道排出。

d. 在深下沉区域设由南至北的蓄洪排水涵，雨水经支管道就近接入涵中，使地面径流雨水迅速排至地下，减少地面积水的可能。

3.2.3.3 雨水的排放

1. 深下沉区域雨水泵站及排水出口位置确定

奥林匹克中心区市政道路均设有市政雨水管道，市政雨水管线按5年一遇降雨强度、综合径流系数0.5设计。

方案设计时深下沉区域南侧市政管道已经施工完毕，雨水只能向中部大屯路和北侧北二路预留市政雨水管排放。如考虑南、北区排水管道较短，宜将泵站设在深下沉区域南北中心地段，雨水经提升后排至大屯路市政雨水管。但该雨水泵站位于奥运水系下方，出水管需经20m水下管廊方能至泄压井排出，造价高。同时泵站位于商业建筑内，不仅占用了商业面积，还将造成泵站管理通道与顾客通道交叉，日常维护管理不便。因此与市政及规划部门协商后，决定将雨水泵站设在最北端深下沉区域入口坡道下的综合泵站内，雨水由南向北汇集入雨水泵站集中提升，排入北二路市政2.8m×1.8m的雨水暗渠。

2. 蓄洪排水设施

为解决蓄洪及排水问题，在深下沉区域中央设置蓄洪排水涵。蓄洪排水涵既是贯穿南北区的深下沉区域雨水排水干道，又是超设计标准暴雨和泵站事故时调蓄排放的重要设施。

深下沉区域雨水利用标准（5年一遇24h雨量）范围内的雨水，经收水系统进入设于深下沉区域南、北区主入口大坡道下的雨水收集池内。超雨水利用标准的雨水，由上述雨水口、排水沟等汇集进入自南向北通长的蓄洪排水涵，由内部的排水沟靠重力流排至设在北区最北端雨水泵站（见图3.4）。蓄洪涵能容纳超城市雨水排放标准（50年一遇）时排水系统瘫痪期间的雨水量。超过雨水排水系统排放能力（超50年一遇24h降雨量）的雨水来不及排放时，滞留储存在蓄洪涵内，雨量高峰过后再排出。

3. 雨水泵站

（1）泵站排水能力按50年一遇暴雨流量设计，总设计排水量为2.2m^3/s。

（2）采用4台雨水泵，单台雨水泵设计流量为0.675m^3/s，总排水量为2.7m^3/s，泵站进出水位高差11m，管网和格栅、拍门等设施阻力约为1m，水泵扬程为12m。

（3）雨水经进水井、格栅、泵提升、出水泄压井后接北二路市政雨水管道，总排水管径为*DN*1800。

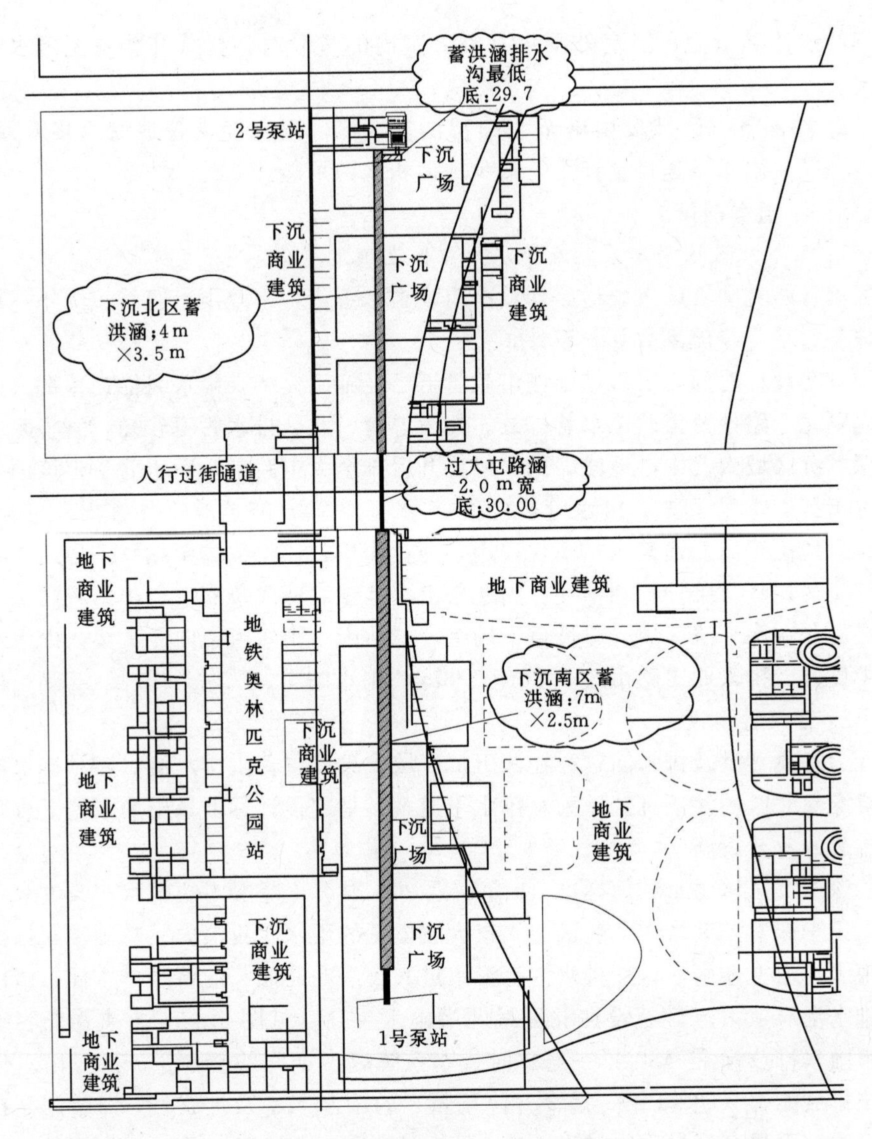

图 3.4　泵站及蓄洪排水涵位置平面

3.2.3.4　深下沉区域防洪其它保证措施

深下沉区域防洪方案除前述的蓄洪措施外，还采取了以下保证措施。

1. 防止周边地面雨水进入

前述的排水及蓄洪量的计算均基于周边地面的雨水不进入深下沉区域这一前提，因此应加强深下沉区域周边的挡水措施，防止“客水”流入，设计采取了以下保证措施：

(1) 深下沉区域周边围栏（或地面）挡水高度不小于所在区域道路、广场中央最高处 100 mm。

(2) 深下沉区域南、北主入口及周边步行入口，以及深下沉区域上部连接交通道路的天桥的入口等处地面起坡，坡顶高度不小于道路和广场中央最高处 50～100 mm。并在入口处设排水沟拦截地面雨水。

(3) 上述各设施在连接处互相围合不留进水缝隙。

2. 奥运水系的防洪设计

深下沉区域东侧与龙形水系相临，且标高低于水面 9～10m，因此水系的防洪措施与深下沉区域休戚相关，水系的设计防洪标准为 100 年一遇，与深下沉区域一致，在水灾情况下尚有应急的退水预案，保证不进入深下沉区域形成水患。

3. 雨水泵站

(1) 深下沉区域雨水泵站供电为一级负荷两路供电，非极端情况下均能保证供电。

(2) 因深下沉区域周边范围大、开口面大，当周边积水严重时无法采取挡水措施。故仍应有临时的应急措施。本工程考虑在特大暴雨威胁深下沉区域周边建筑安全时，可采用备用泵投入运行抢险。雨水泵站内，在高于正常启泵水位处设可安装 2 台备用水泵的安装台，备用泵可在汛期或需要时安装。正常情况下备用

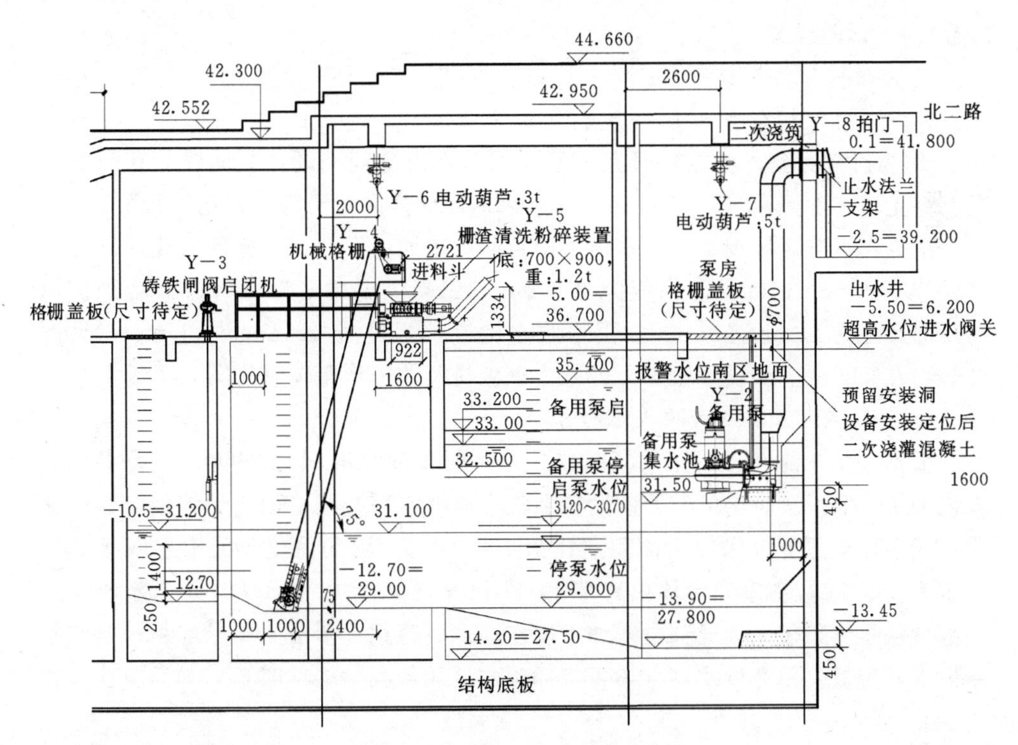

图 3.5　雨水泵站运行管理图

水泵高于水位高度，处于干式的闲置状态，以减少维护量，超高水位时运行，如图 3.5 所示。

(3) 考虑到水泵运行时市政下游雨水管渠可能已处于满流状态，因此泵站出水井井口标高高于周围道路雨水口 500mm，当超过市政雨水管渠排水能力时，泵站排水可依靠压差从地面各雨水口排出。

3.3 下沉花园降雨径流模拟试验

为了验证深下沉区域的防洪排水和雨水利用方案的合理、正确性，同时为了便于在保障防洪安全的前提下，提出下沉花园雨水优化调度与利用的运行管理方案，进行了下沉花园降雨径流模拟试验。依据设计方案制作缩小的简化单元，用人工降雨模拟系统对简化单元进行模拟试验，并测定相关参数，进行方案的改进和优化，最终依据试验结果，形成可用于奥运场区深下沉区域防洪与雨水利用系统建设的技术措施。

3.3.1 试验材料与方法

3.3.1.1 试验装置

1. 简化单元的基本尺寸

在深下沉区域任意处取一地表面积为 $4m^2$ （2m×2m）的断面样品（$H=3m$）作为研究对象，考虑到研究方便和试验室内空间问题，断面样品在高度方向上将土壤厚度减半（$h=1.5m$），减半后的断面样品定义为“简化单元”。

根据深下沉区域现场的基本条件确定简化单元的尺寸：试验的简化单元底盘尺寸 2000mm×2000mm；高度为 1500mm，超高保护高度为 100mm。地面排水沟断面尺寸为 50mm×80mm，雨水收水沟断面尺寸为 120mm×135mm（见图 3.6）。在装置的一侧设观察窗，外框为钢板拼装的矩形箱体（见图 3.7）。

2. 简化单元蓄洪涵和收集池的容积

根据 3.3.3 的计算，深下沉区域的雨水收集池总容积为 $3666m^3$，蓄洪涵的容积为 $11823m^3$。简化单元的蓄洪涵和收集池的容积按照平面比例缩放，由于简化单元平面与深下沉区域的面积之比为 1∶10000，因此简化单元雨水收集池的容积为 366.7L，蓄洪涵的体积为 1182.3L，分别取 370L 和 1180L。雨水收集池和蓄洪涵的体积较大，此部分未加工制作，采用容积计量法用 1 号水箱计量收集池雨水渗透量，用 2 号水箱计量蓄洪涵雨水地表径流量（见图 3.10）。

3. 下垫面做法

简化单元下垫面做法按照雨洪利用设计要求做（见图 3.8）。面层、疏水层

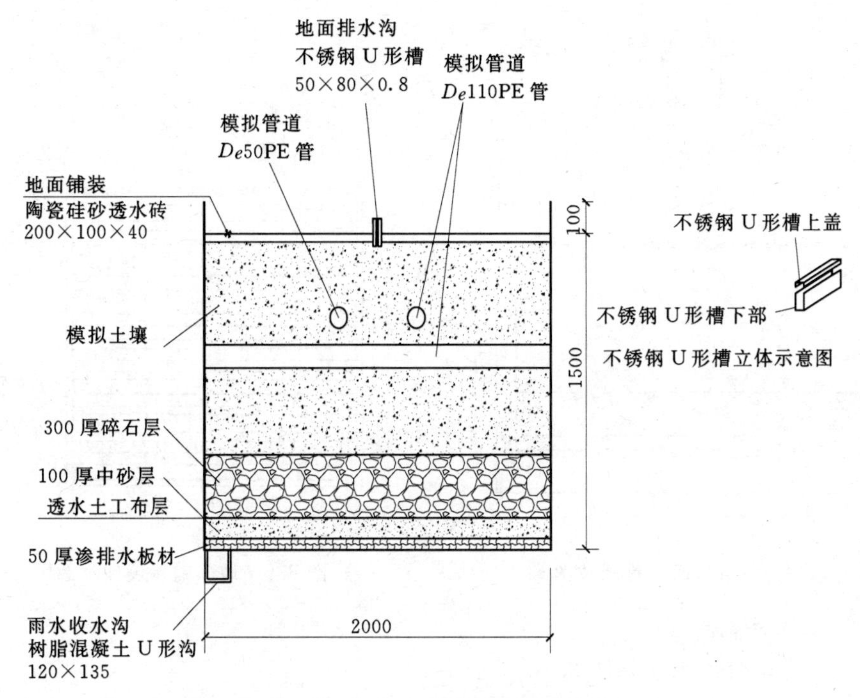

图 3.6　简化单元装置构造示意图

图 3.7　简化单元装置

等厚度按实际做，填充层（主要是碎石及粘土）厚度按比例减少，总高度 1.5m；因现状下垫面内设有各种管道，简化单元中管道铺设面积按平面比例进行铺设。

4. 铺装面层做法

按照现实铺装面积比乘以简化单元面积值，计算得到草皮、透水砖、石材的面积。深下沉区域总面积为 4hm^2。其中，地面铺装面积为 2.89hm^2，占总面积的 72%（其中不透水铺装面积占总面积的 25%）；绿地面积为 1.11hm^2，占总面积的 28%。

简化单元地表面积为 4m^2，考虑到铺装面层制作的可行性，根据草皮的径流系数和下渗性能将草皮用透水砖代替，但使简化单元总的渗流所占比例和径流所占比例与实际铺装相同，保持不变。此时简化单元地表的透水面积均用透水砖铺装，占简化单元地表面积的 75%；不透水地面面积占总 25%，用不透水塑料胶带代替（见图 3.9）。

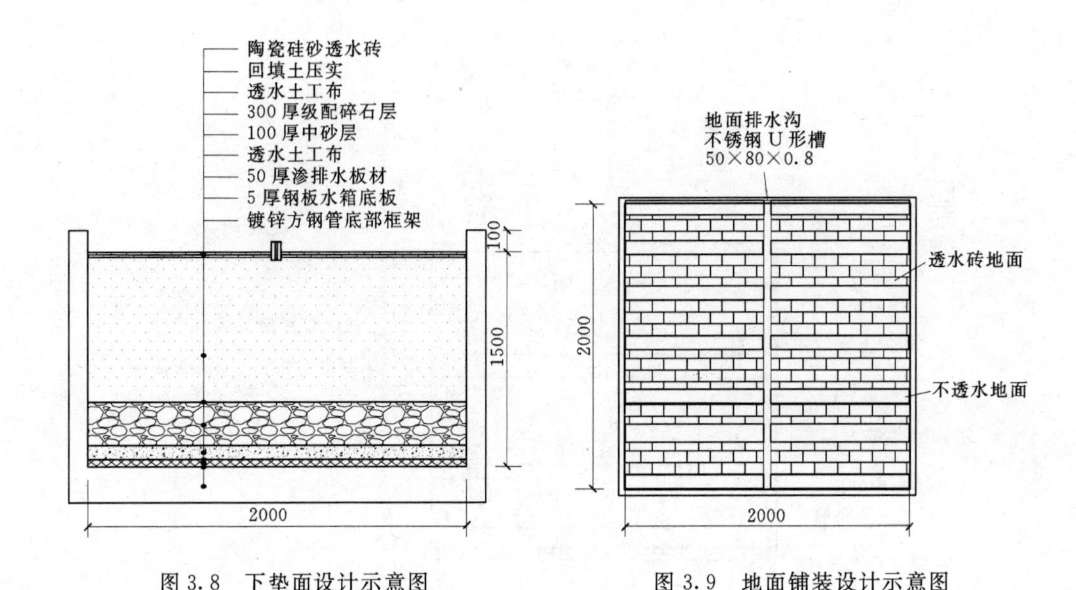

图 3.8　下垫面设计示意图

图 3.9　地面铺装设计示意图

5. 人工降雨装置

人工降雨管道系统如图 3.10 所示。

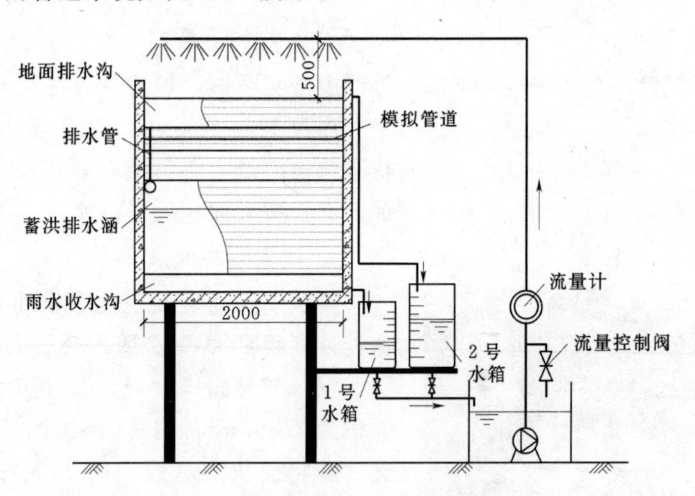

图 3.10　人工降雨装置示意图

(1) 水泵。根据设计最大流量选取模拟试验的水泵：深下沉区域 50 年一遇降雨量（历时 10min）为 $2.7m^3/s(9720m^3/h)$，按照试验简化单元的比例，取流量为 $0.9720\times1.2m^3/h$，采用小型潜水泵。

(2) 布水管道及布水器。按流量 $1.2m^3/h$ 计算和选择管径，干管管径为 *DN*25、布水支管管径为 *DN*20，管道安装高度距透水砖地面 0.5m（以不溅水为原则)。布水支管采用穿孔花管，布水管和布水器的平面布置如图 3.11 所示。

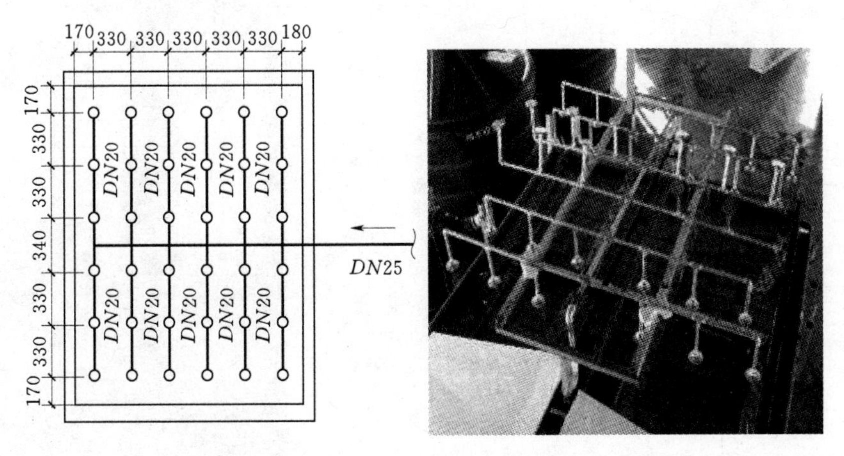

图 3.11　布水管道及布水器

(3) 雨量计量装置。收水及排水出口设计量水箱，容量：60L($L\times B\times H=$ 50cm×40cm×30cm) 计量 1 号水箱 1 个（刻度精度 1mm)，120L ($L\times B\times H=$ 60cm×40cm×50cm) 计量 2 号水箱 1 个（刻度精度 1mm)，分别用于计量雨洪蓄水池、渗透收集池的水量。水泵出口设旁通管及调节阀，并设转子流量计计量模拟降雨量。

(4) 计量工具：时间计时采用秒表、水位高度测量用精度到毫米的标尺。

6. 模拟雨水的渗透量和径流量收集

试验装置下垫面收集的模拟雨水，经集水沟用管道接至 1 号水箱计量。地面径流模拟雨水：经试验装置四周的排水沟，汇至 2 号水箱计量。

7. 标准单元（立柱）的建立

水量分配试验采用的简化单元下垫面土壤及填充层高度均比实际工程减少 50%，此外采用金属框做简化单元的边框也与实际工程不符，因此采取立柱对比试验，从而对简化单元的典型年降雨试验、雨水利用设计标准降雨试验的结果进行修正，由此计算得到相应的更接近实际的径流量和入渗收集量。

按照深下沉区域下垫面的实际做法，向一个直径为 160mm、面积为 0.02m^2、高度大于 3.5m 的有机玻璃柱里依次填入与深下沉区域同样的土层，并进行压实。各层厚度也与深下沉区域的对应土层厚度保持一致。填充完毕后，就得到一个与深下沉区域下垫面一样的样品，定义为“标准单元”（又称做“立柱”，以下均用“立柱”代替“标准单元”)。

立柱相当于从深下沉区域任意处取的断面样品，因此采用立柱进行雨量模拟试验，能够对简化单元试验值进行修正；能够真正反映深下沉区域的水量分配情况。立柱试验装置如图 3.12 所示。

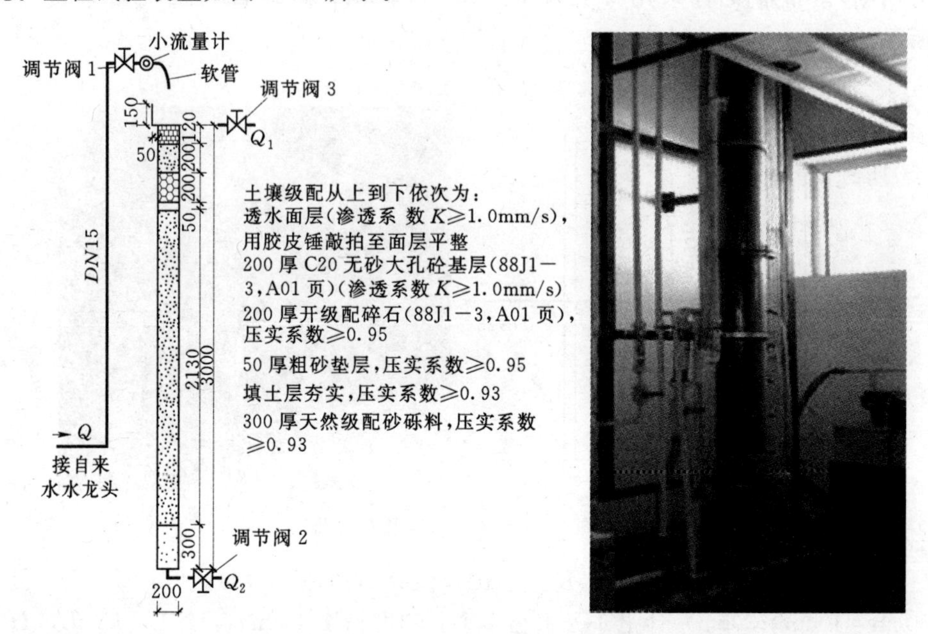

图 3.12　人工降雨装置示意图

3.3.1.2　试验方法

1. 简化单元试验

由于本试验关注的是最终的水量，不关注过程，采用简化降雨进行模拟。根据每场试验降雨的总降雨量和最大 5min 的降雨量分两个阶段进行模拟。第一阶段：模拟每场有效降雨 5min 最大降雨强度，持续时间为 5min；第二阶段：模拟每场有效降雨的剩余雨量，模拟降雨强度应小于第一阶段时的模拟降雨强度，持续时间为 30～150min。具体步骤如下：

(1) 水泵开启前，用一挡水板（面积大于 $4m^2$）盖在简化单元上面，防止在调节雨强时模拟雨水进入装置。

(2) 开启水泵，进行第一场雨第一阶段降雨模拟，首先调节雨强，待雨强调节好后，使之达到稳定，这时撤掉简化单元上面的挡水板，开始模拟，记录开始时间。

(3) 第一阶段模拟降雨完成后，将挡水板再一次放盖在简化单元上面，调节第二阶段的模拟雨强，待雨强调节好后，使之达到稳定，这时撤掉简化单元上面的挡水板，开始模拟。

(4) 用容积法测量各场降雨的地表径流量（2 号水箱）和下渗雨水收集量（1 号水箱），用秒表记录开始时间、地表产流时间、蓄洪涵收水时间和雨水收集池收水时间，用转子流量计加旁通阀控制模拟降雨强度。

（5）第二阶段模拟降雨完成后，关闭水泵，当模拟雨水蓄洪涵和模拟雨水池集雨水出口流量为零时，结束本场试验。

（6）清空模拟雨水蓄洪涵中收集的雨量和模拟雨水池收集的雨量，依次进行第2、3、4、…、9场雨的模拟，步骤同上。

所有试验重复3次，取其平均值。

2. 立柱试验

与简化单元试验的降雨过程相同，立柱试验也分两个阶段降雨，降雨历时和强度也相同。

（1）全开调节阀2、3，调节流量调节阀1控制每场雨要模拟的降雨强度。记录开始模拟的时间和每场雨的总下渗量。

（2）用容积计算法测量各场降雨外排流量和收水量；用时间计量工具记录每场雨模拟开始时间和蓄洪涵收水时间及雨水收集池收水时间；用流量计计量并控制模拟降雨强度。

（3）所有试验重复3次，取其平均值。

3.3.1.3 试验处理

简化单元试验分三种处理，即典型年降雨试验、雨水利用设计标准（5年一遇24h）降雨试验、防洪设计标准（50年一遇和100年一遇24h）降雨试验。立柱试验采用与简化单元相对应的两种处理，即典型年降雨试验和雨水利用设计标准降雨试验，以便进行对比和校正。

1. 典型年降雨试验

选择年降雨统计数据与北京多年平均雨量数据接近的2007年为典型年，以2007年实测的36场降雨中5min降雨量不小于1mm的9场降雨作为模拟降雨，见表3.7。每场降雨采取简化模拟，分两个阶段进行，典型年每场模拟降雨的试验参数见表3.8。

表3.7　典型年有效降雨统计

序号	降雨日期（月-日）	总雨量（mm）	5min最大雨量（mm）	序号	降雨日期（月-日）	总雨量（mm）	5分钟最大雨量（mm）
1	05-22	45	2	6	08-06	80	9
2	06-24	21	5	7	09-17	26	3.5
3	06-30	36	2	8	10-05	24	1.5
4	07-30	54	4	9	10-27	34	3
5	08-01	111	8				

表 3.8　　　　　　　　典型年模拟降雨的试验参数

序号	总雨量 (mm)	5min 最大降雨量 (mm)	第一阶段 5min 降雨强度 [L/(h·4m²)]	第二段降雨时间 (min)	第二阶段降雨强度 [L/(h·4m²)]
1	21	5	240	40	96
2	26	3.5	168	60	91
3	34	3	144	100	75
4	54	4	192	100	120
5	24	1.5	72	100	55
6	36	2	96	135	60
7	45	2	96	145	72
8	111	8	384	100	240
9	80	9	432	60	288

注　因模型面积为 $4m^2$，且试验装置采用的流量计计量单位为 L/h，考虑到试验过程操作的简便性，降雨强度单位采用，$L/(h \cdot 4m^2)$。

2. 雨水利用设计标准降雨试验

雨水利用系统设计标准为 5 年一遇，不透水铺装区域雨水利用设计标准为 2 年一遇 24h 降雨量，取 2 年一遇 24h 降雨量 95.7mm 和 5 年一遇 24h 降雨量 119.9mm 进行模拟试验。每场降雨同样分两个阶段进行模拟，第一阶段 5min 的模拟降雨强度按照北京市暴雨强度公式确定；第二阶段的模拟降雨强度按降雨强度小于第一阶段的降雨强度、持续时间 30～150min 确定，试验所用参数见表 3.9。

表 3.9　　　　　　　2 年、5 年一遇设计降雨模拟试验参数

重现期 (年)	总雨量 (mm)	第一阶段降雨模拟时间 (min)	第一阶段 5min 降雨强度 [L/(h·4m²)]	第二阶段降雨模拟时间 (min)	第二阶段降雨强度 [L/(h·4m²)]
2	95.7	5	579	60	336
5	119.9	5	729	60	420

3. 防洪、蓄洪设计标准的降雨试验

深下沉区域采用 50 年一遇设计、100 年一遇校核的防洪标准。为了检验深下沉区域能否满足的防洪标准要求，需要对设计标准下的降雨进行模拟试验。分别模拟 50 年和 100 年一遇 24h 降雨 347.7 mm 和 412.0 mm 的情况。根根据《北京市水文手册》的雨型时程分配确定模拟强度。由表 3.10 可知，每天降雨分别简化为两场模拟降雨，每场雨仍按照分两个阶段进行模拟。第一阶段：每场模拟

降雨最大雨量的持续时间按照深下沉区域雨水系统实际确定，模拟降雨强度根据北京市暴雨强度公式确定；第二阶段：模拟每场雨的剩余雨量，模拟降雨强度应小于第一阶段时的模拟降雨强度。

表 3.10　　50 年、100 年一遇降雨模拟试验参数

重现期（年）	第一场雨				第二场雨			
	第一段模拟雨强[L/(h·4m²)]	持续时间(min)	第二段模拟雨强[L/(h·4m²)]	持续时间(min)	第一段模拟雨强[L/(h·4m²)]	持续时间(min)	第二段模拟雨强[L/(h·4m²)]	持续时间(min)
50	708	5.5	410	35	708	11	480	120
100	800	5.3	456	40	800	10.7	570	120

3.3.2　试验结果与分析

3.3.2.1　典型年降雨试验

1. 简化单元试验

简化单元的典型年降雨试验结果见表 3.11。表中的“下渗量”是一场雨的总雨量减去地表径流的量，它包括雨水收集池收集的雨量和土壤滞留雨量。从表 3.11 可见：①地表产流时间与降雨强度有直接关系，模拟降雨强度越大，地表产流就越早；②当模拟降雨强度较大时，雨水来不及下渗就以地表径流的形式排出，雨水下渗量所占的比例就较小，模拟雨水蓄洪涵收集雨量所占的比例就大；反之，雨水下渗量所占的比例就越大，模拟雨水蓄洪涵收集雨量所占的比例就越小。

表 3.11　　典型年降雨简化单元试验结果

模拟场次	雨量(mL)	模拟开始时间（时：分）	地表产流时间（时：分）	模拟蓄洪涵收集水量(mL)	模拟收集池收集雨量(mL)	下渗量(mL)
1	84000	9：30	9：57	13920	54800	70080
2	104000	10：10	10：40	26400	61800	77600
3	136000	14：23	14：58	46800	72600	89200
4	216000	13：30	13：58	96000	88000	120000
5	96000	9：15	9：57	20400	61000	75600
6	144000	9：20	10：00	49200	78600	94800
7	180000	9：10	9：55	67200	90000	112800
8	444000	13：10	13：34	283200	110000	160800
9	320000	9：20	9：40	192000	96000	128000

2. 立柱试验

简化单元的典型年降雨试验结果见表 3.12。从中可知，立柱试验不产生地表径流，模拟蓄洪涵均没有收集到雨水，下渗量与降雨量相等。

表 3.12　典型年降雨立柱试验结果

模拟场次	雨量（mL）	模拟开始时间（时：分）	模拟雨水蓄洪涵收集雨量（mL）	模拟雨水收集池收集雨量（mL）	下渗量（mL）
1	420	9：50	0	244	420
2	520	10：40	0	295	520
3	680	14：50	0	405	680
4	1080	13：50	0	630	1080
5	480	9：45	0	288	480
6	720	9：50	0	480	720
7	900	9：30	0	540	900
8	2220	13：30	0	1420	2220
9	1600	9：40	0	980	1600

3. 数据修订

从表 3.11 和表 3.12 可以看出，由于简化单元的土壤厚度比深下沉区域实际土壤厚度减半，而立柱模型的下垫面铺装与深下沉区域的下垫面铺装一致，简化单元下渗后的土壤滞蓄的水量比立柱模型的少。因此可采用立柱模型试验的下渗水收集率修订简化单元试验结果，再根据下沉花园简化单元试验的水量比例关系进一步求出下沉花园在这 9 场雨中，每场雨实际雨水收集池收集水量、土壤滞留水量和地表径流量。由表 3.12 可知，立柱试验中，9 场雨均没有地表产流，即模拟雨水蓄洪涵收集雨量均为 0，可知 9 场雨中所有降水都进行了下渗，没有地表径流产出。因为深下沉区域雨水设计重现期为 5 年一遇，5 年一遇的降雨均能进行收集而不外排。这 9 场雨降雨量均未达到 5 年一遇的标准，因此应根据立柱试验结果将简化单元雨水蓄洪涵的模拟结果修正为 0。由于降雨都进行了下渗，每场雨的总降雨量就是下渗量，根据修正后的下渗收集率，可计算出土壤滞留水量。修正结果见表 3.13。

表 3.13　典型年降雨试验简化单元数据修正结果

场次	雨量（mm）	立柱试验			简化单元试验			简化单元修正			
		下渗量（mL）	下渗收集水量（mL）	下渗水收集率（%）	下渗量（mL）	下渗收集水量（mL）	下渗水收集率（%）	修正后比例（%）	修正后下渗量（mL）	土壤滞水量（mL）	蓄洪涵集水量（mL）
1	21	420	244	58	70080	54800	78	58	48720	35280	0
2	26	520	295	57	77600	61800	80	57	59280	44720	0

续表

场次	雨量 (mm)	立柱试验			简化单元试验			简化单元修正			
		下渗量 (mL)	下渗收集水量 (mL)	下渗水收集率 (%)	下渗量 (mL)	下渗收集水量 (mL)	下渗水收集率 (%)	修正后比例 (%)	修正后下渗量 (mL)	土壤滞水量 (mL)	蓄洪涵集水量 (mL)
3	34	680	405	60	89200	72600	81	60	81600	54400	0
4	54	1080	630	58	120000	88000	73	58	125280	90720	0
5	24	480	288	60	75600	61000	81	60	57600	38400	0
6	36	720	480	67	94800	78600	83	67	96480	47520	0
7	45	900	540	60	112800	90000	80	60	108000	72000	0
8	111	2220	1420	64	160800	110000	68	64	284160	159840	0
9	80	1600	980	61	128000	96000	75	61	195200	124800	0

从表 3.13 可知，简化单元试验的雨水收集池收集雨量占下渗量比例要大于立柱试验，原因是简化单元的土壤厚度为立柱土壤厚度的 1/2，土壤厚度小，滞水性差，因此当模拟同一场降雨时，这就会出现简化单元雨水收集池收集雨量占下渗量的比例要比立柱要大的情况。修正后的简化单元，其模拟蓄洪涵的收集雨量均为 0，说明这最大 5min 降雨不小于 1mm 的 9 场雨均没有产生地表径流，都进行了下渗。

为了验证典型年降雨试验简化单元中雨水的分配规律与立柱中雨水的分配规律是否具有一致性，并验证用立柱试验数据去修正简化单元试验数据是否合理，以上述 9 场模拟降雨的前 4 场有效降雨的试验数据来进行对比分析。简化单元和立柱的土壤实际雨水下渗量对比见表 3.14。

表 3.14　　前 4 场模拟降雨简化单元和立柱土壤下渗量对比

场次		持续时间 (d)									
		1	2	3	4	5	6	7	8	9	10
第 1 场雨	立柱 (mL)	25	60	44	45	30	21	13	6	—	—
	简化单元 (L)	9.4	11.8	10	7.6	6.2	3.6	2	2.2	1	1
第 2 场雨	立柱 (mL)	35	68	54	42	35	22	14	12	8	5
	简化单元 (L)	11.6	15	10.4	6.8	7.6	4.8	3.6	1.2	0.8	—
第 3 场雨	立柱 (mL)	37	58	73	63	48	40	36	25	18	7
	简化单元 (L)	12	16.2	12.8	12.2	9.6	5	2.8	1	1	—
第 4 场雨	立柱 (mL)	73	100	116	85	79	71	57	25	18	6
	简化单元 (L)	12.2	15.8	13	11.4	9.4	9	7.6	5.6	3.2	0.8

从表3.14可以看出，简化单元和立柱模拟试验的土壤下渗量随时间变化规律基本相同，都是先增大再逐渐减小的过程；随着每场降雨雨量的不断加大，土壤的下渗量也逐渐增大；雨量大的降雨每天的渗透量要大于雨量小的降雨每天的渗透量。同时也可发现，立柱中雨水的下渗时间滞后于简化单元中雨水下渗时间，这可能与立柱土壤厚度比简化单元厚度大1倍有关。因此可以认为，在同一场模拟降雨中，立柱土壤中的雨水和简化单元土壤中的雨水渗透曲线具有较好的相似性，因此采用立柱修正简化单元每场有效降雨的实际下渗雨量是可行的。

4. 下沉花园原型分析

(1) 典型年9场模拟降雨水量。由于简化单元与奥林匹克公园深下沉区域的面积比例为1∶10000，可以求出最大5min降雨不小于1mm的9场雨中深下沉区域可以收集的雨量和产生的径流量，见表3.15。

表3.15　　典型年9场降雨下沉花园水量分配情况

场次	日期(月-日)	雨量(mm)	转化为下沉花园降雨量(m^3)	下沉花园水量分配		
				雨水收集池收集雨量(m^3)	土壤滞留雨量(m^3)	蓄洪涵收集雨量(m^3)
1	05-22	45	1800	1080	720	0
2	06-24	21	840	487.2	352.8	0
3	06-30	36	1440	964.8	475.2	0
4	07-30	54	2160	1252.8	907.2	0
5	08-01	111	4440	2841.6	1598.4	0
6	08-06	80	3200	1952	1248	0
7	09-17	26	1040	592.8	447.2	0
8	10-05	24	960	576	384	0
9	10-27	34	1360	816	544	0
小计	—	—	—	10563.2	—	—

由表3.15可知，9场雨收集池总收集雨量为10563.2m^3。雨季(6～9月)雨水收集池共收集8091.2m^3，占全年收集量的77%；非雨季雨水收集池共收集2472m^3，占全年收集量的23%。

土壤滞留雨量总共为6676.8m^3。雨季土壤滞留雨量为5028.8m^3，占全年滞留总雨量的75%；非雨季土壤滞留雨量为1648m^3，占全年滞留雨量的25%。数据统计见表3.16。

表 3.16　典型年 9 场降雨下沉花园雨水收集量统计结果

收水位置	全年收水量（m^3）	雨季（6～9月）		非雨季	
		收水量（m^3）	占全年收水比例（%）	收水量（m^3）	占全年收水比例（%）
雨水收集池	10563.2	8091.2	77	2472	23
土壤滞留	6676.8	5028.8	75	1648	25

（2）典型年剩余 27 场降雨水量。典型年共 36 场降雨，剩余的 27 场降雨总雨量为 133 mm。因为最大 5min 降雨不小于 1mm 的 9 场雨均没有产生地表径流，剩余的 27 场降雨均比这 9 场有效降雨降雨强度小，雨量也小，因此这 27 场降雨也不可能产生地表径流，也都进行了下渗，但是由于每场雨雨量小，且降雨间隔时间长，土壤多处于不饱和状态，因此这 27 场降雨都会滞留在土壤中，不会下渗到雨水收集池中，则典型年剩余的 27 场降雨滞留在深下沉区域土壤中的总雨量为 5320m^3。

（3）典型年深下沉区域总收集雨量。典型年深下沉区域总收集雨量为 10563.2m^3，土壤滞留雨量为 11996.8m^3。土壤滞留的雨量通过蒸发、植物吸收、下渗等方式减小，但是每年土壤水分年际间差别不大，土壤水分的输入和输出是相对平衡的。

3.3.2.2　雨水利用设计标准降雨试验

1. 简化单元试验

简化单元的雨水利用设计标准降雨试验结果见表 3.17。从中可知，在简化单元试验中，当模拟 2 年一遇降雨或 5 年一遇降雨结束后，地表径流使 45%左右的总雨量进入模拟雨水蓄洪涵，剩下的 55%总雨量均进行了下渗，其中下渗量中约 60%水量下渗至雨水收集池，剩余 40%的下渗量则滞留在土壤中。

表 3.17　雨水利用设计标准降雨的简化单元试验结果

重现期（年）	雨量（mm）	模拟开始时间（时：分）	地面产流时间（时：分）	模拟雨水蓄洪涵收集雨量（mL）	模拟雨水收集池收集雨量（mL）	下渗量（mL）
2	95.7	13：44	14：05	169000	132000	215000
5	119.9	15：20	15：38	220000	160000	260000

从表 3.17 可以看出，当模拟 2 年一遇降雨或 5 年一遇降雨时，简化单元是有地表径流产生的，而根据深下沉区域雨水利用的设计标准，发生 5 年一遇 24h 降雨不会产生径流，全都进行了收集。出现了试验结果与实际不一致的情况。导致简化单元出现径流的原因有两个：①在试验过程中，简化单元上面的洒水喷头喷水不均匀，而且有的喷头在简化单元的周边附近，这就导致雨水降到地面上后形成短流，直接以地表径流的形式进入模拟雨水蓄洪涵，地表径流量变大；②由于简化单元的

土壤没有得到很好的压实，在进行一段降雨模拟试验后，发现简化单元的地面有轻微的沉陷，这就破坏了雨水在地面下渗、漫流的特性，这就导致雨水来不及下渗就沿着沉陷处以地表径流的形式向简化单元的周边汇集，地表径流量变大。

2. 立柱试验

简化单元的典型年降雨试验结果见表 3.18。从中可知：

(1) 在立柱试验过程中，2 年一遇降雨时，地表没有产流；5 年一遇降雨时，有地表产流，但是产流发生在模拟的后期，模拟雨水蓄洪涵收集雨量很小。

(2) 当模拟 2 年一遇降雨或 5 年一遇降雨时，模拟雨水收集池收集雨量均占下渗量的 55%左右，小于简化单元的雨水收集量（55%＜60%），且立柱的下渗雨水收集时间较简化单元的下渗雨水收集时间要长，这与立柱的土壤高度比简化单元的土壤高度高 1 倍有关。

表 3.18　雨水利用设计标准降雨的立柱试验数据

重现期（年）	雨量（mm）	模拟开始时间（时：分）	地面产流时间（时：分）	模拟蓄洪涵收集水量（mL）	模拟收集池收集水量（mL）	下渗量（mL）
2	95.7	13：44	—	—	1090	1914
5	119.9	14：55	15：40	90	1300	2310

注　表中"—"表示此项内容在试验过程中没有出现。

3. 数据修订

同样利用立柱试验数据对简化单元的试验数据进行修正，结果见表 3.19。由于简化单元与深下沉区域的比例关系为 1∶10000，从表 3.19 可求出下沉花园原型的水量分配如下：当发生 2 年一遇的降雨时，雨水收集池收集雨水 $2189m^3$，土壤滞留雨水 $1651m^3$，蓄洪涵雨水量为 0，不会产生地表径流，全部降雨都进行了下渗收集；当发生 5 年一遇的降雨时，雨水收集池收集雨水 $2587.2m^3$＜$3666m^3$，土壤滞留雨水 $2032.8m^3$，蓄洪涵雨水量为 $180m^3$，径流系数为 0.07，远小于雨水利用设计标准下的径流系数 0.5，满足要求。说明结果与雨水利用设计标准相一致。

表 3.19　雨水利用设计标准降雨试验简化单元数据修正结果

模拟重现期（年）		2	5
雨量（mm）		95.7	119.9
立柱试验	模拟蓄洪涵收集量（mL）	0	90
	下渗量（mL）	1914	2310
	下渗收集水量（mL）	1090	1300
	下渗水收集率（%）	57	56

续表

模拟重现期（年）		2	5
雨量（mm）		95.7	119.9
简化单元试验	模拟蓄洪涵收集量（mL）	169000	220000
	下渗量（mL）	215000	260000
	下渗收集水量（mL）	132000	160000
	下渗水收集率（%）	61	62
简化单元修正	修正后下渗水收集率（%）	57	56
	修正后下渗量（mL）	218900	258720
	土壤滞水量（mL）	165100	203280
	简化单元蓄洪涵收集雨量（mL）	0	18000

3.3.2.3 防洪、蓄洪设计标准降雨试验

简化单元的防洪、蓄洪设计标准降雨试验结果见表3.20。从中可以看出：当模拟50年一遇和100年一遇的降雨时，由于降雨强度大，地面会马上产流；当模拟50年一遇降雨时，模拟蓄洪涵没有收集满，地面没有积水；当模拟100年一遇降雨时，模拟蓄洪涵能收集满，地面已经积水，最大积水深度为3.1cm；50年一遇和100年一遇降雨时，模拟蓄洪涵收集雨量均占总降雨量的80%左右，差别不大，但是与2年一遇和5年一遇降雨相比：前者的径流系数（0.8）是后者（0.45）的近2倍。

表3.20　防洪、蓄洪设计标准降雨的简化单元试验数据

重现期（年）	雨量（mm）	模拟开始时间（时：分）	模拟开始时间（时：分）	地面产流时间（时：分）	蓄洪涵集满时间（时：分）	蓄洪涵收集雨量（L）	最大地面积水深度（mm）
50	347.7	13：37	16：28	13：44	—	1138	—
100	412	9：46	12：41	9：50	12：25	1304.4	31.1

从表3.20可见，在进行50年一遇和100年一遇降雨模拟试验时，由于暴雨强度很大，绝大部分雨水来不及下渗就以地表径流的形式流到蓄洪涵中。50年一遇的模拟降雨时，蓄洪涵没有收集满，地面不会产生积水，蓄洪涵满足50年一遇的防洪标准。100年一遇的模拟降雨时，在模拟结束之前蓄洪涵已经充满雨水，到模拟结束时，已经收集了1304.4L的雨量。根据简化单元与下沉花园原型的比例关系，到100年一遇降雨结束时，下沉花园蓄洪涵已经收集了13044m^{3}的雨量，大于蓄洪涵的容积11823m^3，且深下沉区域南区地面低于北区1 m，南区面积为3hm^2，因此发生100年一遇特大暴雨时，南区地面（包括路面）的最大集水深度为0.04m，小于室内外建筑最小高差0.15 m，雨水不致进入室内形成

水患。

因此，当遇到100年一遇暴雨，雨水泵外排困难的情况下，地面积水4cm，雨水不会进入地下商业建筑的出入口，满足防洪设计要求。

3.4 深下沉区域雨水利用监测与效果分析

3.4.1 监测方案

为了能实时对下沉广场雨水收集量、利用量、排水量变化进行监测，对实际的雨水利用与防洪效果进行综合分析，在排水泵站和雨水收集池安装水位监测装置，当水位发生变化时，就会进行探测记录，并传输到计算机上进行存储，因此能够随时计量一场雨后收集的雨量和排放的水量以及水质的变化。当向市政雨水管网排水或者进行雨水利用时，由于水位的变化，水位探测装置能迅速探测水位的变化，从而得到排出或利用的水量；对于每场降水，当雨水进入蓄洪涵或雨水收集池时，水位探测装置和水质探测装置也会响应，记录水位的变化和此时水质的变化。

因此，利用水位自动探测装置，能够较准确地反映蓄洪涵一场暴雨的蓄洪量和一年的总蓄洪量；能够反映雨水收集池在一场雨后的收集雨量和年总收集雨量以及雨水利用的实际效果；能够实现蓄洪涵收集雨水的合理调度，在保证绿化用水、场地用水的前提下，进一步扩大雨水的利用范围。

3.4.2 监测结果分析

根据雨量试验结果分析，奥林匹克公园中心区下沉广场典型年可收集雨水量为10563 m^3、土壤滞留雨量为11996.8 m^3、无外排水量。单场降雨不大于5年一遇降雨时，无外排。可见，防洪及雨水利用标准均已实现了预期目标。

雨水综合利用量分析：如采用蓄洪涵空间满足用水间歇降雨量，则按上述分析，典型年可收集的雨量与入渗的雨量共为22559m^3，即年综合利用雨水量为22559m^3。

从近两年的降雨资料来看，由于采用透水做法，下渗雨水在一段时间内蓄存在下垫面，温度升高时蒸发出来，夏季降低温度，春秋季加大空气湿度改善区域环境。地面排水标准提高，5年一遇降雨不形成径流、50年一遇降雨地面无积水，方便了游客雨中出行。社会效益显著，体现了人文奥运的理念。在下沉花园设置雨洪利用综合体——蓄洪排水涵后，总的蓄洪能力达到了50年一遇24h降雨量标准，同时满足100年一遇24h降雨量不形成水患的目的，也减轻了暴雨时对市政管网的压力。该项目经 2007 年及 2008 年雨季的运行，雨水收集及超标准暴雨时调蓄效果显著，保证了奥运期间下沉广场赛时保障及人员集散等各项活动的正常运行。

3.5　深下沉区域雨水优化调度与运行管理方案

3.5.1　雨水优化调度方案

雨量试验数据分析结果表明：在具代表性的典型年雨季，可收集的雨量多于绿化用水量，而雨洪涵一直处于低水位状态。因此，有必要通过验算对雨水回用方案进行调整。并且，通过液位控制方案调整，在确保安全的前提下，加大雨水的蓄存空间，更高效地利用雨水。

3.5.1.1　水量平衡

1. 植物需水量

下沉花园主要为乔木，花坛区主要以新品种月季、应时花卉为主，地被为草地早熟禾。由于园区植物的多样性及对水量需求的差异，不同的植物需要采取不同的灌溉方式。下沉花园各种植物的面积、灌溉方式统计见表 3.21。依据灌溉系统的设计说明，各种植物的一次灌溉需水量和一年的灌溉水量见表 3.22，可见下沉花园绿化年需水量为 9170m^3。

表 3.21　　下沉花园各类绿化规模与灌溉方式统计结果

项目	草　坪	绿　篱	乔　木	灌　木	一二年生草花、宿根花卉
规模	5000 m^2	1340 m^2	200 棵	100 堆	175 m^2
灌溉方式	喷灌	滴灌	涌泉灌	滴灌	微喷灌

表 3.22　　下沉花园植物次灌溉水量和年灌溉水量　　单位：m^3

项　目	草　坪	绿　篱	乔　木	灌　木	一二年生草花、宿根花卉
次灌溉水量	32.5	41.5	36.6	1.55	5.4
年灌溉水量	6955	1784.5	805.2	66.65	232.2
年合计	9843.55				

2. 典型年雨水收集池收集雨量

典型年降雨从 3 月开始，一直持续到 10 月底，共 36 场降雨。根据前面的模拟降雨试验结果，典型年全年下沉花园总收集雨量为 10563.2m^3；土壤滞留雨量为 11996.8m³。9 场有效降雨雨水收集池共收集雨量为 10563.2m³，土壤滞留雨量总共为 6676.8m³；其余 27 场降雨共降雨 133mm，都滞留在土壤中，滞留雨量为 5320m³。

3. 水量平衡分析

将典型年 4～10 月降雨可能收集到的水量和植物灌溉需水量对应列入表 3.23。从中可知，雨季（6～9 月）雨水收集量大于绿化用水量，雨水收集池共收集 8091.2m³，占全年总雨量的 77%，雨水收集池达到充满状态（8091.2m³＞3666m³）。但是雨水收集池容积有限，如不能保证在下雨间歇将收集水用完，就不可能将雨季全部的下渗雨量全部收集，导致部分雨水外排，得不到有效的利用。非雨季收水量较小，不能满足绿化用水量，此时段雨水收集池共收集 2472m³，雨水收集池收集的雨量未达到充满状态（2472m³＜3666m³），占全年总雨量的 23%。也就是说非雨季雨水收集量少，无法满足植物需要的水量，需要通过年内调节来满足需求。

表 3.23　典型年植物生长期各月供需平衡表

月份	9 场有效降雨雨水收集池收集雨量（m³）	绿化用水（m³）	土壤滞留水量（m³）	差额（m³）
4	0	1375.5	320	−1375.5
5	1080	1493.05	960	−413.05
6	487.2	1375.5	712.8	−888.3
7	2217.6	1408	2422.4	809.6
8	4793.6	1408	4126.4	3385.6
9	592.8	1375.5	1247.2	−782.7
10	1392	1408	2048	−16
合计	10563.2	9843.55	11836.8	719.65

注　“差额”是 9 场有效降雨雨水收集池收集雨量与绿化用水量之差；“－”代表雨水收集池收集雨量不能满足绿化用水量。

3.5.1.2　雨水回用范围优化

原设计方案考虑深下沉区域的植物生长期正处于北京的雨季，植物的灌溉周期也与北京雨季的降雨周期相接近，另外植物年需水量变化不大，故深下沉区域收集的雨水首先考虑用于下沉区域的绿化用水。

根据灌溉系统设计结果可知，年植物灌溉需水量为 9170m³。典型年降雨从 3 月开始，一直持续到 10 月底，共 36 场降雨。从典型年深下沉区域全年收集雨量计算可知，典型年全年深下沉区域可收集的总雨量为 10563m³；土壤滞留雨量为 11996.8m³。且土壤滞留水量较均匀地分布在植物的生长期内，这样滞留的雨量能够被植物利用，减少了对雨水收集池雨水的取水量，采用智能灌溉方式时实际用水量小于 9843.55m³。显然，可收集的雨量大于绿化用水，因此，下沉区域收集的雨水有剩余，没有得到充分的利用。

另外，雨季降雨集中，如雨水收集池雨水不能及时用完，处于高水位，则土壤也处于饱和状态，长期如此则深下沉区域土壤含水量过高产生的渍害会造成植物烂根等疾病，而且土壤的透气性变差也直接影响植物对氧的需求，根系部分缺氧，有毒物质滋生，会影响植物生长。因此需要增加雨水的用途。

深下沉区域以再生水为水源的还有：水景补水、道路场地用水和冲厕用水。由于冲厕用水分布于深下沉区域两侧建筑的室内区域，范围较大管线长，且建成后将归不同单位管理，采用雨水回用造价高，计量管理复杂。因此暂不考虑冲厕，扩大雨水回用范围以其它用途优先。

1. 水景补水

下沉广场共有 1、2、3、6、7 号院子设有水景，其中 1 号院（南入口）、7 号院（北入口）处的规模较大。因为 1 号院和 7 号院处在深下沉区域的两端，与 1 号泵站和 2 号泵站相距不远，因此扩大雨水利用范围，根据就近原则，应首先考虑 1 号院和 7 号院水景补水。1 号院和 7 号院水景最高日补水量 20m³，景观喷泉按每年运行 100 天计算，景观补水量为 2000m³。

2. 道路、场地用水

深下沉区域道路、场地最高日用水量为 25m³，每年按浇洒 150 天计算，道路、场地年用水量为 3750m³。

3. 非铺装区土壤滞留雨水的利用

从典型年看，深下沉区域年总收集雨量为 10563.2m³，土壤滞留总雨量为 11836.8m³，该部分雨水可核减道路、绿化浇灌用水。另外，由于降雨时间分布的不均匀性，且土壤滞留雨水无法在时间上实现合理调度，遇到连续降雨，土壤滞留的雨水就多；而到了非雨季，土壤滞留雨量几乎为零，只能通过从雨水收集池抽取收集的雨水来进行灌溉。因此计算绿化用水仍以雨水收集池的雨水为准。

根据以上所述，画出典型年雨水利用水量平衡图（见图 3.13）。如果降雨间隔长，绿化水量从雨水收集池抽取过多，需要从外界补充一定的中水，以满足道路、场地用水和景观补水量。补充中水量＝道路、场地用水量＋景观补水量－雨水收集池剩余水量；如果降雨间隔短，雨水收集池剩余雨水满足道路、场地用水和景观补水，此时不需要从外界补充中水。

因此，扩大雨水收集量可再节省 4643m³ 的再生水用量，间接减少了水资源的消耗量。

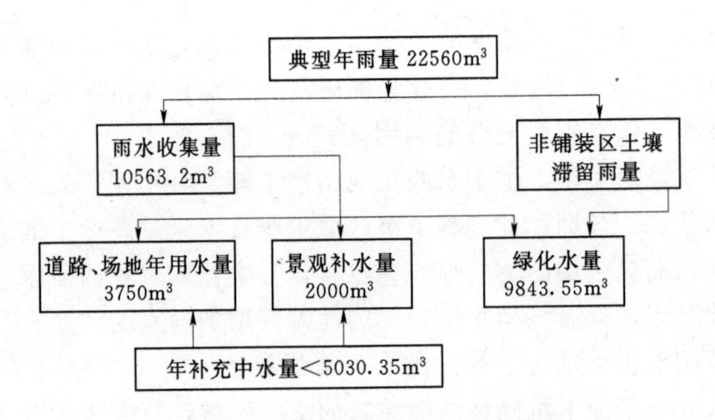

图 3.13　典型年雨水利用水量平衡图

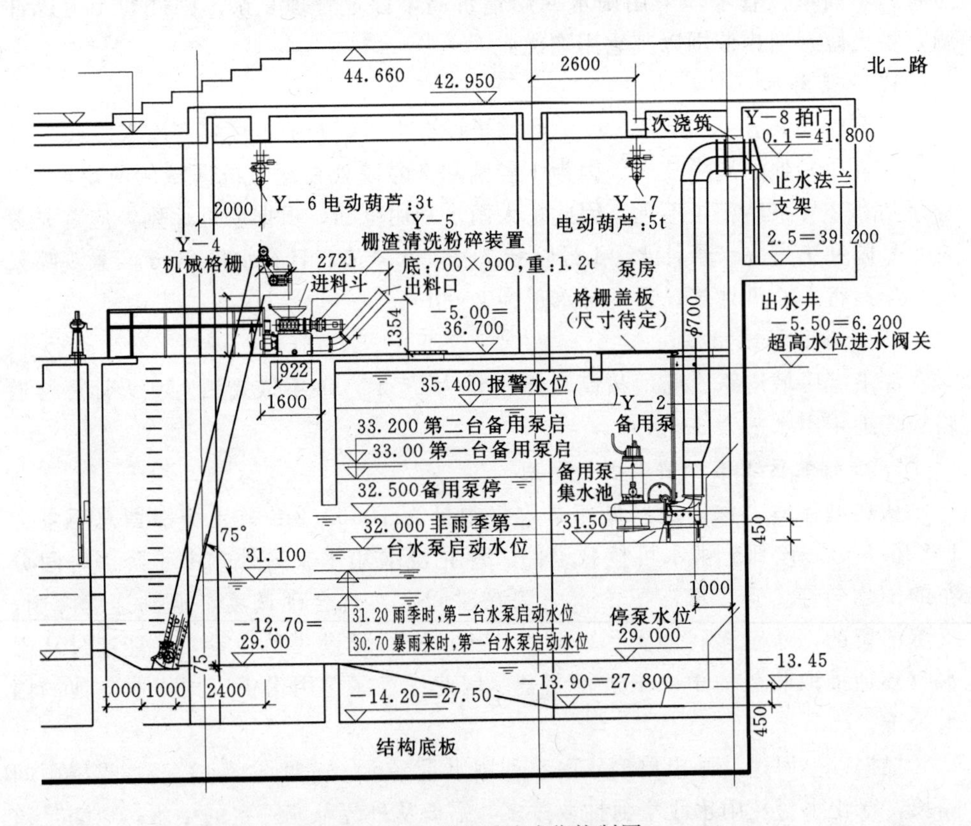

图 3.14　雨水泵站液位控制图

3.5.1.3　雨水利用优化调度方案

根据典型年降雨分析，降雨时空分布不均匀，因此要加强雨季和非雨季的收集雨水调度，并通过蓄洪涵的空间来收集更多的雨水，提高回用效率。但是由于深下沉区域的位置、地势的特殊性和重要性，深下沉区域的防洪始终是第一位的，因此，蓄洪涵在首先满足深下沉区域的蓄洪作用情况下，才允许发挥其雨水收集作用。

蓄洪涵空间利用分析如下：

(1) 蓄洪涵总容积为 11823m^3，能容下 50 年一遇 24h 降雨量。由于在北京发生 50 年一遇的暴雨机会小，因此充分发挥蓄洪涵的作用以加大雨水收集量是可行的。充分利用雨洪涵体积大的特点，在雨季雨水收集池满时，适当地向蓄洪涵旁通一部分雨水量，不但能弥补因雨季雨水收集量与回用量不平衡而导致的可收集雨水的外排，还可以利用雨季蓄洪涵收集的外排雨水来加大总收集量，特别是在丰水年还可以进一步发挥蓄洪涵的作用，最大程度地收集地表雨水径流量，从而提高总的雨水收集回用量。

(2) 蓄洪涵收集雨水注意如下事项：

1) 蓄洪涵内截留的雨水是地面径流雨水，水质较入渗收集的雨水差，须经沉淀、过滤等处理后才能回用，因此雨洪涵取水口应位于排水沟的上方，并且应在降雨结束后间隔一段时间再取水，以便泥沙沉淀。

2) 当有大暴雨来临时，应提前清空雨洪涵内的雨水以保证达到蓄洪标准的要求。

根据以上分析，提出扩大蓄水的优化方案如下：

在蓄洪涵上设旁通管道与 1 号、2 号泵站雨水收集池相连，其上设电动阀，当雨水收集池满时，阀打开，多余的雨水进入蓄洪涵暂存。雨水收集池低水位时，采用雨洪涵存水补充；为防止泥沙进入收集池，联通管位置高于排水沟上沿（见图 3.14）。并通过排水泵运行调度，保证蓄洪涵内蓄水量。

3.5.2 运行管理方案

按照蓄水要求，雨水泵站启泵水位的设定要配合雨洪利用设施的蓄水，根据收集池水位情况和气象部门预报，科学设定水泵的启动水位。

(1) 在雨季初期及缺水年份（雨量计算小于平均值），深下沉区域雨洪利用收集池水位低时，启泵水位提高，以增加深下沉区域的雨水利用蓄水量。经计算，将第一台水泵的启泵水位设定为 31.80m（5 年一遇降雨时的水位），则小于 5 年一遇的降雨都能储存在蓄洪涵中，加大蓄水量。

雨季中期降雨集中时段或丰水年份（雨量计算大于平均值），雨洪利用收集池水位居高不下时，启泵水位降低，将第一台水泵的启泵水位设定为 31.20m（31.20m 为蓄洪涵底标高，见图 3.15），这样既能留存一定的雨水，当雨量少时即可再次蓄水，又能保证蓄洪涵内不积水，当有暴雨来临时，雨水能够快速汇集到雨水泵站，通过雨水泵组将雨水提升排至市政雨水管网。

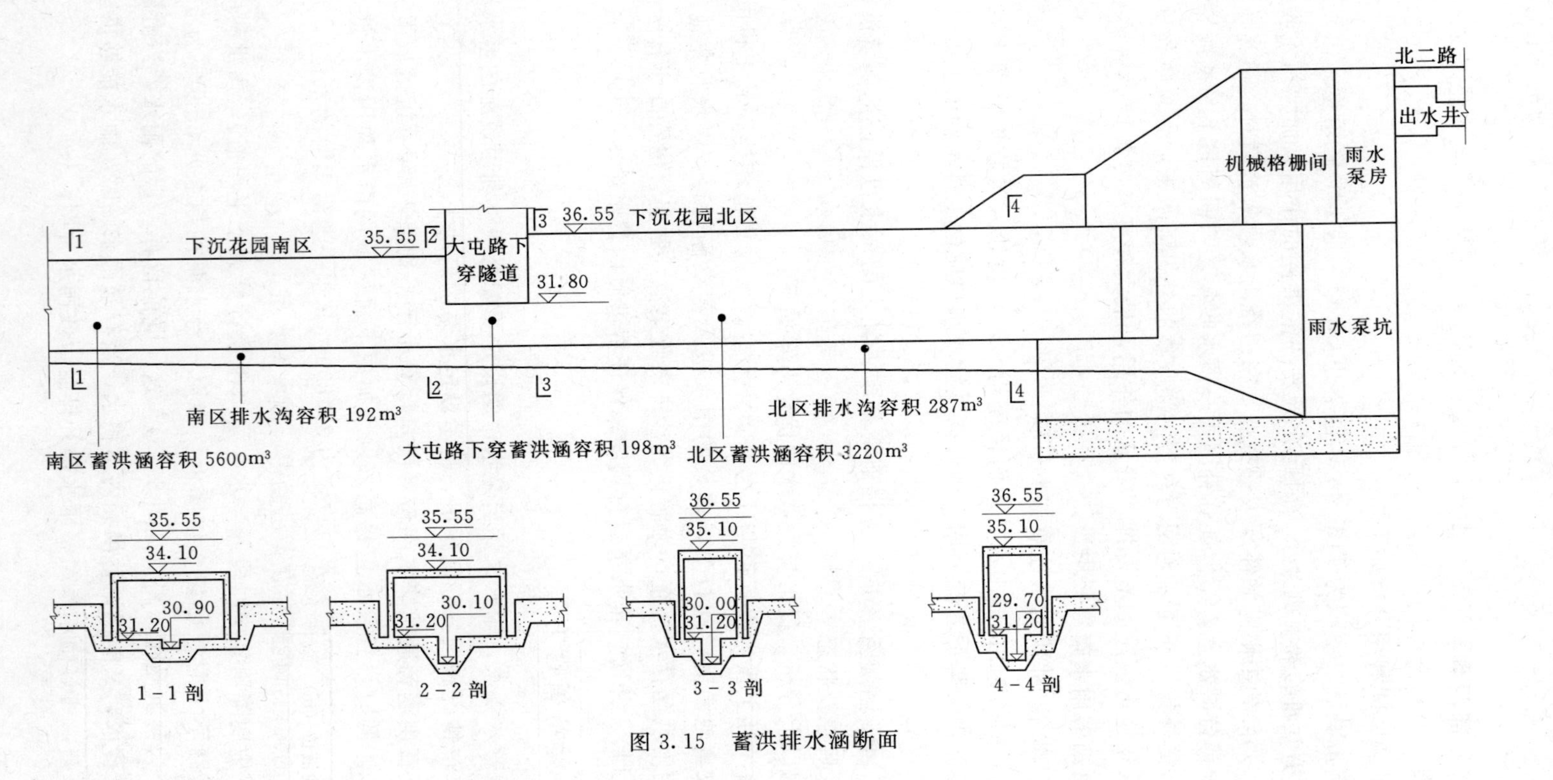

图 3.15　蓄洪排水涵断面

当气象部门预报将有大暴雨时，为确保达到蓄洪标准，雨水泵提前运行，将水位降至29.00m的最低水位（停泵水位），见图3.16。水泵根据泵池水位高度依次启动：以第一台泵自动启泵水位30.70m为基准，按照水泵平稳启停的条件（30s泵流量），并考虑水面波动对液位计测量的影响，以池内水位每升高200 mm启动下一台水泵确定各启泵水位。雨量超出设计标准时，池内水位持续升高，当高至33.00m时（此时南区雨洪涵已接近满水）启动备用水泵，升至33.20m时启动第二台备用泵。水位到达深下沉区域最低地面高度（35.40m）时，发出报警信号。当泵池水位达到保护泵站的关闸水位（泵站地面以下0.5m）时，关闭各进水管电动闸阀，待水位下降后再一一开启。

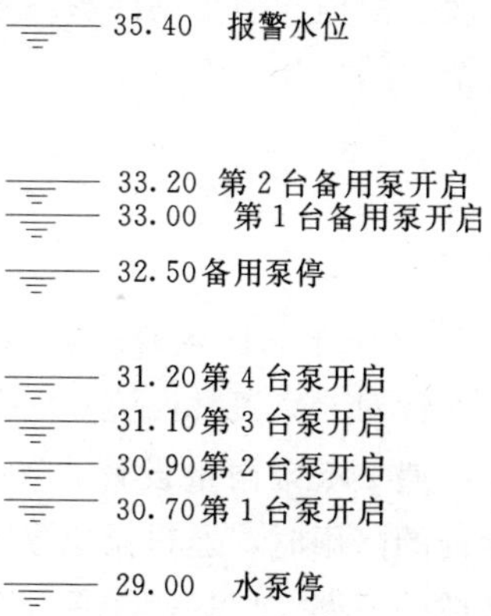

35.40 报警水位

33.20 第2台备用泵开启

33.00 第1台备用泵开启

32.50备用泵停

31.20第4台泵开启

31.10第3台泵开启

30.90第2台泵开启

30.70第1台泵开启

29.00 水泵停

图3.16 雨水泵站液位控制图

（2）蓄洪涵液位监测。采用DDC远程监控方式可在监控中心监测液位及动态、水泵启停及状态。监测原理见表3.24。

表3.24　DDC远程监控水位控制水泵启闭及状态原理

液位（m）	雨水泵状态	时间段	状态
33.00～33.20	备用泵启动	持续暴雨	排涝
32.50	备用泵停	—	—
31.80	开	雨季初期和平水年	5年一遇降雨排水
31.20	开	持续降雨和丰水年	排出暴雨水量
31.20～30.70	4台泵依次启动	暴雨警报发生	排出暴雨水量
29.00	雨水泵停	—	—

（3）蓄洪涵旁通阀控制。蓄洪涵旁通阀的控制情况见表3.25。

表3.25　蓄洪涵旁通阀控制

雨洪池液位（m）	旁通阀状态	雨洪涵状态
低于31.20	开启	雨洪涵水回灌，补充雨洪池水量
最高液面35.40	关闭	蓄水防洪
高于31.80	开启	向蓄洪涵排水
长期至乔木根部	开启	向蓄洪涵排水，使雨洪池液位降至土壤饱和水位以下

（4）在雨季雨水收集池持续满水时须打开旁通阀向蓄洪涵排出部分水量，降

低液位使饱和的土壤能够继续向收集池渗流，从而减少土壤的饱和度，利于乔木等植物的生长。

3.6 小　结

1. 深下沉区域的防洪、排水标准

针对北京奥林匹克中心区下沉广场的特点，提出了排水和防洪标准：按50年一遇24h降雨量设计，100年一遇24h降雨量校核。当发生50年一遇及以下标准的降雨时，通过雨水泵站提升排水和设计的蓄洪涵蓄水的方式，保证深下沉区域的道路、广场等主要设施不积水；当发生50～100年一遇下标准的暴雨时，通过雨水泵站提升排水、蓄洪涵蓄水和地面洼地临时滞水的方式，保证洪水不进入地下商业建筑的出入口。该防洪、排水标准首次将下沉区域的雨水排放与区域防洪结合起来，并大幅度提高了排水标准。该标准已经得到专家们的认可，并在《建筑给水排水设计规范》（GB 50015—2009）中得到体现。

2. 深下沉区域雨洪利用及雨水排放综合体系

针对防洪及雨水收集的矛盾，设计了集蓄洪排水与雨水收集于一体的综合涵沟，并提出相应的技术标准，形成深下沉区域雨洪利用及雨水排放综合体系。深下沉区域地下南北通长地设置了蓄洪排水涵，上部为蓄洪空间，按照蓄洪标准设置，下部为雨水排水沟，按排水标准设置，兼蓄洪及排水作用。在蓄洪涵两侧底板最低处共构设置收水沟，入渗雨水经疏水系统进入收水沟收至雨水收集池。通过透水铺装及下渗收集系统和地面雨水收集系统，将防洪系统和雨水利用系统有机地结合在一起，通过雨洪涵与排水泵站和收集利用系统的科学配合实现所提出的防洪、排水标准和雨水利用标准。

3. 通过模拟试验验证了雨洪利用及雨水排放综合体的安全合理性

开展了简化单元和标准单元（立柱）试验，采用典型年9场有效降雨、2年一遇、5年一遇、50年一遇和100年一遇降雨进行了模拟。结果显示：当发生50年一遇及以下标准降雨或100年一遇降雨时，下沉广场均能满足设计的防洪标准。

4. 监测结果也表明下沉花园的设计和建设达到了预期的效果

2007～2009年连续三个雨季的运行情况表明：奥林匹克中心区深下沉区域的雨水综合利用工程达到了预期的效果，为2008年北京奥运会的成功举办提供了保障。同时，根据第5章中关于下沉花园雨水收集池收集雨水的水质监测结果（表5.11），收集的雨水水质满足绿化及生活杂用水标准，表明雨水回用于绿地浇灌、道路场地浇洒及景观水系补水是可行的。

5. 提出了下沉花园雨洪利用设施优化管理方案

通过对下沉花园的收集水量和绿化灌溉用水量进行逐月水量平衡分析，以及景观补水、道路冲洗用水等用水需求的分析，提出了下沉花园雨洪利用系统的雨水优化调度方案和设施运行管理方案。将原来的雨水仅供绿化用水改为供绿化、景观、地面清洗用水，加大了回用范围，从而增加了利用量。为了充分发挥蓄洪涵的调节作用，在首先保证防洪要求的前提下，提高雨水泵的启泵水位使蓄洪涵内保留部分雨水，同时雨水收集池向蓄洪涵旁通水量，以收集更多的雨水；在旱季雨水收集池不能满足绿化用水时，蓄洪涵向雨水收集池旁通水量，弥补雨水收集池收集量的不足。

第4章 绿地雨洪集蓄与灌溉利用技术研究

传统的绿地树阵灌溉往往采用人工灌溉方式，工作量和工作强度较大，且由于人为因素，容易出现灌水不足或过量灌溉情况，以往节水灌溉技术研究多针对农田，而对于树阵节水灌溉技术的研究并不多见。因此，在水资源极度短缺的北京，积极探索适用于树阵的节水灌溉技术具有重要的理论和实践价值。本章在地下负压灌溉试验研究的基础上，结合雨水集蓄工程和灌水的持续有效性，探索了设计水头小于1.5m的低压力（微压）下简易重力式地下滴（渗）灌技术。同时，针对奥林匹克公园中心区大面积树阵灌溉需求和树阵间硬化地面的特点，结合透水地面的研究成果，围绕如何将类似树阵和行道树的城市绿地雨水利用和节水灌溉相结合开展系统深入的研究，提出一套利用铺装地面收集雨水对乔灌木进行自然地下灌溉的技术。

4.1 地下负压灌溉试验研究

4.1.1 负压灌溉技术原理

4.1.1.1 基本原理

负压灌溉是地下灌溉的一种，它是将灌水器埋于地下，利用土壤基质势的吸力和作物的蒸腾“拉力”将水分从水源处“吸到”灌水器周围的土壤中，实现自动供水。之所以称为负压灌溉，是因为灌水器的位置高于水源处的位置，即水从高程低处向高程高处运动。这种灌水方法的理论依据是土壤水分运动规律和能量守恒定律，水分运动的驱动力是灌水器外土壤的水势与内部水源的水势梯度。负压灌溉的整个灌水系统通常由水源、输水管道和灌水器三部分组成，如图4.1所示。

在负压灌溉系统中，以灌水器所在位置的平面为参考平面，不计溶质势和温度势，灌水器周围土壤水分的总水势为

$$\varphi_{外}=\begin{cases}\varphi_m & (\theta_{外}\leqslant\theta_s)\\ H & (\theta_{外}>\theta_s)\end{cases} \tag{4.1}$$

式中：$\varphi_{外}$为灌水器周围土壤总水势；φ_m为灌水器周围土壤水基质势；$\theta_{外}$为灌水

器周围土壤的含水量；θ_s 为灌水器周围土壤的饱和含水量。

在灌水器内部，水处于饱和状态，不计溶质势和温度势，其中水分的总水势为压力势，即

$$\varphi_{内}=-H \tag{4.2}$$

式中：H 为灌水器高程与水源水面高程之差，称“$-H$”为负压水头。

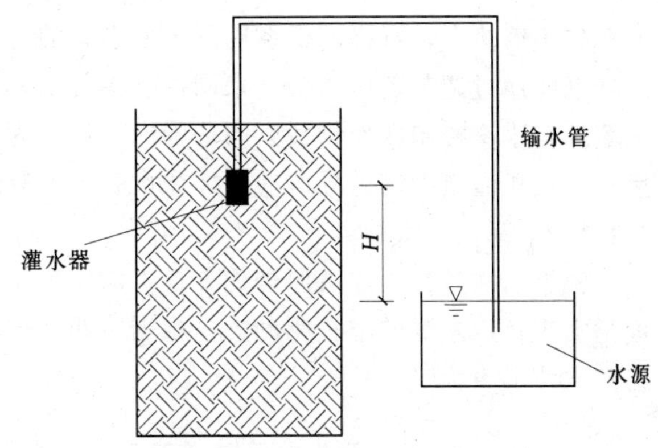

图 4.1　负压灌溉原理示意图

根据水分由势能高处向势能低处流动的原理，倘若想使灌水器内水向外流，就得满足 $\varphi_{内}\geqslant\varphi_{外}$。因此，从理论上说，即使水源高程低于灌水器高程，只要负压控制在一定范围内（不低于非饱和土壤基质势值）就可以实现灌溉。

在负压灌水初期，灌水器外部与之紧密连接的土壤的含水率较低，其基质势也较低，如果此时土壤的基质势 φ_m 小于灌水器作用的负压水头，负压灌溉便可以实现。随着灌水器中的水分进入周围土壤，这部分土壤由于水分的作用成为较湿润土壤，此时土壤的基质势随着含水率的增加而增加，此时，外层土壤处于低含水率状态，总的土水势很小，这样就产生了内层土壤和外层土壤的势能差，在驱动力——势能梯度的作用下，水分由内层土壤进入外层土壤，外层土壤湿润后，便产生与更外层土壤的势能差，就这样层层推进，水分以灌水器为起点逐步向外扩散。随着灌水器周围土壤含水率的增加，土壤的基质势也在增加，灌水器内外的势能梯度也在减小，根据非饱和土壤的达西定律，水分进入土壤的水流通量也在相应地减小，直到灌水器内外的势能达到平衡时，灌水停止。此时，土壤含水率为该负压水头作用下土壤能达到的最大含水率。随着作物的耗水或者土壤的蒸发作用，土壤含水率降低，土壤基质势随之降低，低于作用的负压水头时，灌水器内外又出现了能量的不平衡状态，灌水器内的水分在势能梯度的作用下，继续向土壤中运动，负压灌溉继续进行。

由此可见，在负压作用水头相同的情况下，当灌水器周围土壤的含水率首次到达最大含水率之后，一旦土壤水分降低，灌水器就开始供水，并且含水率越低灌水器的供水速度越大，随着土壤含水率的增加，灌水速率也在相应地降低。这样，在负压的作用下，灌水器能够根据周围土壤水分情况控制灌水速度，将土壤含水率保持在相应负压作用水头下的水分状态，避免了传统灌水方式所带来的灌水干湿交替的情况。因此负压灌溉的主要优点是：①湿润局部根区，减少了根区

的棵间土壤蒸发，可提高根系周围土壤水分的有效性和灌溉水分利用效率；②负压灌溉能通过调节负压水头，来调控土壤含水率，这样就可以人为地将根区周围土壤的含水率控制在作物适宜的范围内，从而为作物的生长创造了良好的生长环境；③负压灌溉无需外界的提水加压设备，节省造价，节约能源。

4.1.1.2 理论出水能力

根据前文对负压灌溉原理的分析，对于负压灌溉系统，灌水器内外的水势梯度是实现负压灌溉的唯一驱动力。根据达西定律，在负压灌溉过程中，通过灌水器的水流通量为

$$q_e = -K_e \frac{\varphi_m + H}{l_e} = -R_e(\varphi_m + H) \tag{4.3}$$

式中：q_e 为灌水器的水流通量；K_e 为灌水器的导水率；l_e 为灌水器的厚度；φ_m 为灌水器外的土壤基质势；R_e 为灌水器出水系数。

根据上述公式，在土壤干燥的状态下，土壤的基质势较小，负压作用水头不变时，$\varphi_m + H$ 绝对值较大，灌水器的出水速率较高；灌水一段时间后，土壤的含水率增加，基质势变大，$\varphi_m + H$ 变小，灌水器的出水速率也较低。另一方面，降雨过后水源的水位升高，H 值减小，在土壤含水率一定条件下，$\varphi_m + H$ 的绝对值增大，灌水器出水速度快。

4.1.2 试验材料与方法

4.1.2.1 试验方法

负压灌溉试验的试验装置如图 4.2 和图 4.3 所示，由马氏瓶供水装置、有机玻璃土槽、输水管、陶土头（或陶瓷板）等构成。马氏瓶高 60cm、截面积为 78.5cm^2。

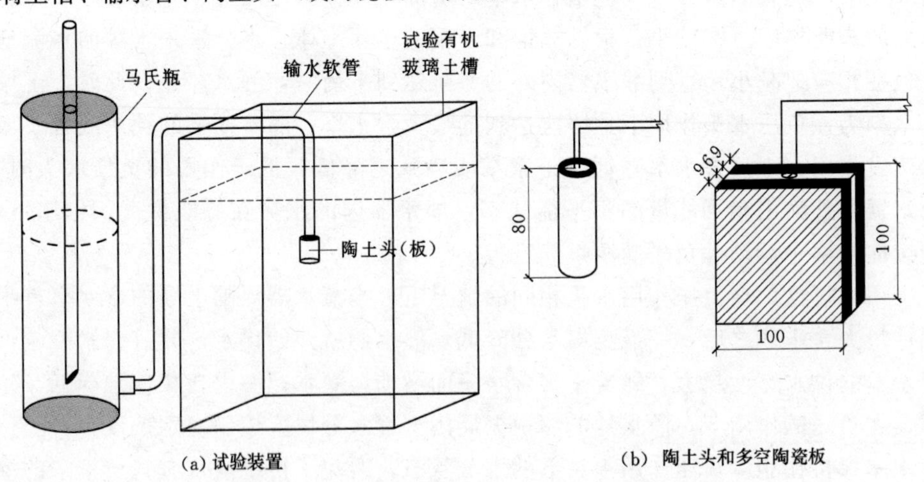

图 4.2 试验装置及所用陶土头和多孔陶瓷板示意图

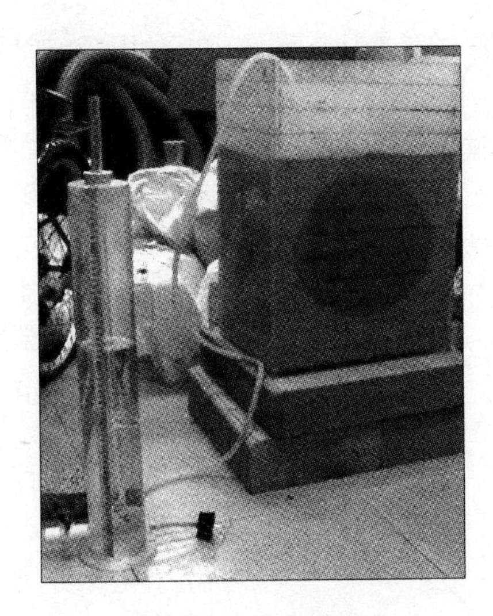

图 4.3 试验装置照片

针对试验作用水头的不同，试验用灌水器不同和灌水器放置方法不同，共设置 14 个处理见表 4.1。

表 4.1　　试验处理安排

处理编号	灌水器类型	作用水头 (m)	入渗时间 (h)	放置方法
1	陶土头	−0.2	14	置于土槽边角
2	陶土头	−0.3	14	置于土槽边角
3	陶土头	−0.4	14	置于土槽边角
4	4μm 陶瓷板	−0.2	14	置于土槽边角
5	4μm 陶瓷板	−0.3	14	置于土槽边角
6	4μm 陶瓷板	−0.4	14	置于土槽边角
7	6μm 陶瓷板	−0.2	14	置于土槽边角
8	6μm 陶瓷板	−0.3	14	置于土槽边角
9	6μm 陶瓷板	−0.4	14	置于土槽边角
10	4μm 陶瓷板	0	100	置于土槽中间
11	4μm 陶瓷板	−0.2	100	置于土槽中间
12	4μm 陶瓷板	−0.4	100	置于土槽中间
13	4μm 陶瓷板	−0.6	100	置于土槽中间
14	4μm 陶瓷板	−0.8	100	置于土槽中间

注　将灌水器埋于土槽的边角，是模拟实际情况的 1/8。

试验的观测内容及方法如下：

（1）各时间段的入渗量和累计入渗量，由马氏瓶中的刻度读出水位下降数，并换算成入渗量。

（2）湿润锋的运移情况，每隔 1h 或 2h 用记号笔记下湿润锋的位置。

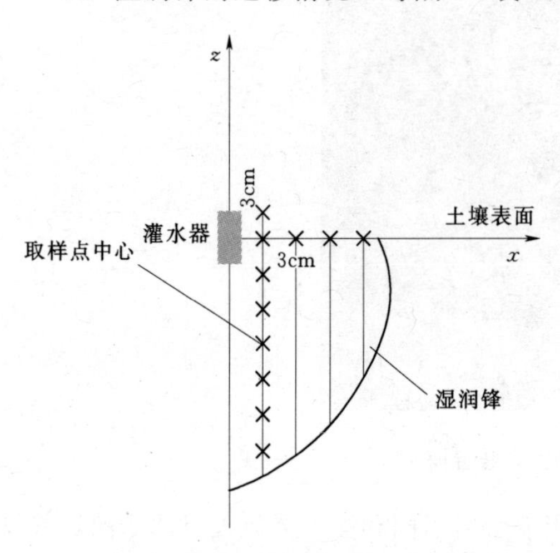

图 4.4 测定垂直和水平方向含水率分布的取土点示意图

（3）前 9 个处理中，入渗过程结束后，用土钻取土，并用烘干法测定土壤的含水率。取土方法为：在紧贴近灌水器周围的湿润体中，在垂直方向上沿灌水器起点位置每隔 3cm 取土一次，用于记录垂直方向含水率的分布；在水平方向，每隔 3cm，沿灌水器起点位置取土一次，用于记录水平方向含水率的分布。具体的取土点如图 4.4 所示。

（4）后 5 个处理中，在入渗过程结束后用土钻平均取周围土壤及贴近灌水器湿润体的土壤，用烘干法测定土壤的含水率。

（5）对于每个处理，都得在试验开始前对灌水器及其输水管道进行排气。由于用的是塑料管，难以看见管中的气泡。因此在陶土头灌水器中专门设排气管，排气时只需将马氏瓶水位抬高，高于灌水器高程，直到排气管中的水流均匀即可；对于多孔陶瓷板灌水器，没有专门设有排气管，排气时，将马氏瓶水位抬高，高于灌水器高程，从硅胶管中看见气泡流向马氏瓶进水口，同时马氏瓶中的水流向硅胶管内，即完成一次排气，如此反复，直到硅胶管中的气泡完全排尽为止。

4.1.2.2 试验材料

1. 土壤

供试土壤取自北京市海淀区东北旺，土壤为中粉质壤土。将取回的土壤风干，初始含水率约为 3%，用 2mm 的筛子进行筛分，选取 2mm 粒径以下的土壤，按照干容重 1.48g/cm^3，以 5mm 为一层分层填装，盛土容器为长 35cm、宽 45cm、高 60cm 的有机玻璃土槽。

所用土壤的水分特征曲线如图 4.5 所示，按照式（4.4）拟合。

$$\theta(h)=\theta_r+\frac{\theta_s-\theta_r}{(1+|\alpha h|^{\beta})^{\gamma}} \tag{4.4}$$

式中：α、β 为土壤水分特征曲线的形状参数；$r=1-1/\beta$；θ_r 为残余含水率；θ_s 为饱和含水率。

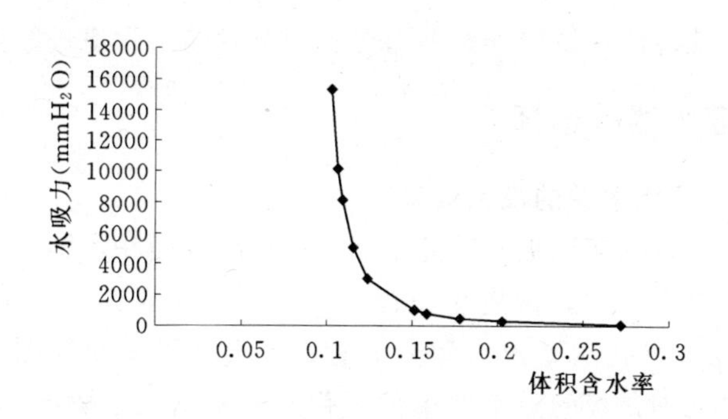

图 4.5　土壤水分特征曲线

含水率均为体积含水率，拟合结果为：$\theta_s=0.396$，$\theta_r=0.08426$，$\alpha=0.0238$，$\beta=1.48$。

2. 灌水器

试验用灌水器有三种：

第一种为内径 2cm、外径 3cm、长 8cm 的陶土头（见图 4.6）灌水器，灌水器的孔隙大小约为 0.4～0.7μm。

第二种为长 10cm、宽 10cm、厚 2.4cm 的正方形陶瓷板（见图 4.6）灌水器，灌水器的孔隙大小为 4μm。

第三种为长 10cm、宽 10cm、厚 2.4cm 的正方形陶瓷板灌水器，灌水器的孔隙大小为 6μm。

第二种和第三种多孔陶瓷板灌水器，经抗负压能力测试，能够抵抗至少 70%真空状态的负压。

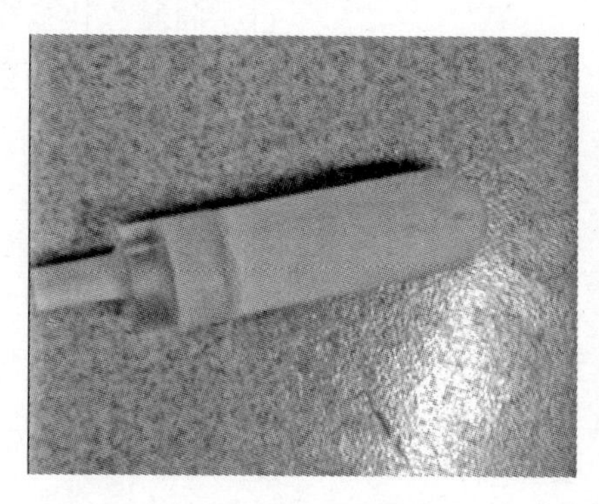

图 4.6　陶土头（左）和多孔陶瓷板（右）实体照片

3. 输水管道

与陶土头灌水器相连接的输水管道为内径 4mm 的塑料管，在塑料管的边侧，设有一个内径为 3mm 的排气管；与两个多孔陶瓷板连接的输水管道为内径 8mm

的硅胶管。每个处理应在试验开始前对灌水器及其输水管道进行排气。

4.1.3 负压灌水器的选择

4.1.3.1 不同负压灌水器的灌水效果

由于陶土头和多孔陶瓷板两种灌水器的有效出水面积不同，因此，认为两种灌水器均为均匀出水，比较两者单位面积（1cm^2）的出水量。0.3m 和 0.4m 负压水头作用下 4μm 多孔陶瓷板和陶土头的累计出水量变化如图 4.7 所示，可见相同时间内，多孔陶瓷板的灌水器单位面积的累积出水量要高于陶土头近 2 倍，表明多孔陶瓷板的出水能力较好。

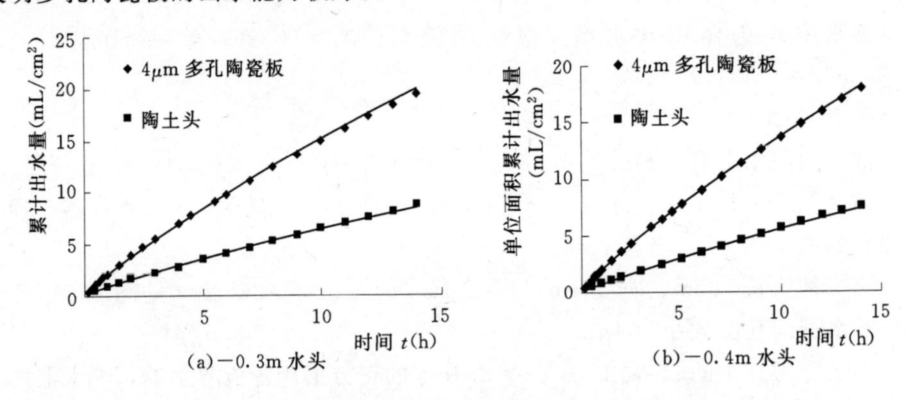

图 4.7 多孔陶瓷板和陶土头单位面积累计出水量

如图 4.8 所示，在－0.2m 水头和－0.3m 水头作用下 4μm 多孔陶瓷板灌水器和 6μm 多孔陶瓷板灌水器灌水过程中出水量差异显著，孔隙越大出水能力越大。

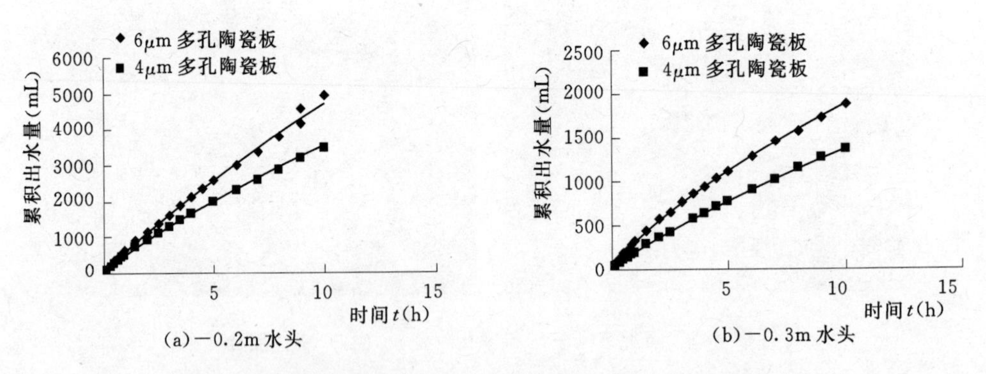

图 4.8 两种多孔陶瓷板灌水器累积出水量随时间变化情况

4.1.3.2 适宜的负压灌水器选择

如果应用灌水器的孔隙过大，其所灌溉的土壤含水率并非很高，孔隙如果太大，不能满足负压灌溉灌水器透水但不透气的要求，这样很难通过灌水器内部的毛细管作用将灌水器外部的土壤吸力“传递到”灌水器内部。虽然稍大点孔隙的陶瓷板（6μm）灌水器的出水效果较好，但是在较高水头作用下是以湿润锋运移不明显或减少为代价带来的含水率和出水量的增加，并没有加大湿润体体积，反而使得周围土体由于含水量超过田间持水量带来了土壤水分向下渗漏的问题。因此考虑灌水持续效果等因素确定 4μm 多孔陶瓷板灌水器为该系统负压灌溉的适宜灌水器。

4.1.4 多孔陶瓷板负压灌溉效果

基于以上分析，以下采用 4μm 多孔陶瓷板灌水器进行负压灌溉试验结果分析。

4.1.4.1 灌水器在不同负压水头下的出水速率

不同的负压水头作用下，4μm 多孔陶瓷板在土槽的出水速率随时间的变化情况如图 4.9 所示。

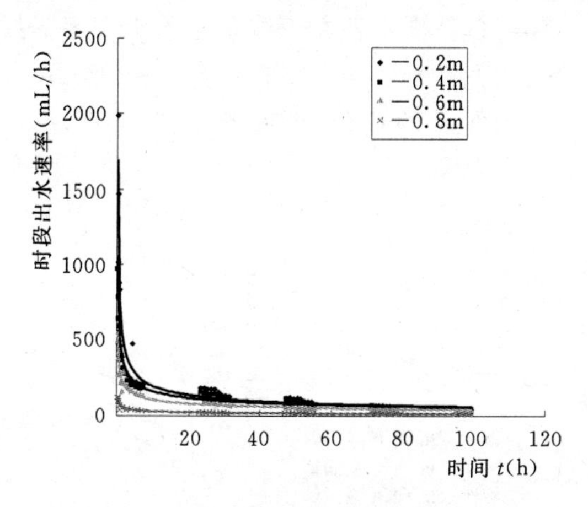

图 4.9 不同水头作用下灌水器出水速率随时间变化情况

从中可以看出，多孔陶瓷板的出水速率随时间衰减得非常快，不同负压水头具有类似的衰减规律，第 1h 为出水速率剧烈变化阶段，可衰减到前 10min 平均出水速率的 23%～61%，负压值越小衰减越快，随后进入缓慢变化阶段，在入渗约 24h 之后，出水基本稳定。多孔陶瓷板灌水器的出水速率随时间的变化规律与幂函数 $q=at^b$ 拟合效果良好，呈极显著相关，拟合结果见表 4.2。在入渗的初始阶段出水速率很高，这与灌水器周围土壤初始含水率较低有关。试验时采用的是风干土，土壤基质势很低，吸力大，水分运动的驱动力——灌水器内外的能量梯度较大，因而出水速率很大；随着入渗时间的延长，灌水器周围土壤含水率增大，土壤基质势增加，势能梯度降低，出水速率减小。

从图 4.9 中还可以看出，不同负压水头的出水速率有明显差异，负压水头越大，出水速率越大。−0.2m、−0.4m、−0.6m、−0.8m 水头出水 24h 时的出水速率分别为 180mL/h、150mL/h、100mL/h、25mL/h，出水 4 天后的出水速率基本稳定，分别为 48mL/h、44mL/h、38mL/h、14mL/h，可见在 −0.2～−0.6m负压水头下经过几天同压力的供水，其出水速率趋于接近。

表 4.2　不同水头作用下 4μm 多孔陶瓷板出水速率与时间的幂函数拟合结果

回归系数	负压水头 H(m)				
	0	−0.2	−0.4	−0.6	−0.8
a	1725.2	667.1	467.91	269.44	67.09
b	−0.649	−0.524	−0.459	−0.403	−0.345
R^2	0.95	0.90	0.94	0.95	0.96

4.1.4.2　灌水器周围土壤含水率变化规律

图 4.10 显示了 4μm 负压灌水器在不同负压水头作用下的湿润锋变化规律，可见，相同时间向下的湿润距离大于水平的湿润距离。由于实验土壤为风干土，−0.2m 水头下，10h 后的向下湿润锋距离为 22.2cm，水平湿润距离为 20.3cm。

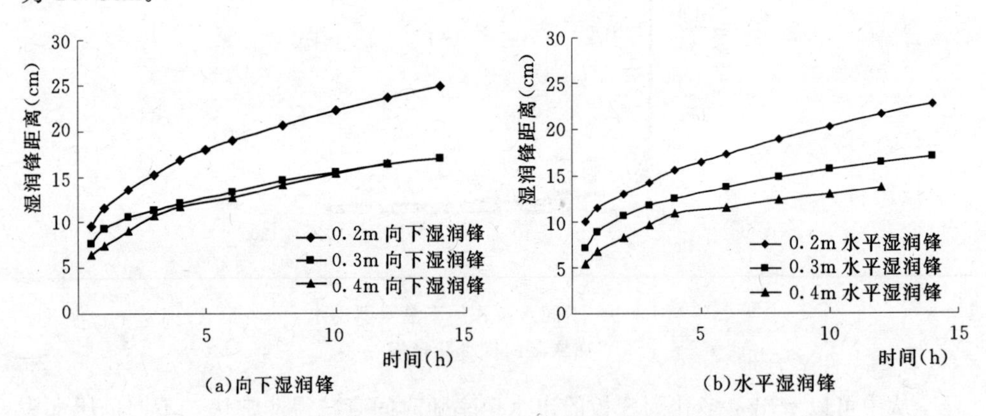

图 4.10　不同水头作用下 4μm 灌水器湿润锋变化

分析数据发现，相同距离处，竖直向下方向的含水率大于水平的，土壤含水率随着距灌水器的距离增加而减小，采用不同的线形拟合发现，抛物线 $\theta=ax^2+bx+c$ 的拟合结果最好，判定系数 R^2 均能达到 0.92 以上，拟合结果见表 4.3。灌水 100h 以后−0.2m、−0.3m、−0.4m 3 种水头的垂直向下湿润半径分别为 30cm、21cm、20cm，水平方向湿润半径半径分别为 20cm、15cm、14cm。

表 4.3　陶瓷板周围湿润体含水率与距灌水器径向距离的二项式拟合结果

拟合参数	−0.2m 水头		−0.3m 水头		−0.4m 水头	
	垂直方向(y)	水平方向(x)	垂直方向(y)	水平方向(x)	垂直方向(y)	水平方向(x)
a	−0.04	−0.03	−0.07	−0.07	−0.06	−0.22
b	0.58	0.58	0.90	0.90	0.80	1.40
c	32.0	32.0	29.2	29.2	29.2	29.8
R^2	0.94	0.94	0.95	0.95	0.92	0.95

4.2　微压地下滴灌试验研究

地下微灌是指水通过地埋管道上的滴头（或渗灌管）缓慢出流渗入附近的土壤，再借助毛细作用或重力作用将水分扩散到整个根系层供作物吸收利用。目前地下微灌按照供水设计压力可划分为：常规压力灌溉（设计水头取 10m）、低压灌溉（设计水头小于 5m）。本研究中将结合集雨集蓄工程，探讨设计水头小于 1.5m 的更低压力（微压）下简易重力式地下滴（渗）灌系统的设计及运行效果分析。

本节将通过选取几种不同形式滴头灌水器在设置的不同微压条件下对其进行相关参数的测定和分析，提出适合微压灌溉条件下利于雨水积蓄有效回用的微灌灌水器及设计布置形式。

4.2.1　试验材料与方法

4.2.1.1　试验材料

试验材料包括：供水装置（马氏瓶），输水管道，压力表，过滤器，试验用塑料圆柱盆、有机玻璃箱，选取国内外厂商生产的不同规格型号滴头灌水器 4 种，水源使用自来水。

（1）根据滴头灌水器流量调节方式、结构形式及尺寸、额定压力等选取了 4 种具有代表性适合地埋式的滴灌管（带）及 1 种渗灌管作为研究对象，见表 4.4。

表 4.4　所选滴头灌水器的基本特性参数表

拟合参数	−0.2m 水头		−0.3m 水头		−0.4m 水头	
	垂直方向(y)	水平方向(x)	垂直方向(y)	水平方向(x)	垂直方向(y)	水平方向(x)
a	−0.04	−0.03	−0.07	−0.07	−0.06	−0.22
b	0.58	0.58	0.90	0.90	0.80	1.40
c	32.0	32.0	29.2	29.2	29.2	29.8
R^2	0.94	0.94	0.95	0.95	0.92	0.95

(2) 土壤选取北京地区有代表性的壤土作为研究对象，干容重控制为 1.45g/cm^3；颗粒组成中粘粒、粉粒和砂粒所占比例分别为 20%、73%和 3%。

4.2.1.2　试验设计

(1) 首先分析各滴头灌水器结构，对其应用低压地下灌溉进行可行性分析，初步筛选适合的滴头灌水器类型进行试验研究。

(2) 分别对筛选的 3～4 种滴头灌水器分别在空气中以及在土壤中的出流量进行测定。设置 4 种灌水压力（水头）水平：50cm、80cm、110cm 和 140cm；土壤初始含水率为 3%～6%（体积含水率）；当灌水压力很低时，滴灌系统内气体很难被排出，因此针对该情况本试验将分两种灌溉系统结构分别进行研究。

a 灌水系统末端排气（以"Y"表示），即在灌水器末端设置垂直向上的排气管装置，进行灌水时系统内气体会随水流推进从末端排走。

b 灌水系统末端不排气（以"N"表示），即不设置末端垂直向上排气管装置，但在试验进行时灌溉系统分两种不同的初始状态（即：N_n，灌水初始时不进行任何处理，即试验时输水管中会有气体存在；N_y，灌水初始时通过人工措施使输水管内空气排出，在接入滴灌灌水器上保证输水顺畅）。

试验装置图如图 4.11 所示。灌水系统末端不排气则不设置末端排气管，灌水系统封闭；当进行土壤中出流量测试时则在试验有机玻璃槽内按干容重（1.45g/cm^3）分层填装土壤，同时埋入滴头灌水器。

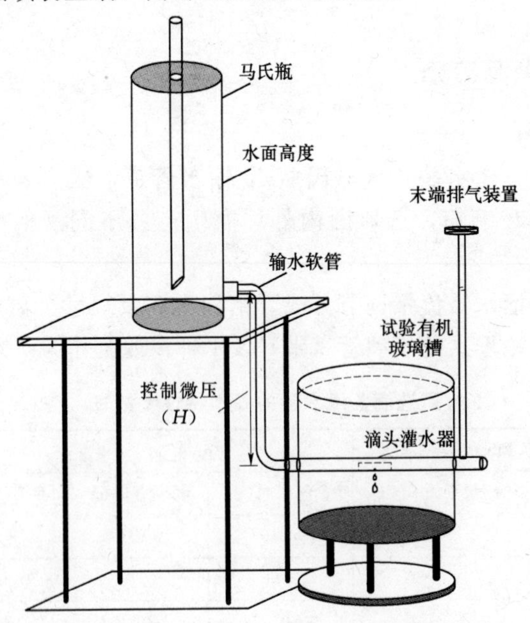

图 4.11　灌水器在空气中出水性能试验装置

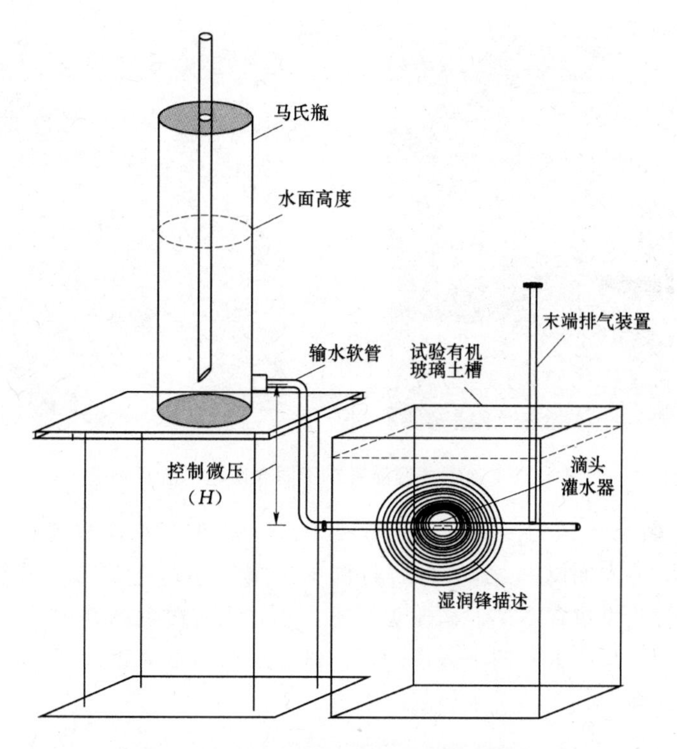

图 4.12 灌水器在土壤中的试验装置

(3) 根据 (2) 的试验研究结论，确定一种能够适合雨水集蓄有效回用的微压地下滴灌灌水器类型，并进行土壤水分运移情况实时观测，描述湿润体结构特征，最终提出适合林木根区微压灌溉的最优滴灌系统设计模式。

该试验共设置三种微压水平，分别为：①110cm 恒定微压水平；②80cm 恒定微压水平；③初始压力为 110cm，之后灌水压力随水面下降而降低。同时分别在不同时刻观测湿润锋运移距离，以及记录累计灌水量。试验装置如图 4.12 所示。

4.2.1.3 观测方法与内容

(1) 试验流量数据在试验压力持续至少 3min 后读取，空气中自由出流量以相同时间内的灌水量及量筒内测定两种方法相互校核，土壤中出流量以相同时间内的灌水量进行观测为主。

(2) 通过在空气（土壤中）中连续测定 20min，共观测水量 3 次，2 次测得的水量之差小于 2%保证出流稳定情况下，取其平均值得该压力条件下滴头灌水器的流量，如图 4.13 所示。

(3) 土壤水分迁移规律观测。选定的滴灌灌水器在土壤中的出流量及土壤水分迁移试验装置如图 4.14 所示。有机玻璃土箱尺寸为 80cm×80cm×100cm（长

图 4.13　地埋式滴灌管在不同介质中出流量测定

×宽×高)，装土体积为 80cm×80cm×80cm。滴头灌水器放置在土箱的一侧，埋设深度为距地表面以下 30cm 处。将供试土壤每 5cm 分层夯入有机玻璃箱中，测定土壤的初始重量含水率。试验过程中，用秒表定时观测并记录土壤湿润体水平扩散距离、竖直向上和向下入渗距离，并且在有机玻璃箱外壁上描绘出不同时刻所对应湿润锋形状。

图 4.14　地埋式滴灌管湿润锋测定

4.2.1.4　灌水器可应用性初步分析

对比表 4.4 中所列各滴灌管性能参数及滴头灌水器结构（见图 4.15～图 4.18)，综合考虑管壁厚度、滴头灌水器防堵塞性能、滴头灌水器额定流量等各项指标因素对其进行初步筛选。A 型滴灌管具有迷宫型流道，保证了宽大的水流通道，压力补偿系统保证了在 50～400kPa 压力范围内的均匀出流，防虹吸及自清洗功能可以防止污物侵入，提高了抗堵性能，防根系物理挡片提高了防止根系侵入功能。B型滴灌管的特点是除内置自清洗过滤孔外还具备双出水孔，防止堵塞及作物根系入侵，适合地下滴灌。C型滴灌管在低压力下（<14kPa）设置舌片自动关闭功能，因此在微压情况下C型滴灌管不适宜应用在地埋式灌溉系统。D型滴灌管具有较大的过滤面积，保证其能够在恶劣水质条件下有性能出色的紊流流态，同时其具备的舌片出口可以防止回吸。综合以上分析，初步选定A、B及D型地埋式滴灌管进行不同介质微压条件下出流量测试。

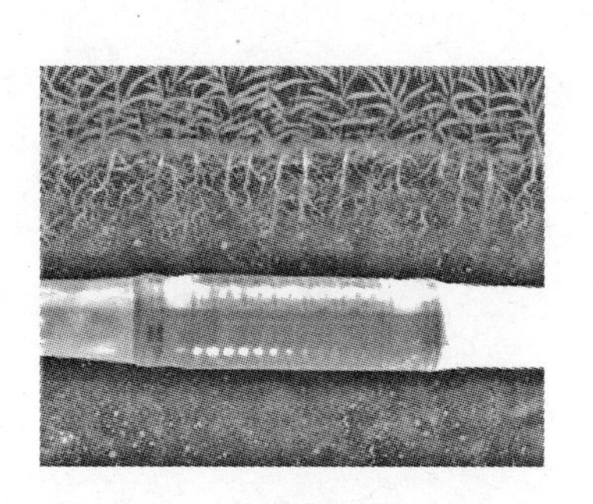

图4.15　A型滴灌灌水器结构

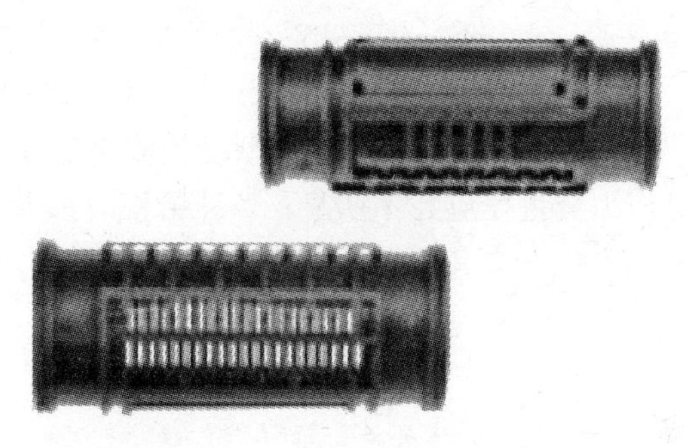

图4.16　B型滴头灌水器结构

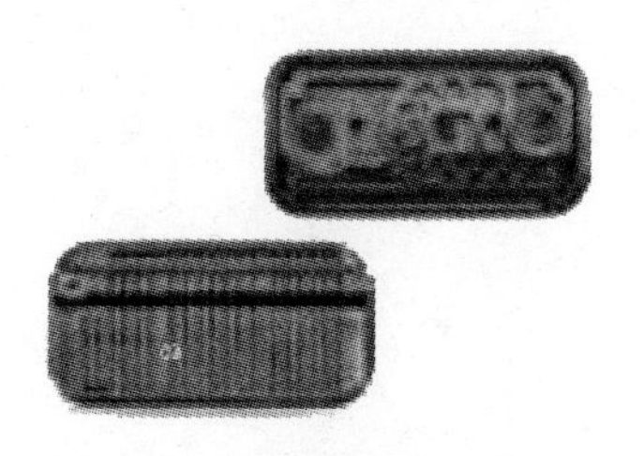

图4.17　C型滴头灌水器结构

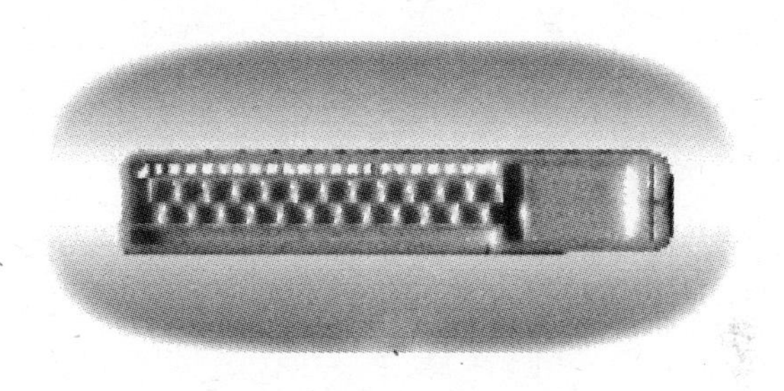

图4.18　D型滴头灌水器结构

4.2.2　微压供水条件下灌水器的自然出流量

首先对初步筛选的三种灌水器在空气中进行出流量测试，共设置4种灌水压力（50cm、80cm、110cm和140cm）。通过测试分析得出不同低压水平下各滴头灌水器出流量的变化规律，并且对相同压力下不同滴头灌水器出流能力以及三种系统结构（状态）的滴头灌水器表现特征进行比较分析，确定各滴头灌水器的出流特征以及适用于微压地下滴灌的合理的系统结构状态。

1. 各滴头灌水器在系统末端设置排气装置情况下（Y状态）出流量随时间变化分析

在不同供水压力（50cm、80cm、110cm和140cm）条件下，各滴头灌水器经历一段时间后出流量趋于稳定，各滴头灌水器稳定出流量表现为B>A>D，如图 4.19 所示。从中可见，随着压力的升高，各选定滴头灌水器的出流量均随之增大，其中 B 型滴头灌水器出流量升高幅度较大，在 140cm 恒定水头下出流量达到 42.34mL/min，约为 50cm 水头下出流量（20.26mL/min）的 2 倍，通过对各设置微压与其出流量进行函数拟合，判定系数 R^2 达到 0.99；A 型滴头灌水器在 50cm、80cm 和 110cm 水头压力下在空气中稳定出流量经方差检验，无显著差异，在 140cm 水头升高至 17.56mL/min，拟合压力—流量关系函数为 $y=0.0007x^2-0.088x+15.327$ （$R^2=0.87$）。

D 型滴头灌水器出流量随压力变化增加幅度也相对缓慢，二者相关性较好，$R^2=0.98$。综上可知：A、D 型结构滴头灌水器在微压水平下在空气中自由出流量对压力变化发应并不明显；B 型结构滴头灌水器出流量最大同时随压力的升高增加幅度较大，其相关性最好。

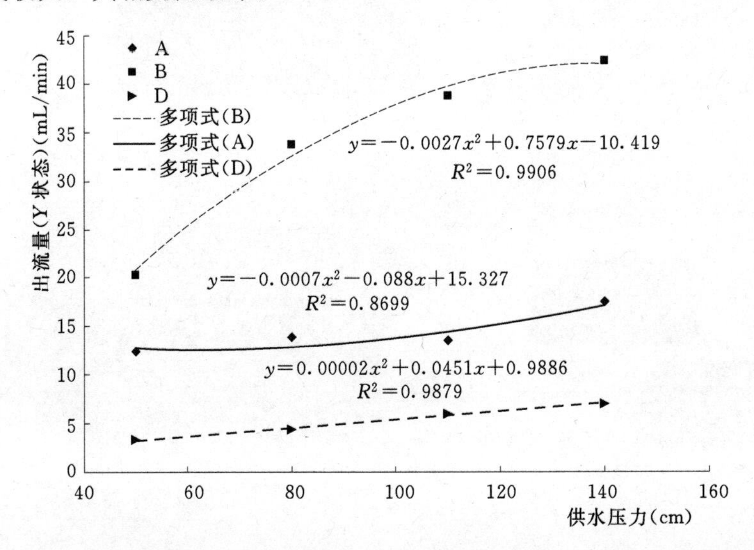

图 4.19　末端排气状态下滴头灌水器不同微压水平在空气中出流量

2. 各滴头灌水器在系统末端封闭人工不排气情况下（N_n 状态）出流量变化分析

微压灌溉系统在末端封闭（未设置垂直向上排气管），4 种供水压力下出流量如图 4.20 所示。在压力水平（80cm、110cm 和 140cm 压力下）下，各类型滴头灌水器在空气中的稳定出流量同样表现为 B>A>D；其中 B 型滴头灌水器出流量从 2.19mL/min（50cm 压力）增加到 32.57mL/min（140cm 压力），升高幅度较大，流量与压力的相关性较好（$R^2=0.98$）；而 A 型、D 型结构滴头灌水器随压力升高，其出流量表现为先降低后升高的变化特征。同时其出流量对压力的变化反映并不显著，在微压条件下压力升高并未有效提高其出流能力。表 4.5 中所列各滴头灌水器在不同系统结构下的出流量—供水压力的拟合函数关系式，均为一元二次多项式，判定系数均达到 0.88 以上。

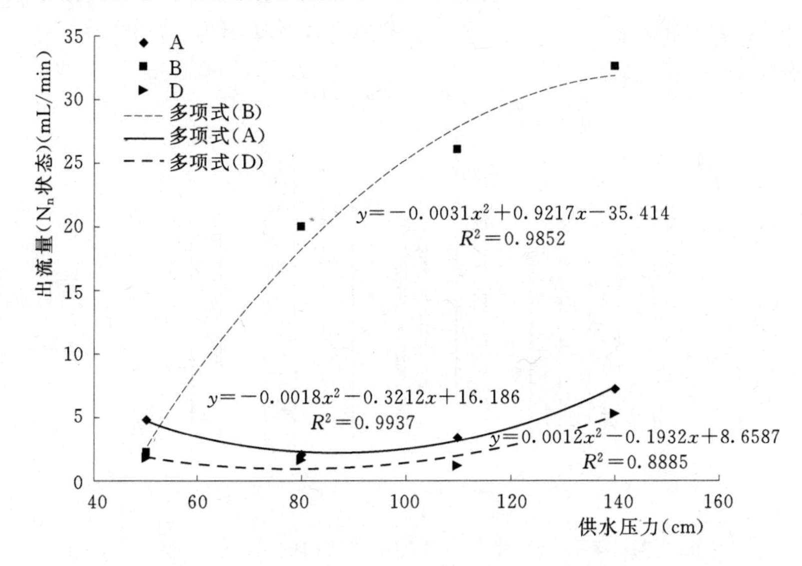

图 4.20　末端不排气情况下滴头灌水器不同微压在空气中出流量

微压条件下，各滴头灌水器在水分输送顺畅的条件下自由出流量与压力呈很好的相关性。在末端未设置排气管条件下，B 型滴灌管由于其本身结构过水面积较大，出水流量随压力增大而逐渐增大，与设置排气条件相比出水能力仅有小幅减弱。其它两种滴灌管其出流量对压力的变化反映并未现很好的规律性。

表 4.5　两种系统结构状态下 3 种滴灌管微压—流量拟和关系式对比

滴头型类	系统结构	压力—流量多项函数关系式	R^2
A 型	Y	$y=0.0007x^2-0.088x+15.327$	0.8966
	N_n	$y=0.0018x^2-0.3212x+16.186$	0.9937
B 型	Y	$y=-0.0027x^2+0.7579x-10.419$	0.9906
	N_n	$y=-0.0031x^2+0.9217x-35.414$	0.9852
D 型	Y	$y=-0.00002x^2+0.0451x+0.9886$	0.9879
	N_n	$y=0.0012x^2-0.1932x+8.6587$	0.8885

3. 不同系统结构（状态）对比分析

基于之前在 N_n 和 Y 两种系统结构状态下，对出流量 Q_{N_n} 与 Q_Y 进行比较，依据公式（4.5）计算其流量降幅（Δ）：

$$\Delta=[(1-Q_{N_n}/Q_Y)\times 100]\% \tag{4.5}$$

如图 4.21 所示，各滴头灌水器在不同微压水平下的降幅（Δ）变化范围为

20%～90%。其中，A型滴头灌水器降幅均在60%以上；B型滴头灌水器在50cm压力下降幅最大（90%），其它压力下降幅为20%～40%；D型滴头灌水器在110cm压力下降幅最大，达到80%，其它压力下降幅为25%～60%。

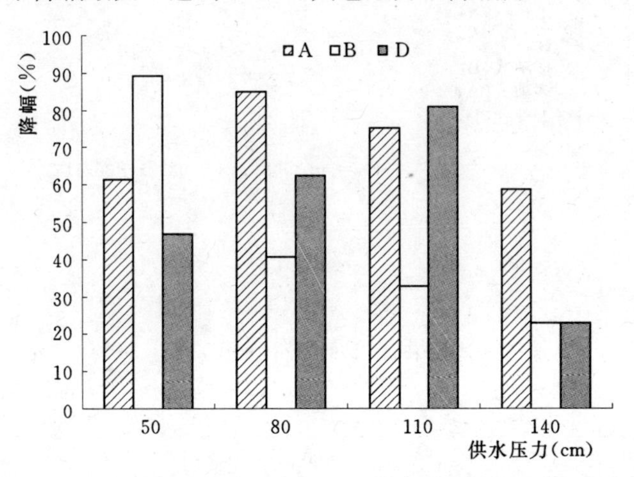

图4.21 不同低压水平下两种系统结构的出流量降幅计算

Y系统状态在N_n基础上进行了前期人工辅助排气措施，即在试验初始排除输水管中的气体，使得水顺畅地进入滴灌管中。通过对Y与N_n两种情况中出流量进行对比，相同低压供水条件下稳定出流量经方差检验，并无显著差异，见表4.6，重力式地下滴灌系统埋设于地下不宜人为干涉管理，因此通过末端设置自动排气装置可以有效解决微压情况下系统内气体很难排出导致出流量较小的问题，保证灌水的持续有效性。

表4.6 **滴头在不同压力条件下两种系统状态出流量** 单位：mL/min

滴头类型	系统状态	供水压力（cm）			
		50	80	110	140
A型	Y	12.43±0.024	13.87±0.008	13.51±0.006	17.56±0.003
	N_n	12.31±0.009	13.65±0.006	15.21±0.003	17.74±0.005
B型	Y	20.26±0.009	33.76±0.021	38.71±0.019	42.34±0.028
	N_n	20.43±0.007	31.99±0.011	38.86±0.013	44.09±0.027
D型	Y	3.27±0.001	4.28±0.001	5.95±0.004	6.89±0.009
	N_n	3.24±0.004	4.14±0.001	6.55±0.001	7.21±0.004

4.2.3 微压情况下灌水器在土壤中的出流量

由4.2.2中分析的各滴头灌水器在不同组合微压水平及不同灌水系统（排气及未排气）下的出流量变化规律，选定带有末端自动排气装置的灌水系统为较适宜在微压情况下进行地下滴灌的系统结构特征。因此本节主要测定在该系统下3种滴头灌水器在土壤中的出流量随时间变化的规律，优选出针对微压地下灌溉的适宜滴灌灌水器结构类型，最终提出适宜雨水集蓄自动回灌的滴灌灌水终端系统。

分别应用各滴头灌水器在恒定供水压力（140cm、110cm、80cm 和 50cm）下测定其在土壤中出流量随时间的变化，分析各设定微压情况下滴头灌水器流量随时间的变化规律以及对比各滴头灌水器的出流能力。

灌水系统带有垂直向上自动排气管，各滴头灌水器出口处在初始时容易形成局部湿润或饱和，但灌水器在土壤中的流量均不能达到对应压力下其在空气中的自由出流量，可知地埋灌水器的出流明显受到土壤因素的制约。各次试验中，实测地埋灌水器流量随时间变化的过程如图 4.22～图 4.29 所示。

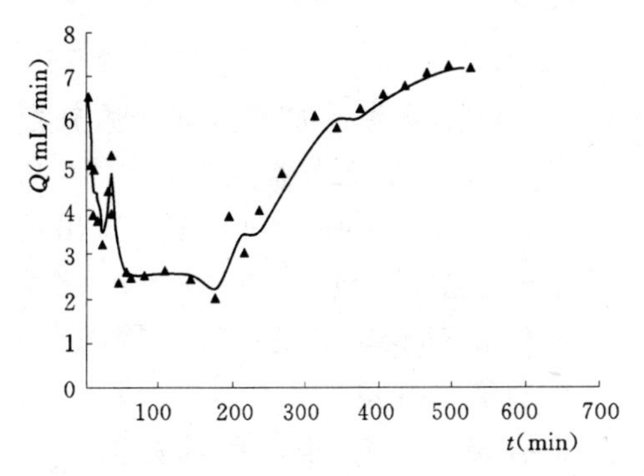

图 4.22　140cm 供水压力下 A 型滴头在土壤中出流量随时间变化曲线

$y=6.9456x^{-0.5999}$

$R^2=0.6643$

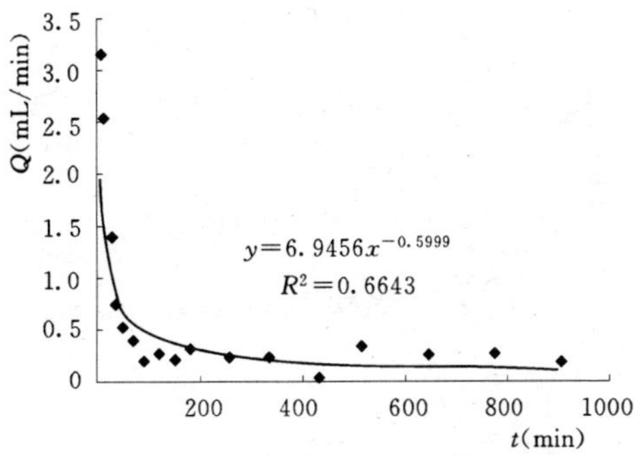

图 4.23　140cm 供水压力下 B 型滴头在土壤中出流量随时间变化曲线

4.2.3.1　各滴头灌水器在 140cm 水头下的出流量

1. A 型滴头灌水器

在灌水初期，由于滴头灌水器周围土壤含水量（约为 3%～5%的风干土）较低，形成较大水势差，使得其出流速率在初期较快，但在较短时间后，随着灌水器周围土壤含水率逐渐升高，形成饱和圈，土壤本身的扩散速率开始限制滴头灌水器出流速率，灌水器的出流量波动下降，如图 4.22 所示。当出水时间到 55min 时，滴头灌水器出流量达 2.35mL/min，之后变化相对稳定（均值为 2.43mL/min）。当 180min 时，滴头灌水器出流量又开始逐渐上升，上升幅度逐渐变小，出流量最终稳定在 6.88mL/min 左右，出流量比初始值稍高，这可能与其压力补偿结构及其过水面积有关。与 140cm 供水压力下对应系统中 A 型滴头灌水器空气中自由出流量（17.56mL/min）相比，其在土壤中的后期稳定出流量降低了 60.8%。

2. B 型滴头灌水器（ADI）

B 型滴头灌水器为适合大流量的压力补偿式滴头灌水器，因此其过流面积较大。如图 4.23 所示，初期由于滴头灌水器周围土壤含水量（约为 3%～5%的风干土）较低，其出流速率在初期较快，但当灌水器周围土壤孔隙含水量也迅速增大，出流量受到土壤的扩散速率的限制也随之迅速下降。当 50min 时，出流量减小至 0.5mL/min 以下之后，伴随着灌水器周围饱和区的不断扩展，这种结构的滴头灌水器出流量很小趋于稳定（0.22mL/min），可能与滴头灌水器结构有关，即过流面积较大的滴头灌水器在微压水头下情况下导致出水流速很低，因此受土壤的扩散影响较大。拟合流量—时间关系函数为 $y=6.9456\times x^{-0.5999}$（$R^2=0.6643$）（见表 4.7）。与 140cm 供水压力下对应系统中 B 型滴头灌水器自由出流量（42.34mL/min）相比，其在土壤中的后期稳定出流量减小了 99.48%。

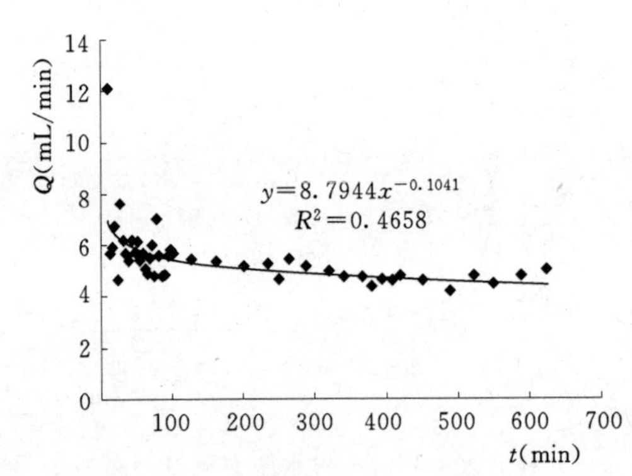

图 4.24　140cm 供水压力下 D 型滴头在土壤中出流量随时间变化曲线

3. D 型滴头灌水器（NETFIM）

D 型滴头灌水器为非压力补偿式结构滴头灌水器，如图 4.24 所示，当 13min 时，滴头灌水器出流量即迅速减小到 5.66mL/min，之后变化相对稳定，呈缓慢下降趋势，后期稳定时 Q 均值为 4.92mL/min。拟合流量—时间关系函数为 $y=8.7944x^{-0.1041}$（$R^2=0.4658$），与 140cm 供水压力下在空气中的自由出流量（42.34mL/min）相比，其在土壤中的后期稳定出流量减小了 28.64%。

表 4.7　拟合各滴头灌水器出流量—时间函数关系式

滴头灌水器类型	函数关系式	判定系数 R^2
A 型	—	—
B 型	$y=6.9456x^{-0.5999}$	0.6643
D 型	$y=8.7944x^{-0.1041}$	0.4658

综上分析可知：3 种滴头灌水器在土壤中后期稳定出流量表现为 A>D>B，流量分别为 6.88mL/min、4.92mL/min、0.22mL/min，与自由出流量对比降幅分别为 60.8%、99.48%、28.64%。三种滴头灌水器出水量随时间的变化规律

表现出明显差异性，在微压水头下，各灌水器的出流能力都会受到土壤本身水分扩散速率的影响；但不同的灌水器结构也是导致其出流量变化产生差异的主要影响因素，其中过水面积较大的滴头灌水器其在微压条件流速的降低对滴头灌水器过水流量的影响会更为突出。

4.2.3.2 各滴头灌水器在110cm水头下的出流量

在110cm水头压力下，各选定滴头灌水器出流量总体变化趋势均表现为：初期迅速下降，在100min之后，出流量变换相对平稳；拟合各滴头灌水器出流量—时间的函数关系式见表4.8。A、B和D型滴头灌水器0～120min内平均出流量依次为1.56mL/min、0.93mL/min、0.72mL/min，同时计算0～120min（2h内）各滴头灌水器累计出流量分别达到215.98mL、82.67mL、66.76mL。后期出流量数值均较小无显著差异，计算平均稳定出流量依次为0.19mL/min、0.21mL/min、0.22mL/min（见图4.25～图4.27）。因此在110cm压力水头下A型滴头灌水器前期体现出相对较好的出流能力，累计出流量高于其它两种滴头灌水器。

表4.8 拟合各滴头灌水器出流量—时间函数关系式

滴头灌水器类型	函数关系式	判定系数 R^2
A型	$y=40.957x^{-0.9625}$	0.9043
B型	$y=7.2564x^{-0.6467}$	0.8780
D型	$y=4.5224x^{-0.5668}$	0.7668

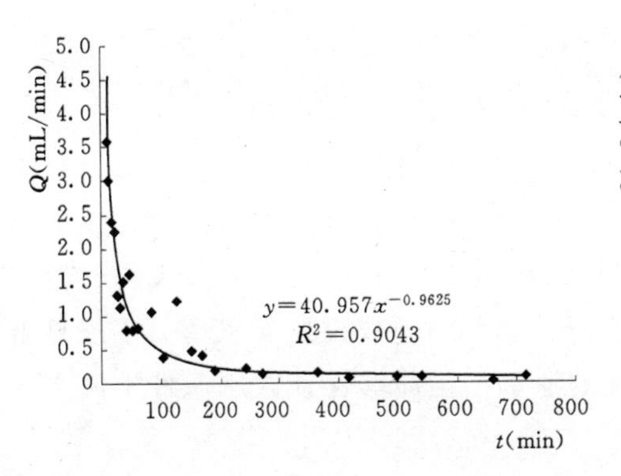

图4.25 110cm供水压力下A型滴头在土壤中出流量随时间变化曲线

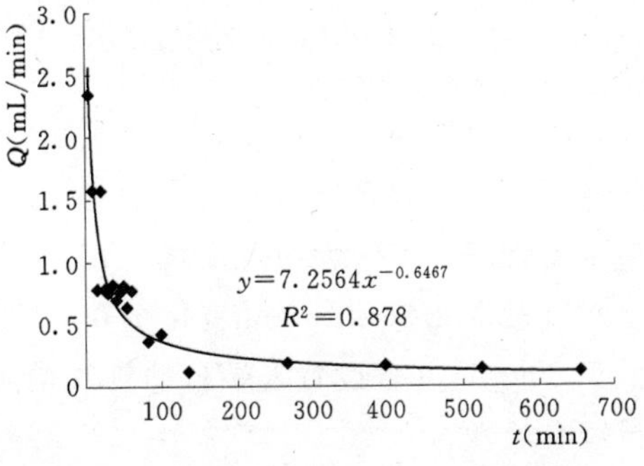

图4.26 110cm供水压力下B型滴头在土壤中出流量随时间变化曲线

4.2.3.3 各滴头灌水器在 80cm 水头下的出流量

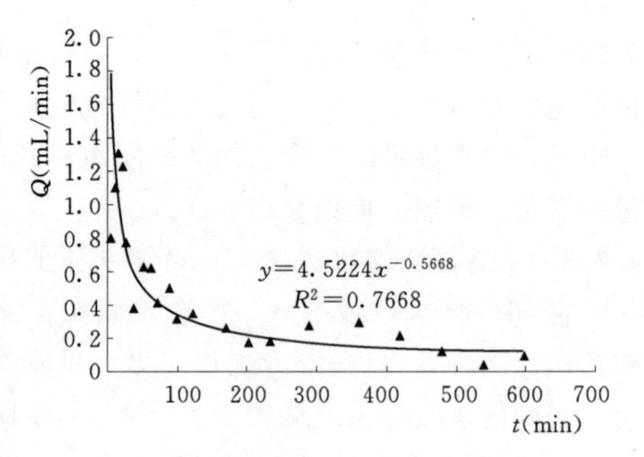

图 4.27 110cm 供水压力下 D 型滴头在土壤中出流量随时间变化曲线

由于 140cm、110cm 微压条件下 B 滴头灌水器在土壤中的出流量很小，只选取 A 型和 D 型滴头灌水器进行在 80cm 水头压力下土壤中出流量测试，结果如图 4.28、图 4.29 所示。A、D 型滴头灌水器出流量变化趋势均为：初期逐渐下降，在 400min 之后，出流量均接近于“0”。A、D 型滴头灌水器 0～300min 内平均出流量依次为 0.72mL/min、1.04mL/min；同时计算 0～300min（5h 内）各滴头灌水器累积出流量分别达到 145.3mL、109.9mL。D 型滴头灌水器的平均出流量虽然略高于 A 型滴头灌水器，但其在初始 5h 内累计出流量要低于 A 型滴头灌水器。

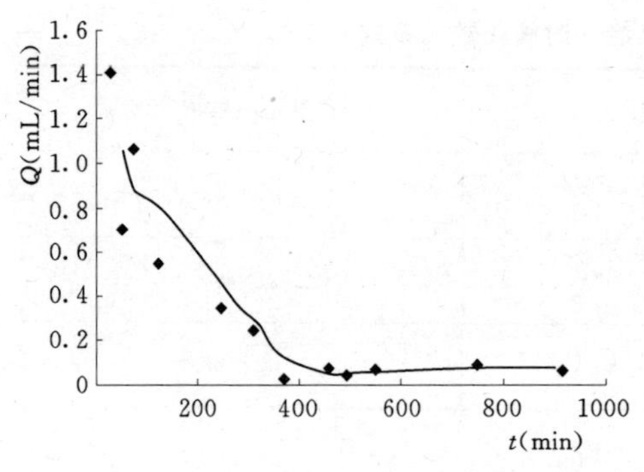

图 4.28 80cm 供水压力下 A 型滴头在土壤中出流量随时间变化曲线

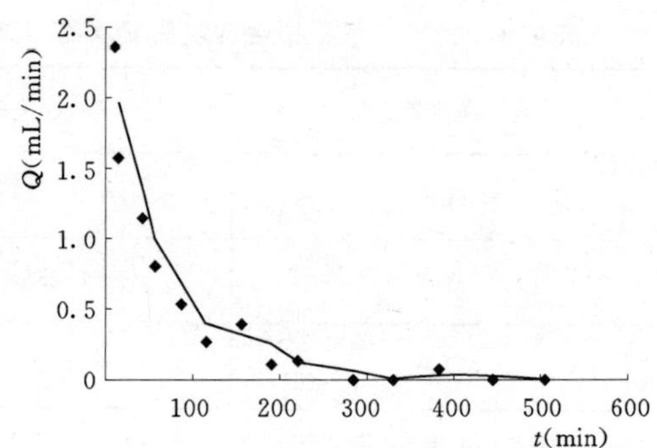

图 4.29 80cm 供水压力下 D 型滴头在土壤中出流量随时间变化曲线

综合以上分析，A 型滴头灌水器（美国 TORO 公司生产）其在各恒定微压条件下出流能力最佳，同时考虑 A 型滴头灌水器结构其抗堵塞性较好，认为 A 型滴灌管较适宜作为微压灌溉的灌水器，试验压力在 140～80cm 范围内，稳定出水流量由 2.36mL/min 变化至 0.72mL/min，同时建议设置灌水压力不能显著低于 80cm，并且设置末端自动排气措施的灌水结构能够保证微压条件下灌水的持续有效性。

4.2.4 地埋灌水器在微压条件下的土壤水分运移特性

通过以上对选定滴头灌水器在不同介质中出流速率及累计出流量的观测分

析，选定配置A型滴灌管并设置末端自动排气措施的灌水系统进行土壤水分运移情况实时监测，定时描述湿润体变化过程，如图4.30所示。试验设置三种微压水平，分别为：①110cm恒定微压水平；②80cm恒定微压水平；③初始水头为110cm，随供水装置内水面向下运动，供水压力水头逐渐降低。滴头灌水器选用A型地埋式滴灌灌水器，并在灌水系统末端设置自动排气装置。分别在不同时刻观测湿润锋运移距离，以及记录累积灌水量，土壤初始质量含水率为3%～5%。

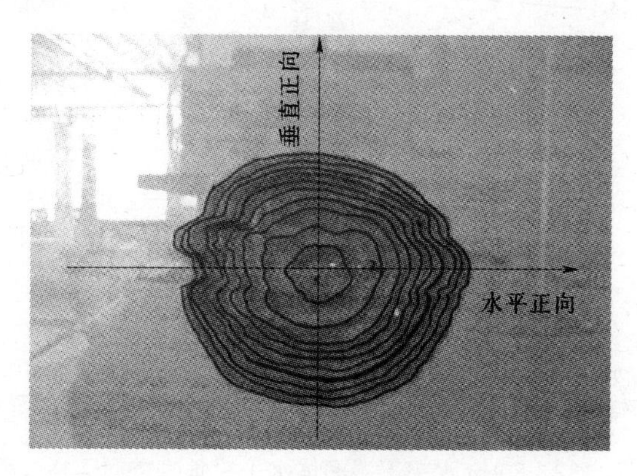

图4.30　湿润锋运移过程

4.2.4.1　110cm恒定微压水头

如图4.31所示，湿润体在水平、垂直方向初期运移较快，随时间推进，后期土壤含水量逐渐增大导致运动变慢，并且垂直向下方向的运移速度要高于水平方向。历时8h，湿润锋水平运移距离达到9.5cm，垂直向下方向达12.3cm，入渗到土壤的总水量为570mL。

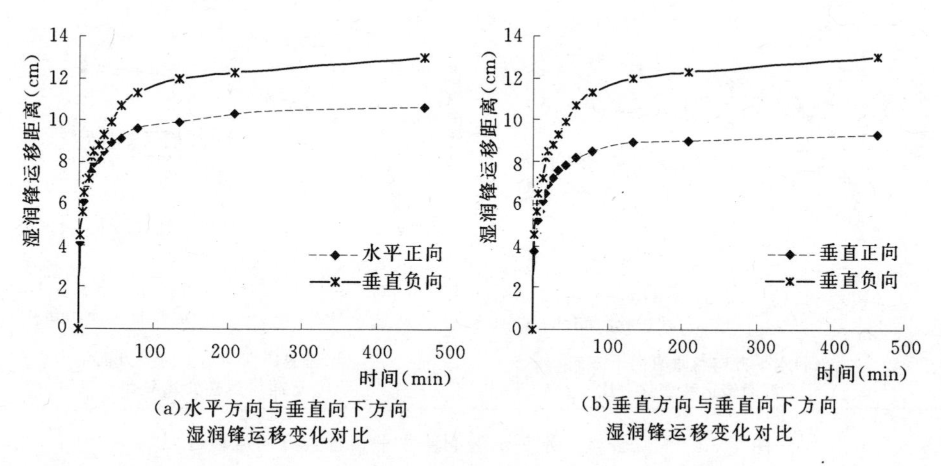

(a)水平方向与垂直向下方向湿润锋运移变化对比

(b)垂直方向与垂直向下方向湿润锋运移变化对比

图4.31　110cm水头下湿润体水平、垂直方向运移过程

4.2.4.2 80cm恒定微压水头

如图4.32所示，湿润体在水平、垂直方向初期运移较快，随时间推进，后期土壤含水量逐渐增大导致运动变慢，并且垂直向下方向的运移速度要高于水平方向。历时8h，湿润锋水平运移距离达到7.2cm，垂直向下方向达8.8cm，入渗到土壤的总水量为322mL。

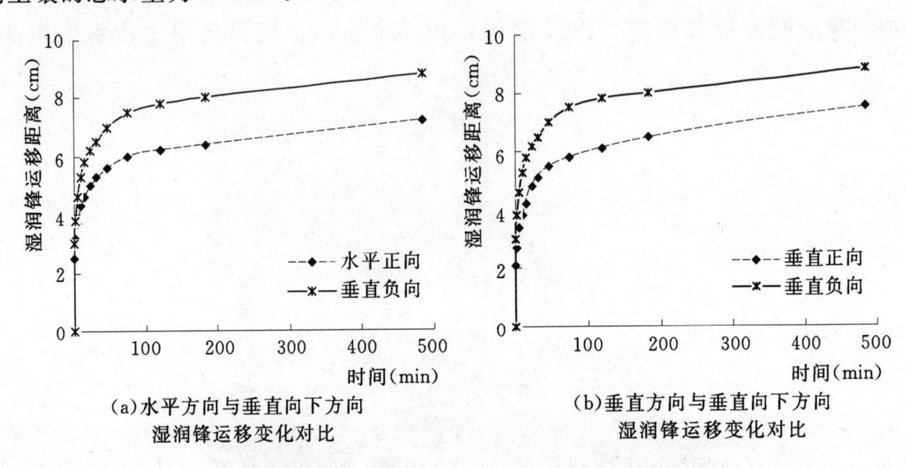

(a)水平方向与垂直向下方向湿润锋运移变化对比

(b)垂直方向与垂直向下方向湿润锋运移变化对比

图4.32 80cm水头下湿润体水平、垂直方向运移过程

4.2.4.3 110cm向下变压水头

如图4.33所示，湿润体在水平、垂直方向初期运移较快，随时间推进，后期土壤含水量逐渐增大导致运动变慢，并且水平方向运移速度要高于垂直方向。历时5h，湿润锋水平运移距离达到10.1cm，垂直方向达8.0cm，入渗到土壤的总水量为500mL。

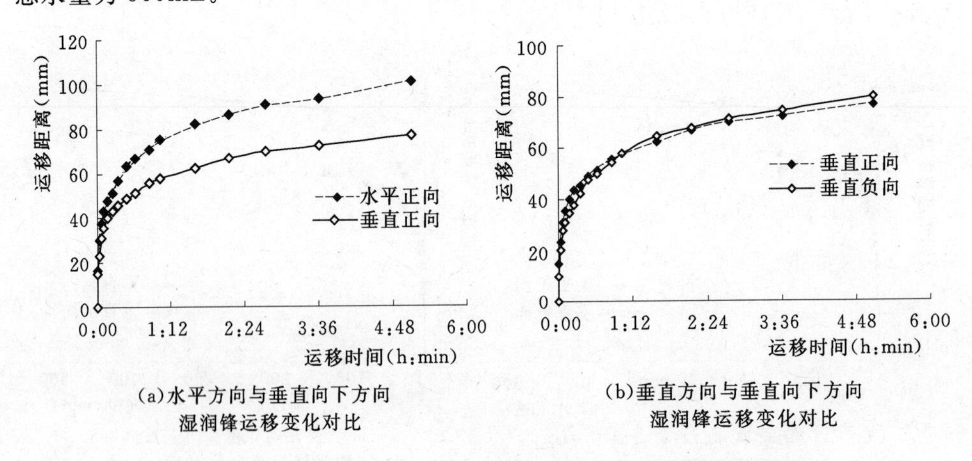

(a)水平方向与垂直向下方向湿润锋运移变化对比

(b)垂直方向与垂直向下方向湿润锋运移变化对比

图4.33 110cm减压水头下湿润体水平、垂直方向运移过程

综合以上研究，微压（80～110cm）条件下A型地埋式压力补偿滴灌管的出流量较小，湿润体半径为8～10cm，水分在土壤中迁移速度缓慢，8h累积灌水量为322～570mL，通过设置多个滴头灌水器联合供水，能达到树木根区对雨水的持续性利用，不容易产生由于降雨量过大而灌水过量导致的深层渗漏等损失。

4.3 微压地下渗灌试验研究

4.3.1 试验材料与方法

1. *渗灌管*

选定具有代表性的A、B、C三种渗灌管，其基本物理性状列入表4.9。

表4.9 渗灌管的物理性状

种类	内径（mm）	壁厚（mm）	颜色	外表面	柔软性
A	17.0	1.36	黑	较光滑、略有光泽	坚硬
B	11.1	2.20	黑	较光滑、无光泽	较柔软
C	9.5	2.38	黑	较粗糙、无光泽	较柔软

2. *试验装置*

试验装置如图4.34所示，该装置主要由供水、渗水、测量三部分组成。供水部分主要为水箱和控制阀，可保持高度为H的恒定水头，本试验采用2m的恒定水头；渗水部分主要为测槽，以收集渗灌管渗出的水；测量部分主要为翻斗流量计，可直接显示渗出的水量。

3. *试验方法*

在每一种渗灌管上随机截取三段新渗管，使净渗水长度为1m，分别测其最初1h内，间隔2min、5min、10min的渗出水量，得出其渗水速率变化规律和总的渗水量，以了解其渗水均匀性。然后开始渗水试验，将三根渗管一齐放入测槽同时供水测定平均的渗水量，由于翻斗流量计每斗容量为1.0L，所以测定出每渗出2L、4L、6L、8L和10L水的时间间隔，可得出该时间内的平均渗水速率。对A渗灌管先后做了8次渗水试验，总历时225h，总渗水量1778L/m。对B渗灌管仅做了3次渗水试验，因为3次以后就不渗水了。而对C渗灌管仅做了2次渗水试验，因为2次以后就不渗水了。

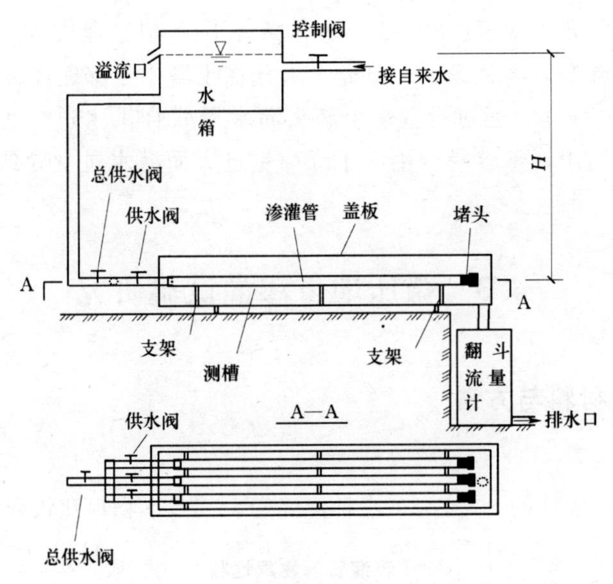

图 4.34　渗灌管渗水性能测试装置

4.3.2　试验结果与分析

1. 渗水均匀性

每种渗管所截取的三根试样的渗水速率在最初 1h 内的变化过程如图 4.35 所示。可见，这三种渗灌管各试样之间渗水速率都有明显差异。A 渗灌管的差异最明显，3 号管>2 号管>1 号管。B 渗灌管和 C 渗灌管中都有两根试样的值非常接近，这是因为这两根试样是连续取自 7m 长渗管的同一端，而另一根取自另一端。

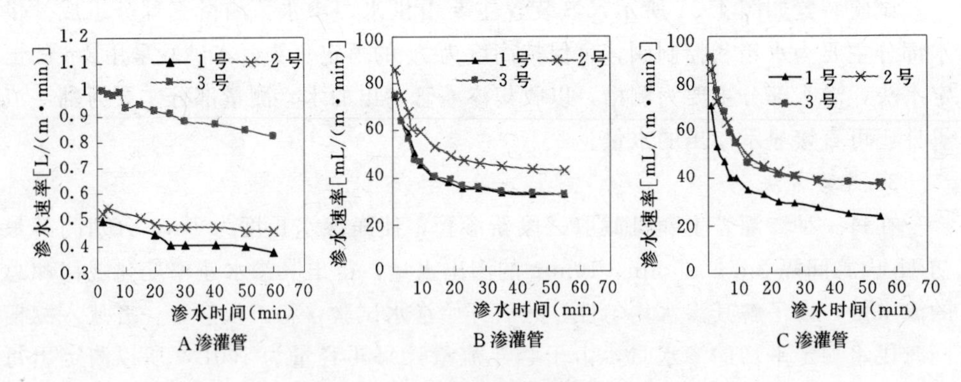

图 4.35　三种渗灌管的渗水均匀性

将三种渗灌管最初 2min 内的平均渗水速率列入表 4.10 进行比较，可见 A 渗灌管的渗水量、渗水速率最不均，最大最小值相差近 1 倍，C 渗灌管和 B 渗灌管的均匀性相当。A 渗灌管另一个突出的特点是渗水时有明显的喷水，而 B 和 C

渗灌管则没有。而且前者喷水孔的分布、喷水流量也很不均匀。第6次渗水结束时测定了A渗灌管各试样的喷水孔数、间距和喷水强度，结果见表4.11。

表4.10　三种渗灌管灌水均匀性比较

种类	试样编号	最初2min内渗水速率（mL/min）			第1h内总渗水量（L）		
		测定值	平均值	相对偏差（%）	测定值	平均值	相对偏差（%）
A	1	500.00		26.58	24.96		30.10
	2	545.00	681.00	19.97	28.86	35.71	19.32
	3	998.00		46.55	53.37		49.45
B	1	74.50		19.17	2.32		9.14
	2	86.00	78.60	9.41	3.00	2.55	17.49
	3	75.30		4.20	2.34		8.36
C	1	70.50		14.72	1.90		22.24
	2	86.30	82.67	4.40	2.72	2.44	11.32
	3	91.20		10.38	2.71		10.91

表4.11　A渗灌管第6次渗水结束时的喷水孔数、间距和喷水强度

试样编号	喷水孔数（个）	间距（cm）		最大孔密	喷水强度（mL/min）				
		最大	最小	个/10cm	样本数	最大	最小	平均	标准差
1	13	23	1	5	6	7.50	1.40	4.88	2.33
2	12	25	0.5	6	6	5.25	1.20	2.70	1.39
3	18	18	0.6	5	10	17.40	2.05	5.45	4.77

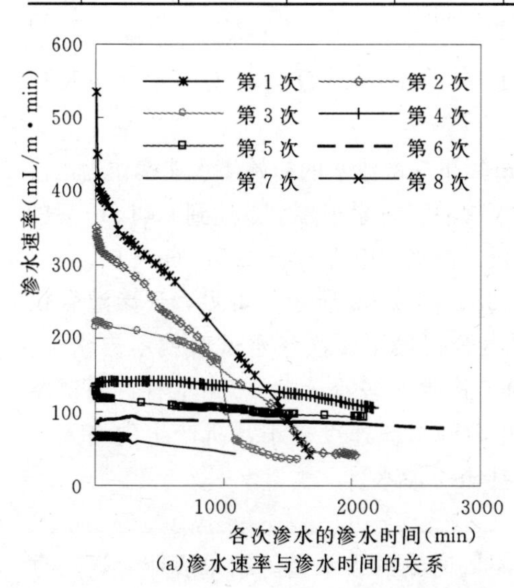

(a)渗水速率与渗水时间的关系

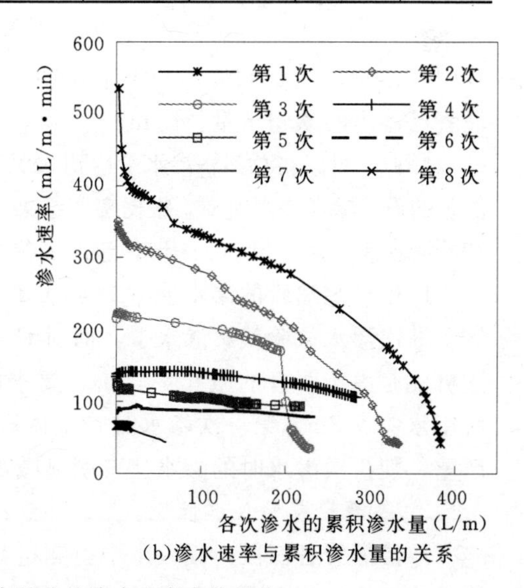

(b)渗水速率与累积渗水量的关系

图4.36　A渗灌管各次渗水试验的渗水速率变化规律

2. 渗水速率变化规率

以三根灌渗管同时供水时测得的平均渗水速率作为该种渗灌管的渗水速率。对于A渗灌管先后进行了8次渗水试验，总历时225h，总渗水量1778L/m。各次的渗水速率变化规律如图4.36所示。每次渗水时渗水速率随着渗水时间的延长和累积渗水量的增大而减小，尤其以前3次渗水的结果最为明显。这表明：在总的累积渗水量达到960L/m之前，各次渗水时渗灌管的渗水速率随时间和累积渗水量衰减较快。在达到上述值之后，各次渗水的渗水速率虽然也呈衰减趋势，但变化缓慢，而且有时会出现先增大后减小的现象。这可能是上次渗水时微孔中的堵塞物先被冲走一部分后又重新堵塞的缘故。

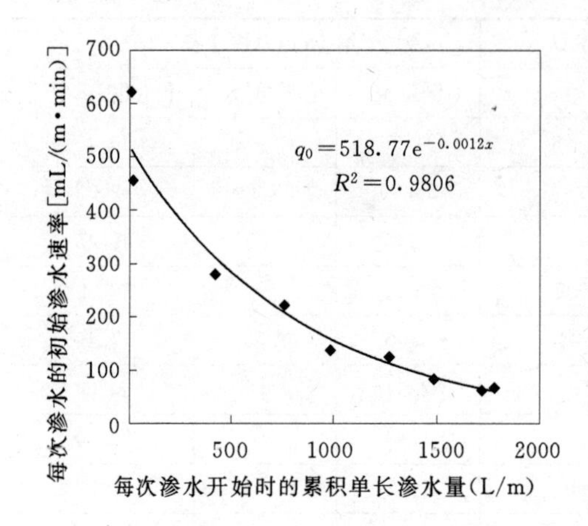

图4.37　初始渗水速率与累积渗水量关系

由于各次渗水的渗水速率是变化的，以每次渗水前30min内的平均渗水速率作为该次渗水的初始渗水速率值，并用来表征该次渗水的渗水特征。由8次渗水试验和1次渗水均匀性试验的结果发现，各次渗水的初始渗水速率与总的累积渗水量有良好的相关关系。经回归分析得出式（4.6）的关系（$R^2=0.98$，$\alpha=0.01$），其结果如图4.37所示。

$$q_0=518.8e^{-0.0012Q} \tag{4.6}$$

式中：q_0为各次渗水的初始渗水速率，mL/(m·min)；Q为各次渗水时单长渗灌管已渗出的累积水量，L/m。

因此，可以将总累积渗水量达到960L/m后下一次渗水的初始渗水速率作为该渗灌管的设计参考渗水速率。根据实测结果，A渗灌管总累积渗水量达到960L/m后的初始渗水速率为8.3L/(m·h)，建议其参考设计渗水速率为8.0～8.5L/(m·h)。

B和C渗灌管的渗水速率分别如图4.38、图4.39所示。可见，B渗灌管仅做了3次渗水试验就不渗水了，而对C渗灌管仅做了2次渗水试验就不渗水了。这可能是由于两者的微孔都较小，要求的工作水头较高一般10m左右，而试验所用水头仅2m。第一次渗水时管壁内微孔中的水流速度极小，所产生的堵塞较严重，使再次渗水时的渗水速率明显减小甚至不渗水。

3. 渗灌管壁的吸水性能

取渗灌管各三段，浸入水中，测定其不同时刻的吸水量。结果表明：这三种渗灌管吸水达饱和的时间都很长，需要120多h，达到饱和时的含水量分别为

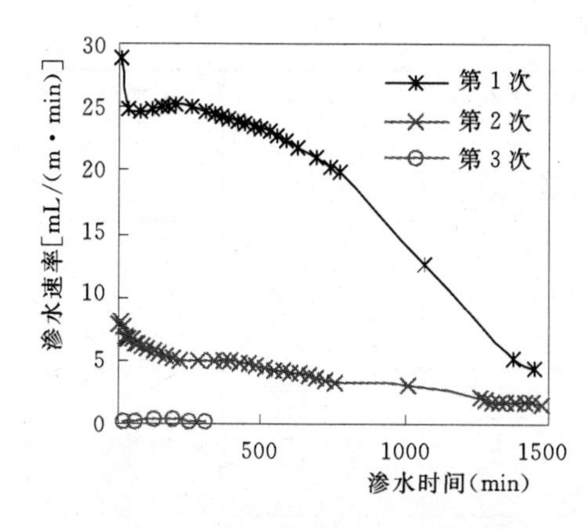

图 4.38 B渗灌管渗水速率变化规律

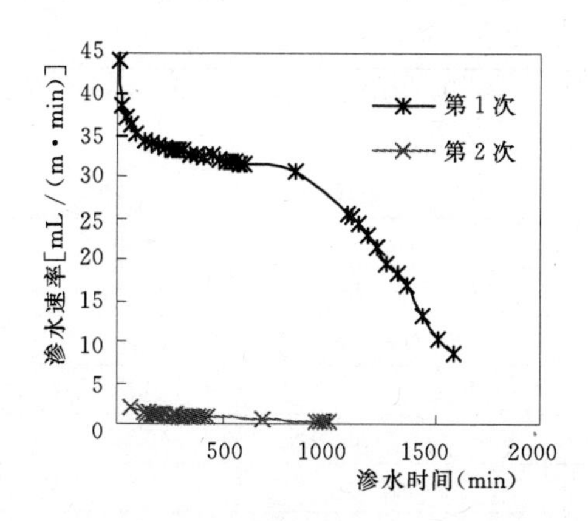

图 4.39 C渗灌管渗水速率变化规律

13.61g/m、20.40g/m、17.64g/m，相当于渗灌管干重的 22.01%、29.57%、24.76%。单位时间、单位长度渗管所吸收的水量（即吸水速率）是随时间变化的。A 渗灌管的吸水速率随时间单调递减，而 B 和 C 渗灌管则先增大而后衰减。

管壁吸水后，一方面管壁组成物质吸水膨胀，另一方面微粒表面产生一层亲合水膜，使壁内的微小水流通道变窄，减小渗流速度。

4. 渗水前后水质变化

对 A 渗灌管第 1、2、4、6 次渗水试验所采的渗前渗后水样进行简分析，结果见表 4.12，从中可见渗灌管渗出水的游离 CO_2 含量平均减少 40.34%，pH 值略有增加，总矿化度减小，水中的 NO_2^- 明显增加，NO_3^-、SO_4^{2-} 减少，Ca^{2+}、Mg^{2+}、K^+、Na^+含量略有减少。这表明：水在通过渗灌管渗水过程中，会与管子本身发生化学作用，使少量的溶解性固体停留在管内产生一定的化学堵塞，从而使渗水速率减小。

对 A 渗灌管第 6 次渗水，B、C 渗灌管最后 1 次渗水所采的渗前渗后水样的悬浮物测定结果为，其含量分别从渗前的 1.4 mg/L、2.2 mg/L 和 1.7 mg/L 减少为渗后的 1.2 mg/L、0.5 mg/L 和 1.0 mg/L。这表明：渗灌管渗水过程中有物理堵塞，这也是渗水速率减少的一个因素。

表 4.12　　渗水前后水样的水质分析结果

分析项目	渗前平均	渗后平均	差值	相对增量（%）
游离 CO_2（mg/L）	6.94	4.14	−2.80	−40.34
NH_4^+（mg/L）	0.03	0.04	0.00	5.88
NO_2^-（mg/L）	0.15	0.32	0.17	115.61
NO_3^-（mg/L）	1.13	0.49	−0.64	−56.77

续表

分 析 项 目	渗前平均	渗后平均	差值	相对增量（%）
CO_3^{2-} (mg/L)	3.30	0.00	−3.30	−100.00
HCO_3^- (mg/L)	340.70	348.33	7.63	2.24
Cl^- (mg/L)	26.26	26.83	0.57	2.16
SO_4^{2-} (mg/L)	101.31	84.85	−16.46	−16.25
Ca^{2+} (mg/L)	38.48	37.54	−0.93	−2.43
Mg^{2+} (mg/L)	30.59	27.98	−2.62	−8.55
$K^+ + Na^+$ (mg/L)	95.03	93.71	−1.32	−1.39
pH 值	7.65	7.78	0.12	1.61
总硬度（$CaCO_3$）(mg/L)	222.01	208.87	−13.15	−5.92
暂时硬度（$CaCO_3$）(mg/L)	222.01	208.87	−13.15	−5.92
负硬度（$CaCO_3$）(mg/L)	62.85	76.79	13.93	22.17
总碱度（$CaCO_3$）(mg/L)	284.87	285.62	0.75	0.26
总矿化度 (mg/L)	637.00	620.10	−16.91	−2.65

5. 渗水速率与工作压力关系

在 A 渗灌管上随机取 2 根长 25cm 的试样，采用横压供水装置测定其在不同工作压力下渗水 120min 内的平均渗水速率，取相同压力时渗水速率的平均值，做出渗水速率与工作压力的关系曲线，如图 4.40、图 4.41 所示。渗灌管的渗水速率随工作压力的提高而增大，用幂函数 $q=K_dH^x$ 拟合的结果为：流量系数 $K_d=235.02$，流态指数 $x=0.5312$，判定系数 $R^2=0.9989$，用直线拟合的结果为 $q=546.10H-17.745$，$R^2=0.9859$，判定系数也很高，回归的相关性极显著。表明该渗灌管在 10～90kPa 的工作压力范围内，渗水速率与工作压力呈近似直线的

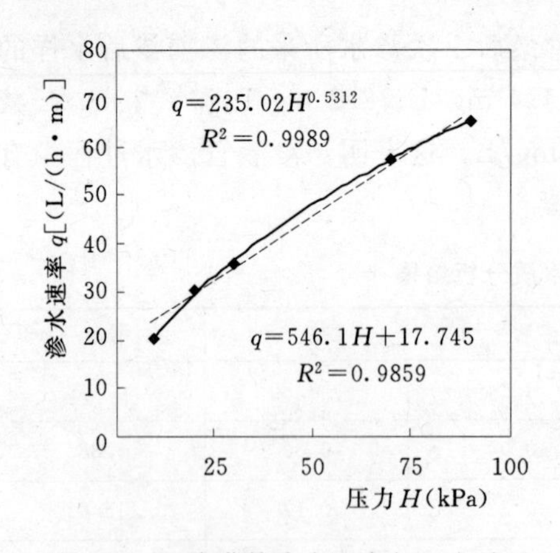

图 4.40　A 渗灌管渗水速率与压力关系

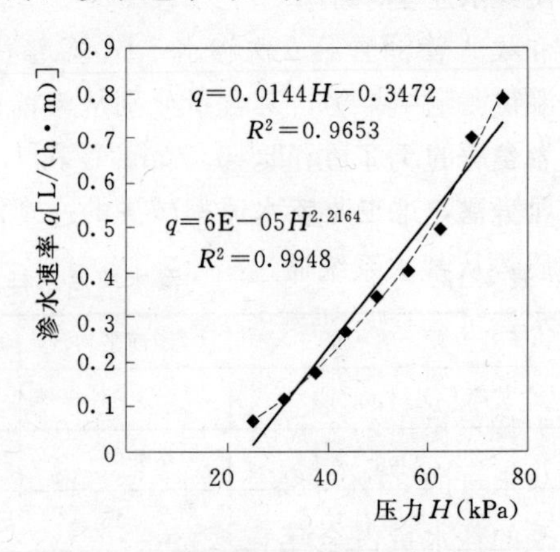

图 4.41　D 渗灌管渗水速率与压力关系

幂函数关系。由于管壁厚度一定，管的长度也一定，表明在该压力范围内，穿过管壁的水流通量与水势梯度也呈近似直线关系。而且渗管壁是一种多孔介质，因此认为，在此压力范围内管壁水的渗透近似满足达西定律。

4.4 铺装树阵雨水就地渗蓄自灌技术体系

现行城市绿地中的树阵和行道树之间的地面普遍采用不透水或弱透水的硬化铺装，使降雨不能入渗地下，难以补给行道树根区的土壤水分。同时，城市绿地树阵和行道树的灌溉多采用传统穴灌方式，这种灌溉制度造成水资源大量浪费，同时，由于根区土壤垂直渗漏损失较大，灌水效率低，不利于树木生长，还增加了管理负担，消耗人力物力资源。因此，在当前水资源短缺的环境下，需要提出一种充分利用雨水，特别是树木间的铺装地面雨水，对树木根区实施有效灌溉的新方法。

4.4.1 铺装树阵雨水就地渗蓄自灌系统构成与应用前景

针对狭义城市绿地乔灌木灌溉发展需求，本课题研究了一种铺装树阵雨水就地渗蓄自灌系统。“铺装”可以分为透水铺装、不透水铺装和混合铺装三种形式。鉴于不透水铺装收集雨水原理与其他两种形式不一样，且不透水铺装地面基本不存在下渗，课题不对不透水铺装收集雨水自灌系统进行研究，本章所述铺装特指透水铺装或者混合铺装。“树阵”为狭义城市绿地的一种形式，“树”的种类指上文提到的乔灌木，树阵形式可以是一字形树阵、矩形树阵或者不规则几何形树阵，课题以矩形树阵为例进行研究。“渗蓄”指透水铺装或者混合铺装的使用改变了原有不透水的下垫面性质，铺装层可以最大限度地储存雨水，使雨水的下渗量和收集量增加，减少地面径流，同时铺装地面下方蓄水设施的建立也起到了错峰和增加可利用水量的作用，渗蓄结合，变“害”为“利”，变“废”为“宝”。渗蓄结合是为了在汛期存住更多的雨水并被利用到非汛期去，使汛期蓄积的雨水尽量地满足非汛期乔灌木生长的需水量要求。“自灌”是指收集的雨水利用土壤基质势从蓄水系统通过灌水系统自动向植物根系进行灌溉。根据上文试验结果，灌水器可选择 A 型渗灌管和 A 型地埋式压力补偿滴灌管。

铺装树阵雨水就地渗蓄自灌系统主要是针对降雨的季节性强和降雨量集中的两大特点提出的。我国大部分城市的降雨季节性强（汛期 6～9 月的降雨量占全年降水量的 80%～85%），这与园林树木的耗水规律基本一致（一般园林树木的夏季的耗水量占全年耗水量的 80%左右）。特别是在城市化发展日益快速的今天，“城市热岛”效应日益明显，特大暴雨发生的几率增大，降雨的季节性特征也会更加明显，该系统的优势也将会更加地突显出来。

4.4.1.1 总体框架

通常铺装树阵雨水就地渗蓄自灌系统由三部分组成：雨水收集系统、雨水储存系统、自动灌溉系统，如图 4.42 所示。

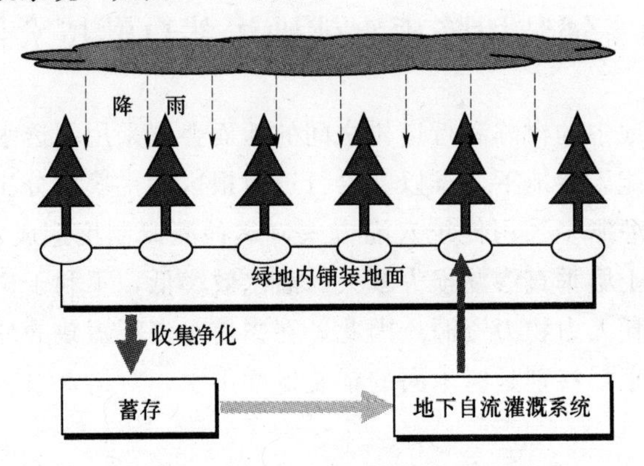

图 4.42 铺装树阵雨水就地渗蓄自灌系统示意图

铺装树阵雨水就地渗蓄自灌系统设计流程如图 4.43 所示。

通过设计要求及现场踏勘，对铺装类型进行选择。在选定铺装情况下，对树阵形式进行设计，并对适宜当地生长的树木特性进行分析。随后，对单株树木灌溉系统进行设计。在对当地降雨特性进行分析，设计灌溉保证率确定的基础上，对系统的收集系统、存储系统及灌溉系统进行设计。最后，根据树阵的区域面积及单株树木的集水面积确定树阵的行距与株距。

4.4.1.2 技术特点

铺装树阵雨水就地渗蓄自灌系统技术特点如下。

1. 最大限度地节约水资源

影响灌水量的主要因素是灌溉系统的控制方式，而传统的手动控制靠人的经验灌水，受人为因素的影响太多，从而造成浪费。从目前了解到的情况看，手动控制方式每平方米绿地耗水量多年均值比自动控制高出近 2.5 倍，主要是人为浪费所致。

雨水就地蓄渗自灌系统选取雨水作为水源，采用地下滴灌方式，除特枯年份或者特枯月份需要补水外，基本不需要外来水源，且减少了无效蒸发。研究表明：雨水就地蓄渗自灌系统水质能够满足绿地生长要求。因此，雨水就地蓄渗自灌系统最大限度地节约了水资源。

2. 最大限度地节省绿化养护费用

传统的灌溉方式大多选用移动水车装满井水或者自来水进行灌溉，这就会产生大量的水资源费、行车费、人工费等费用。严格来讲，植物需要多少水就应灌

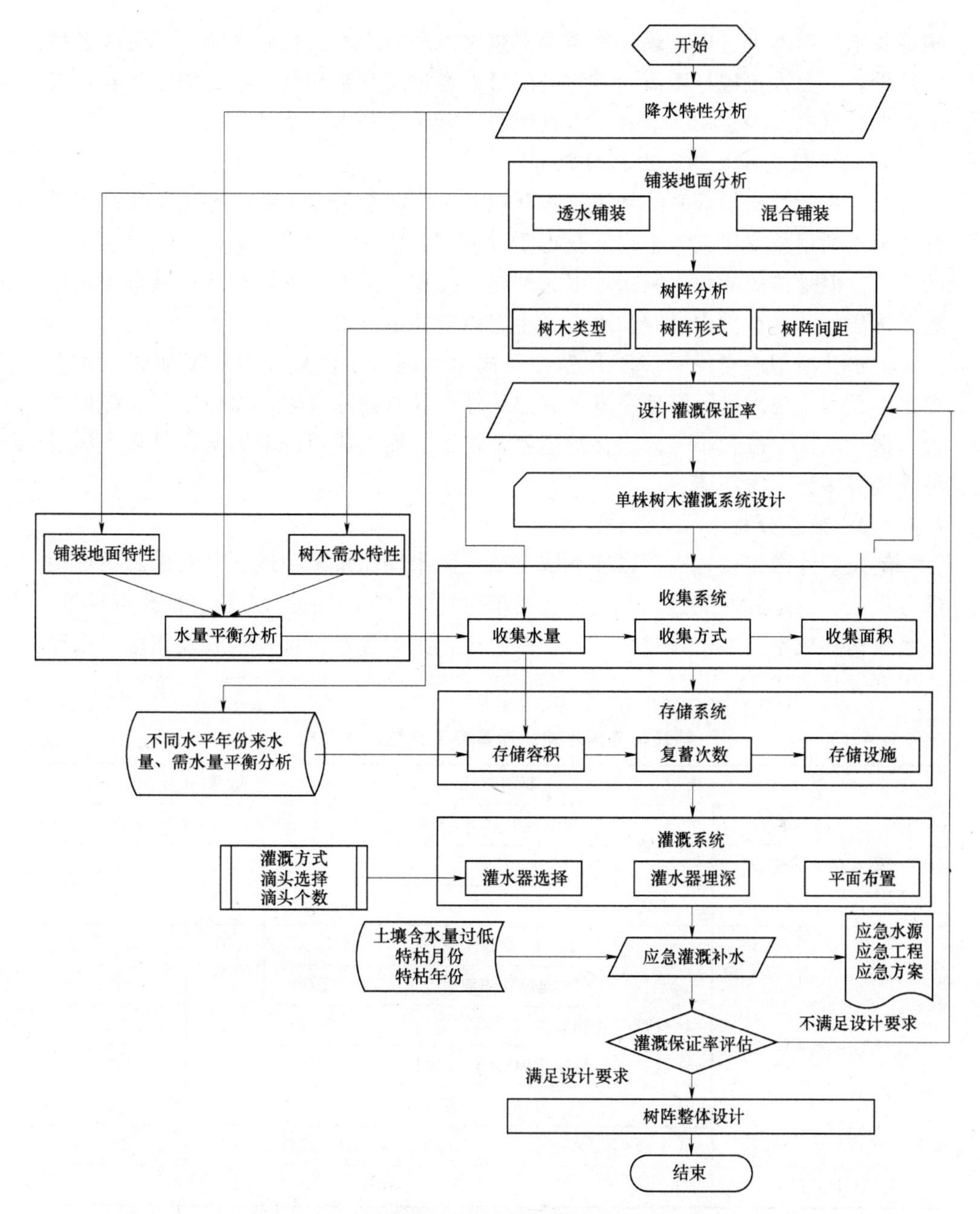

图 4.43　铺装树阵雨水渗蓄自灌溉系统设计流程

多少水，但传统的人工灌溉方式，不能准确把握灌水量，往往过量灌溉，在造成了灌水量浪费的同时，提高了绿化养护费用。

雨水就地蓄渗自灌技术采用微压地下灌溉技术自动控制灌溉水量，可以做到精确灌水，基本上可以实现植物需要多少水就灌多少水。除非在特枯年份或者特枯月份，需要人工进行灌溉，其它时间可以通过灌溉系统自身维持树木生长，只会产生少量的养护费用，节省了水资源费、行车费和人工费。

3. 最大限度地提高雨水利用的生态效应

雨水在城市水循环系统和流域水环境系统中起着十分重要的作用。北京市进行了雨水利用技术研究与推广，获得了大量试验数据和实用技术，也取得了一定的效果。但是传统的雨水利用，多为“终端处理”技术，重点在减轻城市雨水排放系统压力，减少城市道路积水点，生态效应并不显著。

雨水就地蓄渗自灌技术不仅留住了雨水，削减了洪峰流量，增加了雨水下渗，而且利用雨水进行绿地灌溉，成熟的绿地具有消除灰尘、净化空气、降低噪音、保持水土、改善小气候、保护生物多样性、提供休憩运动场所、美化人居生活环境等多种生态功能。

4.4.1.3 效益分析

铺装树阵雨水就地渗蓄自灌系统主要由雨水存储系统和地下自动灌溉系统两部分组成。以奥林匹克公园示范工程的单位树阵（6m×6m）为例进行分析计算，该系统构建成本主要由材料费、人工费组成，其中各系统材料组成及相应费用和人工费详见表4.13。

表4.13 铺装树阵雨水就地渗蓄自灌系统成本分析

系统划分	费用分类	材料组成	单价	数量	合计（元）
雨水存储系统	材料费	高强度PVC蓄渗管	1200元/m^3	0.4	480
		PE膜	20元/m^2	2.4	48
	人工费		100元/天	2	200
自动灌溉系统	材料费	ϕ20 PVC输水管道	4元/m	10	40
		地埋式滴灌管	5元/m	5	25
		连接管件（三通、堵头等）	5元/个	5	25
		ϕ110 PVC水位观测管	40元/个	1	40
		ϕ110 PVC盖	20元/个	1	20
	人工费		100元/天	2	200
总计（元）	1078				

由表4.13可见，通过对各项材料的估计（包含人工费），构建树阵雨水就地渗蓄自灌系统的成本约为30元/m^2，后期基本没有运行维护费用。若采用传统灌溉系统设计喷灌加微灌，价格约为35元/m^2；灌溉系统建成后，每棵树木年需水量3.66m^3，计10%损耗，即年需水量为4.03m^3；每棵树木每年灌溉20次，每

次电力系统运行费用为0.25元。

奥运中心区树阵共有树木3246棵，树阵总面积75260m²，与喷灌加微灌方式相比，铺装树阵雨水就地渗蓄自灌系统在建设阶段节省费用376300元，运行期间每年节省费用68556元（0.91元/m²），经济效益可观。

铺装树阵雨水就地渗蓄自灌系统所产生的生态效益主要表现在减少城区降雨积水，改善居民生存环境，净化空气，降低噪音等效应。铺装树阵雨水就地渗蓄自灌系统产生的社会效益主要表现在将促进透水铺装技术的成熟与发展，带动乔灌木幼苗养殖、渗蓄筐、灌水器等相关产业的发展。

4.4.1.4 推广应用前景

铺装树阵雨水就地渗蓄自灌系统可以应用于公园中树阵的布设。这种铺装地面由于机动车通行较少，对路面承重能力要求不是很高，一般采用透水铺装或者混合铺装，能够较多地收集利用雨水，减少雨水入渗收集系统的面积。这种树阵一般以矩形树阵为主，往往形成规模，需要合理地确定单株树木的收集系统面积以及株与株之间的距离。铺装树阵雨水就地渗蓄自灌系统还可以应用于人行道路两旁树阵的布设。这种铺装路面往往采用透水铺装地面或者混合铺装路面，树阵一般为一字形树阵为主。

随着乔灌木在城市绿地中的比例有所加重，雨水利用工程越来越多，人们对生态文明的认识普遍提高，铺装地面下树阵雨水就地渗蓄自灌系统将具有广阔的应用前景。

4.4.2 铺装树阵雨水就地渗蓄自灌系统设计前期工作

4.4.2.1 降雨特性分析

降雨特性分析，是计算能够收集多少水量的基础，也是选择种植树木的前提条件，因此需要对研究区降雨时间、空间分布特性进行研究。一般情况下，研究区范围不会很大，降雨空间变化不明显，不需要进行降雨空间变化分析，但需要对降雨时间变化规律进行总结。

对研究区长系列年降雨量进行频率分析，得出25%、50%和75%降雨频率下不同典型年及多年平均年降雨量。对年降雨量进行分析，确定汛期降雨量、非汛期降雨量、冬季降水量。对典型年份年内降雨、降雪日数及年内月降雨分布进行分析，确定月降水量分布。

4.4.2.2 铺装

1. 铺装形式

铺装形式分为透水铺装、混合铺装和不透水铺装。文中铺装特指透水铺装和混合铺装。而具体的铺装形式需要根据设计场地的要求确定。如果设计场地对地面承重性要求不是很高，建议选择透水铺装，以增加可收集雨水量；如果设计场地对于地面承重性要求较高，建议选择混合铺装。

2. 透水铺装特性

透水性能是衡量透水铺装特性的关键因素之一，也直接决定着入渗水量的多少。影响透水性能的因素也很多，如透水铺装下垫层材料与设计结构等。因此，合理地确定透水性能对于收集雨水量的计算是十分重要的参数。实际应用中，往往需要进行相关实验，验证透水铺装的透水性能能否满足设计要求，透水性能到底如何。

3. 入渗雨水水质

根据图 2.26，透水铺装入渗前的雨水水质污染程度在氨氮、总氮、生化需氧量指标上未能满足地表水Ⅳ类标准、地下水Ⅳ类标准和环境用水标准，而入渗后的降雨水质除总氮指标未能达到地表水Ⅳ类标准要求外，其他各项指标均能满足环境用水、城市杂用水、地下水Ⅳ类的标准。由此可见，经过透水铺装入渗净化后所收集的雨水，能够安全回用于景观环境补水、园林灌溉、地下水回灌等途径。

4.4.2.3　树阵

1. 树阵形式

树阵可以分为一字形树阵或矩形树阵，需要根据设计场地的实际情况进行选择。公园内部树阵一般为矩形树阵，机动车道或者人行道两旁树阵一般为一字形树阵。

2. 树木特性

在研究区域园林规划报批后，园林中树木主要职能和建设规模将被确定。研究树木耗水规律及其与当地降雨特性之间的时间差异。在分析差异的基础上，确定需要灌溉水量及合理地降雨利用方式，保证汛期树木得到充分灌溉，同时，尽可能集蓄雨水，用于非汛期灌溉，有利于提高雨水收集利用效率，提高系统灌溉保证率，不至于发生植物枯死现象。

4.4.2.4　设计灌溉保证率

灌溉保证率（probability of irrigation）是指：预期灌溉用水量在多年灌溉中能够得到充分满足的年数出现的几率，为灌溉工程设计标准的一项重要指标，以百分率（%）表示。一般情况下，灌溉保证率 80%以上才能够满足植物正常生长，因此铺装树阵雨水就地渗蓄自溉系统设计灌溉保证率为 80%。

本研究给出另外一种灌溉保证率的计算方法，即多年平均降雨条件下，收集灌溉水量与所需灌溉水量之比，为铺装树阵下雨水就地渗蓄自灌系统灌溉保证率：

$$N=\frac{Q_{收}}{Q_{需}} \tag{4.7}$$

式中：N 为灌溉保证率，%；$Q_{收}$ 为灌溉系统收集降雨总量，m^3；$Q_{需}$ 为植物正常生长所需灌溉水量，m^3。

4.4.3 铺装树阵雨水就地渗蓄自灌系统关键技术

当设计前期工作相关信息确定好后，方可进行铺装树阵雨水就地渗蓄自灌系统设计，需要解决的关键技术有雨水入渗收集技术、雨水存储技术和地下自动灌溉技术。

4.4.3.1 雨水入渗收集技术

1. 铺装层容水量

多层渗虑介质储存水量取决于下垫面结构的有效孔隙度和垫层的厚度。铺装层的容水量可以用下式计算：

$$H_{容}=h_{垫}\delta_{垫}+h_{找}\delta_{找}+h_{面}\delta_{面} \tag{4.8}$$

式中：$H_{容}$ 铺装层的容水量，mm；$h_{垫}$ 为垫层的厚度，mm；$\delta_{垫}$ 为垫层的有效孔隙率，%；$h_{找}$ 为找平层的厚度，mm；$\delta_{找}$ 为找平层的有效孔隙率，%；$h_{面}$ 为面层的厚度，mm；$\delta_{面}$ 为面层的有效孔隙率，%。

一般情况下，铺装地面都比较平整，只要产生地面径流就会排掉，不可能聚集在铺装面层上慢慢下渗，因此从理论上说，只要降雨在铺装层的累聚水量小于其容水量，雨水就可以被透水铺装吸纳，不产生地表径流。可以依据此原理估算不同降雨状况下透水铺装的径流量和下渗量。

2. 收集水量计算

根据水量平衡原理，日水量平衡方程为

$$P=R+H_{容}+H_{收}+H_{渗}+E \tag{4.9}$$

式中：P 为降雨量，mm；R 为径流量，mm；$H_{容}$ 为铺装层容水量，mm；$H_{收}$ 为收集水量，mm；$H_{渗}$ 为土壤入渗量，mm；E 为蒸发量，mm。

由于，在地基土壤和铺装层之间铺设了土工膜，因此在一场降雨中，比起存储系统的雨水汇流量，土壤入渗量和蒸发量很小，可以忽略。用总降雨量扣除径流量、透水铺装的容水量就是透水铺装下能收集到的水量，即

$$H_{收}=P-R-H_{容} \tag{4.10}$$

对收集得到水量及树木灌溉需水量进行水量平衡。日缺水量公式为

$$H_{缺}^{i}=H_{缺}^{i-1}+H_{需}^{i}-H_{收}^{i} \tag{4.11}$$

式中：$H_{缺}^{i}$ 为当日缺水量，mm；$H_{缺}^{i-1}$ 为前一日缺水量，mm，计算首日 $H_{缺}^{i-1}$ 为零；$H_{需}^{i}$ 为当日需水量，mm；$H_{收}^{i}$ 为当日收集量，mm；i 为当月天数，$i=1, 2, \cdots, 31$。

月缺水量公式为

$$H_{缺}^{j}=H_{缺}^{i} \tag{4.12}$$

式中：$H_{缺}^{j}$为月缺水量，mm；$H_{缺}^{i}$为月末最后一天缺水量，mm；j为自然月份，$j=1$，2，…，12。

3. 收集方式

收集系统的目的是最大限度地收集雨水，它由铺装地面、雨水收集管道（收集装置）组成。铺装地面是降雨下落后接触的第一个表面，作用是"接纳"雨水，使雨水不会以地表径流形式流走。降雨降落到铺装地面上，由于铺装地面具有透水性，雨水迅速穿过铺装层到达基质土壤上方。超过土壤下渗能力的雨水在铺装层中由下向上蓄积并由铺装层的收集设施收集起来，使之流向存储系统。

收集方式可以分为全部收集和部分收集。通过底部铺膜可以将雨水全部收集起来；在单级配碎石垫层采用集水花管、排水片材、速排龙等可以收集部分雨水。相对于部分收集，全部收集能收集更多的雨水，所需收集面积更小，树木间距更密集。理论上，为了收集更多的雨水，应当采用全部收集方式，但需要根据铺装层情况和树木耗水特性而定，使得收集的雨水水质能够满足灌溉要求，雨水水量能够满足灌溉需水，树木间距满足正常生长需要。

4. 收集面积

当树阵形式及树阵间距已经确定时，收集面积即被确定，即以两棵树之间距离为边长、以单株树木为形心的正方形面积。

当树阵形式及树阵间距没有确定时，确定了设计灌溉保证率，进行了树木特性分析、对铺装特性了解清楚后，可以确定不同频率降雨条件下能够满足灌溉需求的最小收集面积，即

$$A_{收}=\frac{Q_{需}N}{H_{收}\times10^{-3}} \tag{4.13}$$

式中：$A_{收}$为收集面积，m^2；$Q_{需}$为植物正常生长所需灌溉水量，m^3；N为灌溉保证率，%；$H_{收}$为收集水量，mm。

一般情况下，在不同重现期的干旱年条件下，随着降雨频率的增大，即降雨量的减少，树木的灌溉需水量随之增加，为满足树木的需水要求，所需的集流面积也较大。因此，需要计算不同干旱条件下的收集面积，根据场地、工程投资等实际情况确定合理的收集面积。

4.4.3.2 雨水存储技术

雨水存储系统的作用是通过存储雨水来调节来水量和用水量，使之达到供需平衡。在存储设施的前端设有简单的雨水过滤系统，取水口距离蓄水位表面有一定的距离（由浮球控制），用于取用上层较为清洁的雨水。超过蓄水容量的雨水，通过存储设施旁边的渗透管，暂时储存在渗透管和周围的砾石层中，然后再进一步向周围的土壤中入渗。存储设施作为来水和用水的连接系统，其大小受到雨水

收集系统和灌溉系统的双重影响，有必要对其进行水量平衡计算，确定存储设施容积。

1. 存储容积确定

在一个水文年的不同时段，雨水的集蓄量和利用量总是不一致的，这样就产生了来水和用水的盈缺。当某时段来水量大于用水量时，将剩余的来水储存在存储设施中，以供下一个时段使用；当用水量大于来水量时，就要用到上一个时段蓄存的水量。也就是根据水量平衡原理在一个水文年中进行推算，其具体的实现方法为

$$V(t)=V(t-1)+Q_{收}(t)-Q_{需}(t)-S(t) \tag{4.14}$$

$$Q_{需}(t)=Q_{耗}(t)-P(t) \tag{4.15}$$

$$V=\max[V(t)] \tag{4.16}$$

式中：$V(t-1)$ 为上一时段蓄水设施蓄水量；$V(t)$ 为此时段蓄水设施的蓄水量；$P(t)$ 为此时段降雨收集量；$Q_{需}(t)$ 为此时段灌溉需水量；$S(t)$ 为此时段的渗漏量；依照前文的分析，只要将灌水的负压作用水头控制在合理的范围内，是能够避免深层渗漏的；$Q_{耗}(t)$ 树木耗水量；$Q_{收}(t)$ 为此时段收集降雨量。

雨水的集蓄过程同时也是雨水的利用过程，边蓄边用，雨水的集蓄和利用同步进行。若只考虑存储设施蓄纳全年的可收集水量，或者只考虑树木的用水情况，必然造成蓄水容积过大，虽然能够保证充分拦蓄雨水或全部满足树木的需水，但同时也会造成人力财力的浪费，存储设施的大部分容积闲置，利用率低下。因此本章将对存储设施的来水量、用水量进行水量平衡分析，目的是确定存储设施的适宜容积范围。

2. 复蓄次数

可以用复蓄次数来衡量存储设施的雨水调蓄情况，理论上，复蓄次数等于由蓄水设施提供的用水总量和存储设施体积的比值：

$$n=\frac{W_T}{V} \tag{4.17}$$

式中：n 为复蓄次数，复蓄次数越高表明存储设施的雨水利用率越高；W_T 为蓄水设施提供的用水总量，在本系统中为由灌水器提供的灌溉总水量；V 为存储设施的容积。

3. 存储设施布设

对于透水铺装层，地埋渗蓄筐及透水铺装结构如图 4.44 所示。其中透水铺装包括 80mm 透水面层、240mm 无砂混凝土垫层和找平层、200mm 碎石垫层。在地基土壤上方的树池外满铺土工膜，降低地基土壤的入渗量，从而达到最大限

度地拦蓄雨水的目的。混合铺装层根据实际情况参照透水铺装存储设施进行调整。

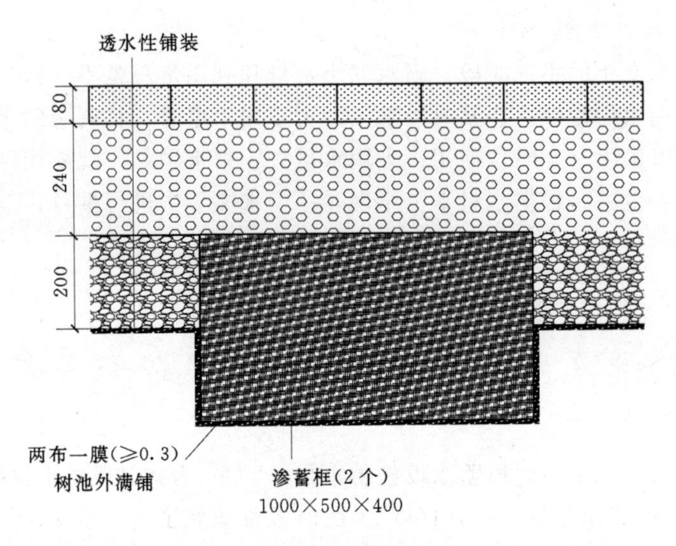

图 4.44 地埋渗蓄筐透水铺装示意图（单位：mm）

4.4.3.3 地下自动灌溉技术

1. 灌水量确定

地下自动灌溉系统的灌水量应依据待灌植物的需水特性确定。对于树木可按照单株树木日耗水量计算。

2. 灌水器选择

应根据树木的需水特性、根系分布与生长特性和灌溉水源情况选择灌水器。灌水器的最大出水能力应满足日平均灌溉需水要求。灌水器选择应考虑以后的堵塞和使用年限，一般采用1m工作压力情况下流量较大的灌水器。

3. 灌溉设施布设

灌溉设施布设主要是确定灌水器的数量，水平和竖直位置等。当已知植物生育期内日均灌水量 $Q_{需}$ 和灌水器的日灌溉出水量 Q_0 时，所需滴头灌水器数量 N 的计算公式为

$$N=\frac{Q_{需}}{Q_0} \tag{4.18}$$

算出滴头灌水器数量后再根据树木发根系深度和发育特性布设滴头灌水器。

4. 应急灌溉补水

应急灌溉补水分为两种情况：土壤含水量小于凋萎系数；特枯月份，盈缺水量不能达到灌溉保证率。当有两种情况之一时，需要进行灌溉补给。

(1) 土壤含水量小于凋萎系数时，需要立即进行灌溉补给，否则植物将干枯。灌溉补给量不用计算，但灌溉补给量要进行记录，并加入年度总灌溉量。

(2) 特枯月份，灌溉补给量需要进行计算，并加入年度总灌溉量，计算公式为

$$Q_{补}^{j} = Q_{需}^{j-1} - Q_{收}^{j-1} \tag{4.19}$$

式中：$Q_{补}^{j}$为时段（月）灌溉补给水量，L；$Q_{需}^{j-1}$为上一时段植物正常生长（80%灌溉保证率）所需灌溉水量，L；$Q_{收}^{j-1}$为上一时段灌溉系统收集雨水总量，L；j为自然月份，$j=1$，2，…，12。

4.4.4 案例分析

4.4.4.1 前期工作

1. 降水分析和典型年选取

现有北京市海淀区1981～1993年、1999～2007年22年和石景山区1981～1999年9年的降水资料，由于两个行政区地理位置上很接近，可以用石景山区1994～1998年5年的降水资料对海淀区进行插补。

(1) 海淀区降水年际分布：

1) 降水量。

将海淀区雨量站1981～2007年27年的各年降水量记录绘制成图4.45。海淀区多年年平均降水量为519.2mm，最大年降水量为1994年的775mm，最小年降水量为1999年的265.7mm。年际间差异很大，变异系数为27.2%。

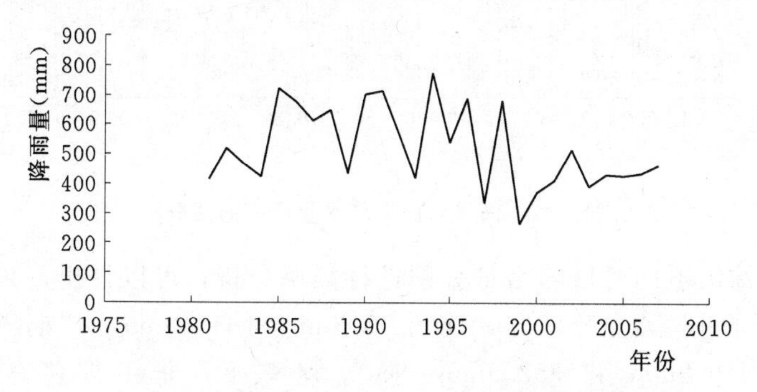

图4.45 海淀区1981～2007年降水量年际变化曲线

经对海淀区1981～2007年27年降水量长系列资料进行频率分析，海淀区全年、汛期、非汛期的理论频率频率曲线如图4.46、图4.47和图4.48所示。

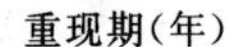

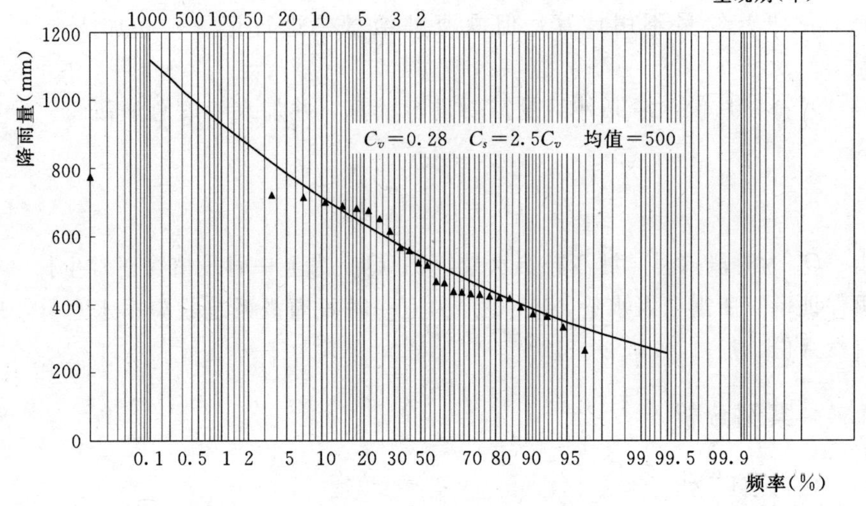

图 4.46 海淀区 1981～2007 年降水量频率分析

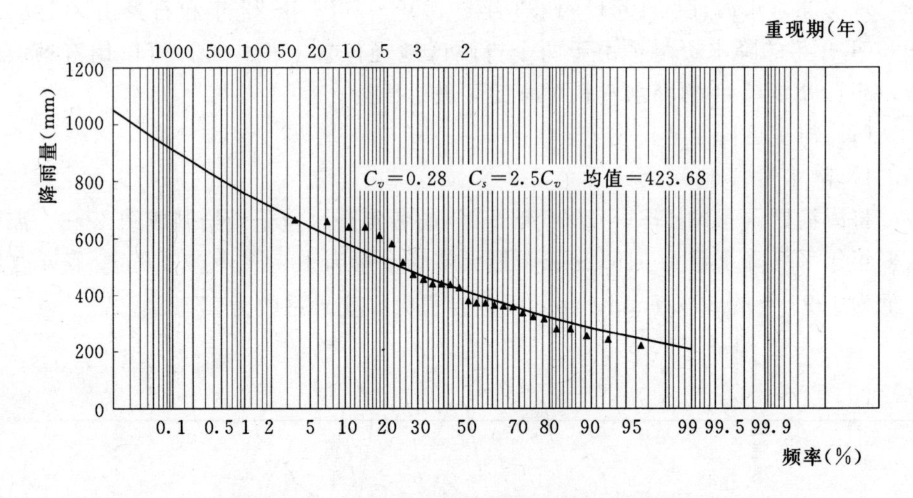

图 4.47 海淀区汛期降水量频率曲线分析

经对海淀区不同时段降水量分别进行频率分析，可以得出，频率为 25%、50%和 75%的年降水量分别为 601mm、503mm 和 414.9mm；汛期降水量分别为 513.7mm、410.2mm 和 352.9mm；同等频率下，非汛期降水量分别为 123.3mm、91.7mm 和 71.4mm。

汛期降水量的理论频率曲线的参数为：$C_v=0.28$，$C_s=2.5C_v$，非汛期降水量的理论频率曲线的参数为：$C_v=0.46$，$C_s=2.5\ C_v$。汛期降水量的理论频率曲线与全年相同，说明汛期降水量的频率分布决定了全年降水量的频率分布，汛期

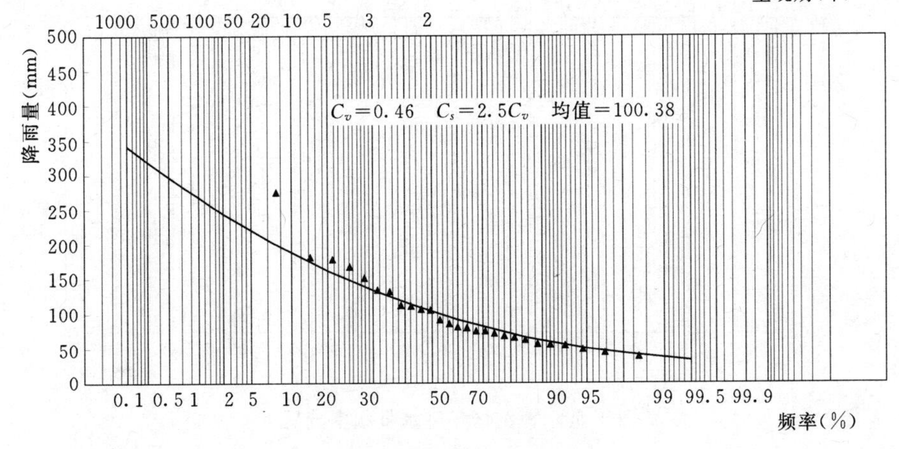

图 4.48 海淀区非汛期降水量频率曲线分析

的降水量在全年降水量中占主导作用。非汛期降水量的理论频率曲线的参数 C_v 值比汛期的要大，说明非汛期降水量的年际波动性较大。

2）降水日。

将海淀区雨量站 1981～2007 年 27 年各年降水日资料绘制成图 4.49。海淀区年平均降水日为 65 天，最大年降水日为 1990 年的 88 天；最小年降水日为 1999 年的 30 天。年际间差异很大，变异系数为 16%。

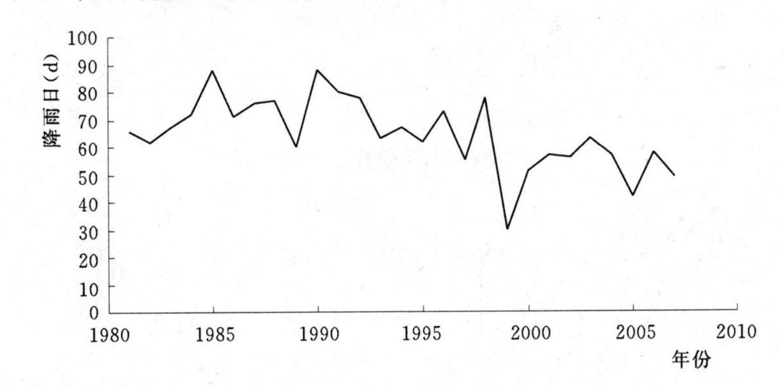

图 4.49 海淀区 1981～2007 年降水日年际变化曲线

经对海淀区 1981～2007 年 27 年降水长系列资料进行频率分析，海淀区全年、汛期、非汛期降水日理论频率频率曲线如图 4.50～图 4.52 所示。

从海淀区全年、汛期、非汛期降水日理论频率曲线（图 4.50～图 4.52）可以看出，汛期降水日理论频率曲线的形状和全年的相同，说明了汛期降水日在全年占有的比重较大，对全年降水日分布的影响占主导地位，而非汛期的降水情况

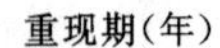

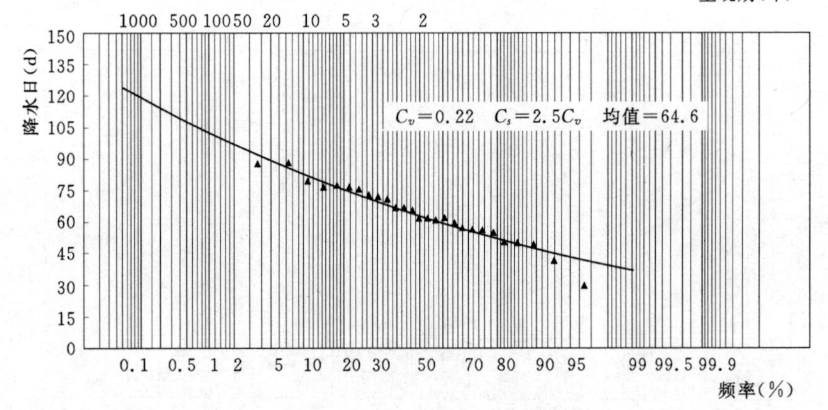

图 4.50 海淀区年降水日频率分析

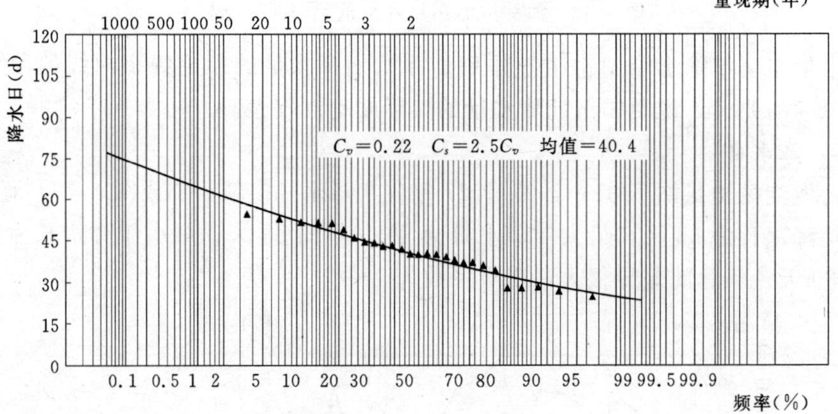

图 4.51 海淀区汛期降水日频率分析

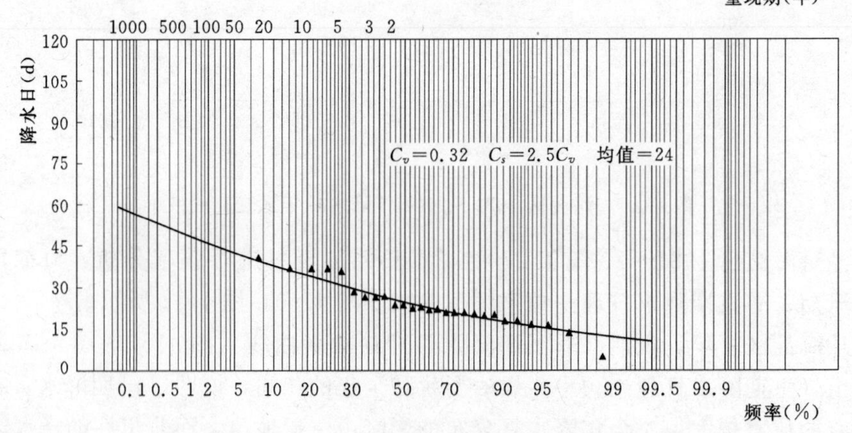

图 4.52 海淀区非汛期降水日频率分析

影响较小，与年降水日情况的相关性较低。不论降雨量还是降水日，全年和汛期的 C_v 值均小于非汛期，从中也可以证明非汛期的降水日的年际波动性和不确定性更高。

经对降水日的频率曲线进行分析，频率为 25%、50% 和 75% 年降水日分别为 72.8 天、63.3 天和 54.5 天；汛期降水日分别为 45.5 天、39.6 天和 34.1 天；同等频率下，非汛期降水日分别为 28.2 天、23 天和 18.4 天。

（2）降水年内分布。根据 1981～2007 年 27 年的日降水资料，统计分析各月的平均降水量，绘制于图 4.53。

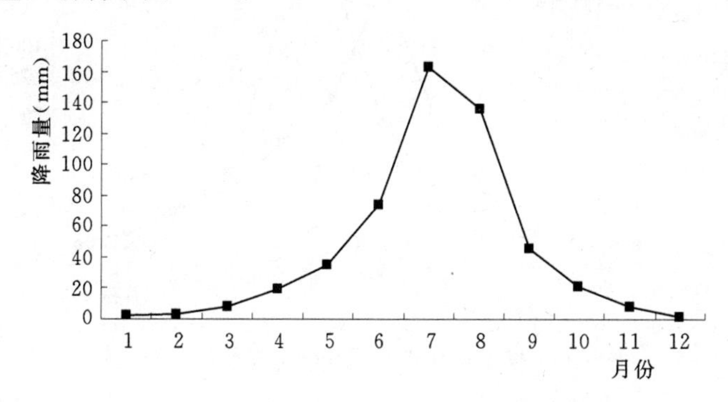

图 4.53　全年海淀区月平均降水量分布情况

通过对海淀多年各月的平均降水量进行分析，发现海淀区降水具有季节性强和雨量集中的特点。大部分降水集中于汛期，6～9 月多年平均降水量为 419mm，汛期降水量占全年降水量的 80.7%，仅 7、8 两月的降水量就占全年降水量的 58%，与此形成鲜明对比的是从秋季 10 月开始到来年 3 月的非汛期内的降水总量仅占全年降水量的 19.3%，年内各季降水分布非常不均衡，汛期雨量多、雨量大，极易形成城市洪灾，而在春冬两季干旱少雨，无法形成地表径流，河湖无法得到水量补充。因此充分利用汛期的降水补充非汛期的用水，“以汛补旱”是适合北京地区降水季节性特征的有效降水利用模式。

（3）降水典型年的选取。为了确定存储设施的存储容积，必须对存储设施的来水（降水）和用水（灌溉需水）进行水量平衡分析。然而，水量平衡分析中的来水量与降水量、降水强度和降水的时程分配、收集设施的收集效率以及透水铺装的“容水”能力都有着紧密的联系。因此，为确定存储设施的容积，首先要对北京市的降水进行分析，选出不同重现期的降水实际典型年，从而为水量平衡分析提供来水依据。

典型降水量的选取原则为：①选择全年、汛期、非汛期的降水量和雨日与设计值较相近的年份；②选择降水的年内分配情况对工程较不利的年份；③根据北京市雨量年内分配情况选择符合北京市降水特征的典型年。

根据所选取的不同频率条件下全年、汛期、非汛期三个时段的降水量和降水日的参数，对海淀区的降水资料进行筛选，选得的丰水年、平水年、枯水年的降水典型年分别为1992年、1982年和2001年。

2. 树木耗水特性

吴丽萍用热脉冲仪对樟子松全年耗水规律进行了监测，其各月耗水量和平均各月降水量如图4.54所示。

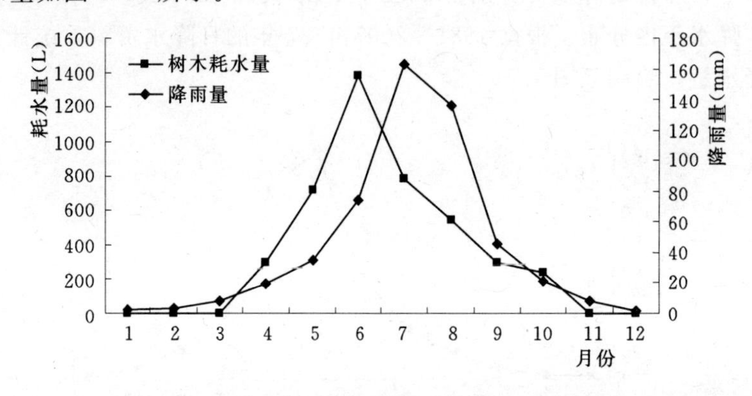

图4.54 樟子松耗水规律和降雨量年内分布比较

从图4.54可以很明显地看出，树木的耗水量峰期比降雨量峰期提前1个月。以樟子松为代表的园林树木年内耗水分布和北京市的降水分布极为相似，树木全年耗水量约为4290 L，汛期（6～9月）耗水总量为3660 L，占全年耗水量的85.3%，非汛期耗水量占全年的14.7%。汛期树木需水量大，但汛期的降水量也在增大；非汛期虽然降水量少，但树木的需水量也在逐渐减少。而利用北京降水的这种季节性特点与一般树木的需水规律具有一致性的特征，如果将降雨收集用于树木的灌溉，需要调节的水量较少，小规模的蓄水设施就能够满足树木的需水，反而能够因势利导地利用北京降水的季节性特征，"变劣势为优势"，提高雨水利用效率。降水量和树木耗水量在年内变化规律的一致性为降低雨水利用工程的投资、充分有效节约灌溉用水提供了良好的条件。

4.4.4.2 收集系统

1. 持水量计算

用降雨量扣除径流量、铺装地面持水量就是收集系统能够接纳的收集水量。

考虑到自然状态下垫层中都会含有一定的水分，透水砖持水率为4%、无砂混凝土为3%、砂砾料垫层为7.5%，因此透水铺装的持水量为

$$H_{持}=4\%\times 80+3\%\times 240+7.5\%\times 200=25.4(\text{mm})$$

收集水量的计算方法：根据现场试验测得降雨强度的径流系数，结合透水铺

装的理论持水量，以水量平衡原理得出降雨收集量。

2. 降雨收集量计算

因地基土壤垫层上方的铺装层持水性较弱，而地基土壤一般在入渗 30min 后就能够达到稳定入渗率（试验地基土壤的稳定入渗率约为 0.1mm/min），在降雨结束后累积在铺装层中的降雨会在较短时间内汇集进入存储系统中。因此可以认为存储系统的降雨收集过程随着降雨的结束而终止，并利用北京市水利科学研究所关于地埋存储系统消减径流的试验结果，可推算出试验降雨条件下存储系统在整个降雨过程中的所收集到的降雨量，计算结果见表 4.14。从中可以看出，降雨收集量随着场次降雨量的增加而增加，两者的相关关系如图 4.55 所示。

表 4.14　自然降雨情况下地埋存储铺装系统的降雨和径流量监测结果

降雨日期（年-月-日）	降雨历时（h）	降雨量（mm）	平均雨强（mm/h）	径流系数	收集效率	收集雨量（mm）
2008-06-13	15	100.8	0.112	0.3	44.8%	45.16
2008-06-16	10.5	44.9	0.071	0.1	33.4%	15.01
2008-07-14	22	57.9	0.044	0.1	46.1%	26.71
2008-08-10	23	54.2	0.039	0.1	43.1%	23.38
2008-08-14	3.83	60.6	0.264	0.1	48.1%	29.14
2008-08-21	15	53.2	0.059	0.1	42.3%	22.48

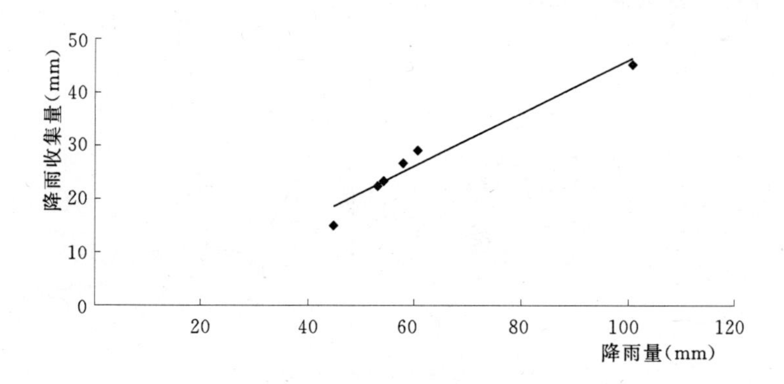

图 4.55　降雨收集量和降雨量的关系

场次降雨收集量 y 和场次降雨量 x 的函数关系为

$$y=0.4992x-3.9359, R^2=0.95 \tag{4.20}$$

降雨量和收集水量的线性关系拟合判定系数达到了 0.95，这说明虽然雨型比较复杂，包括众多因素，有降雨量、降雨时间、平均降雨强度、最大降雨强度等，但从图 4.55 中几乎成直线的降雨量—收集量的关系可以很明确得出，场次降雨量是决定降雨收集量的主要因素。且拟合公式中 x 值的系数小于 1，收集水量总是比降雨量小得多，拟合直线的斜率表达了降雨收集量和降雨量的关系，由此可见，降雨的平均收集率为 50%。降雨量和降雨收集量的拟合直线在 x 轴上的截距为 7.81mm，这说明只有场次降雨量达到 7.81mm，降雨才有收集的可能性。这是因为，在降雨达到存储系统的过程中，必须首先损失一部分降雨湿润铺装层，使铺装层中的降雨能够自由下落，还有一部分会入渗进土壤，只有在存储系统周围形成一定的水量才能被收集，并且当降雨强度小于某一定值时，降雨会入渗进土壤，不能在垫层中累聚，难以形成进入存储系统的汇流。

根据前述所选的降雨典型年，平水年（海淀区 1982 年）场次降水量大于 7.81 的有 25 场，共 477.6mm。根据每场降水计算，全年可收集降雨量为 170.4mm。

4.4.4.3 存储系统

根据前述对降雨收集量的分析可以看出，在频率为 50%的实际典型年条件下，可供收集的降雨量为 477.6mm，能够收集到的降雨量为 170.4 mm。根据樟子松全年的耗水量为 4290L、灌溉需水量为 2694L，可以初步判断 16 m^2 的集雨面积能够满足树木的灌溉需水要求。

1. 两年一遇典型年的降雨收集和灌溉蓄水的盈缺关系

根据前述的计算，降雨频率为 50%（2 年一遇）的降雨典型年为海淀区 1982 年。结合场次降雨量与场次降雨收集量的关系，分析在频率为 50%的情况下存储设施来水与用水的盈缺关系。分析结果如图 4.56 所示。

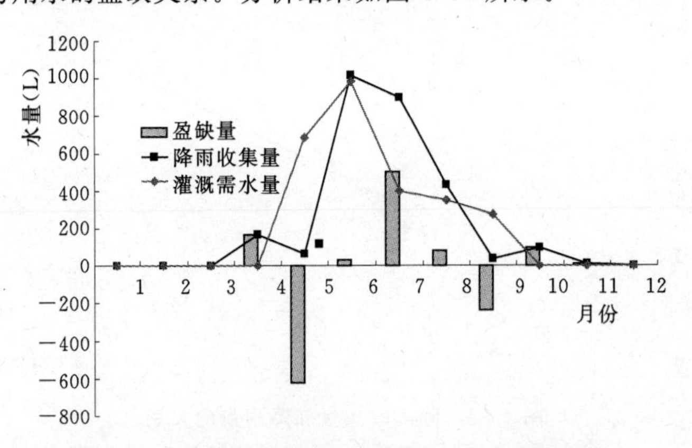

图 4.56 降雨量收集量和灌溉需水量及盈缺关系

从集雨面积为 16m^2 的月降雨收集量与树木的月灌溉需水量的盈缺关系可以看出，除 5 月、9 月所收集的降雨量不够灌溉需水的要求，需要利用上一时段存储设施的蓄存水量外，在树木生育期的其它 5 个月所收集的降水量能够满足灌溉需水的要求，并且有盈余的雨水存储在存储设施中，供下一时段的使用。即使是在不同的月份，雨水的收集量对于树木的灌溉需水量来说有盈有缺，但是盈缺量相差不大，从图 4.56 中可以看出，降雨收集量的最大亏缺量为 5 月的 622L，最大盈余量为 7 月的 501L。在其它月份，一方面树木进入休眠阶段，耗水停止；另一方面，进入非汛期，基本没有降雨，降水量与树木的需水量没有盈缺关系。

2.2 年一遇降雨条件下存储设施容积的确定

从对雨水收集量与灌溉需水量盈缺关系的分析可知，在 7 月雨水收集量的盈余量最大，因此以 7 月作为初始月份对存储设施来水量与用水量进行水量平衡分析，分析结果见表 4.15。

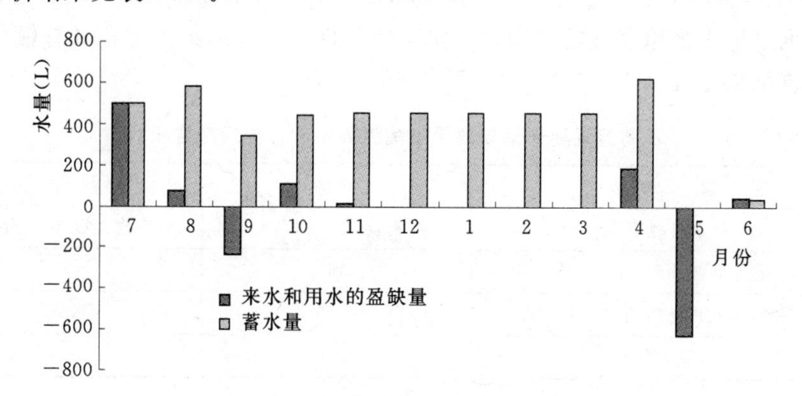

图 4.57 降雨月盈缺量与存储设施时段蓄水量

表 4.15 存储设施容积计算

月份	月降水量 (mm)	月降水收集量 (mm)	树木耗水量 (L)	月灌溉需水量 (L)	月盈缺量 (L)	储存水量 (L)
1	1.9	0.0	0	0.0	0.0	455
2	2.0	0.0	0	0.0	0.0	455
3	0.1	0.0	0	0.0	0.0	455
4	36.1	10.4	300	0.0	167.1	622
5	15.4	3.9	720	685.4	−622.2	0
6	175.8	63.7	1380	984.5	34.0	34
7	169.0	56.3	780	399.8	501.6	502
8	84.6	26.8	540	349.7	79.1	581
9	11.3	2.4	300	274.6	−236.1	345
10	19.3	6.0	240	0.0	96.5	441
11	5.3	0.9	0	0.0	13.8	455
12	0.0	0.0	0	0.0	0.0	455
合计	520.8	170.4	4290	2694	33.8	

从表 4.15 和图 4.57 对存储设施时段蓄水量的分析可以看出，存储设施的蓄水量在来年的 4 月达到了最大值，在来年的 5 月达到了最小值。储存水量为 622 L，即约 0.62m^3。根据前述关于存储设施容积确定方法，可以将 0.62m^3 作为存储设施的适宜容积。存储设施在 5 月末水量全部用完，6 月末的蓄水量仅为 34L，这说明存储设施的蓄水量在整个水文年得到了循环，有利于提高降雨利用效率。

经计算，在本系统中，容积为 0.6m^3 的存储设施复蓄次数为 4.3，复蓄次数越高表明存储设施的雨水利用率越高。

3. 各重现期干旱年条件下，存储设施的容积和集流面积确定

根据水量平衡原理确定不同频率水平年条件下合理的集流面积和存储设施容积，计算结果见表 4.16。

表 4.16　　不同重现期干旱年的最小集流面积和存储设施容积

频　　率	50%	75%
降水典型年	海淀区 1982 年	海淀区 2001 年
最小集流面积（m^2）	16	40
所需存储设施容积（m^3）	0.62	1.5
复蓄次数	4.3	1.8

从表 4.16 的分析可以看出，在不同重现期的干旱年条件下，随着频率的增加，即降水量的减少，树木的灌溉需水量随之增加，为满足树木的需水要求，所需的集流面积也较大。对于 2 年一遇的平水年，只需 16m^2 的集流面积就能满足，频率为 75%的设计降雨条件下，需要 40m^2 的集流面积，才能收集到能够满足树木生长的降雨。在实际的设计中，应根据设计干旱年的重现期确定集流面积。随着设计降雨重现期的增加，所需的存储设施容积也会随之增加，这说明，随着降水频率的增大，存储设施来水和用水的盈缺差别较大，所需存储设施调节的容积也较大。与此同时，存储设施的复蓄次数会随着降水频率的增大而减小，说明随着设计降雨重现期的增大、存储设施设计容积的增加，存储设施的雨水利用率也会随之降低。

4.4.4.4　自动灌溉系统

自动灌溉系统供水由雨水存储系统进行水量供给。树池内树木根系层为 0～1.5m，因此根据其根系发育特点，将滴灌管水平埋设于距地面 80cm 处，收集的降水经多层过滤后由输水导管进入树池。根据室内试验核算：滴头灌水器在 80～110cm 微压水平下，流量 Q 取值在 0.72～1.56mL/min，取均值为 1mL/min，核算的一天内灌入水量 Q_0 为 1.44L/d。

取该林木生育期内日均灌水量 $Q_{需}$ 为 16.7L/d，则所需滴头灌水器数量 N 为

$$N=\frac{Q_{需}}{Q_0} \tag{4.21}$$

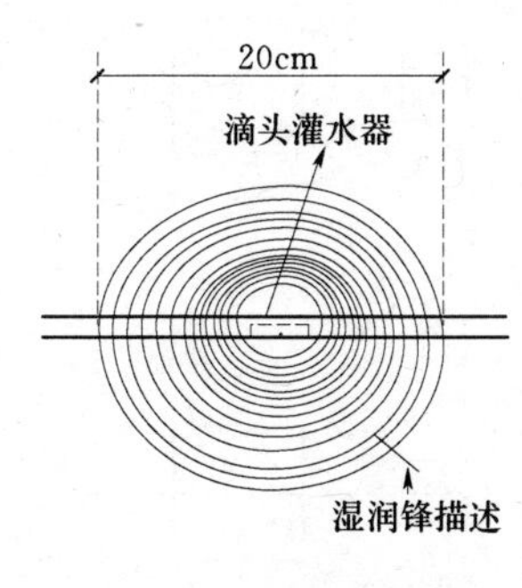

图 4.58 湿润体结构

经计算需设置 12 个滴头灌水器，在树池内沿树主要根系一周呈圆形布设滴灌管（渗灌管），滴灌管直径约为 1.4m，树池水平截面积为 2m×2m，滴灌管与边壁的距离为 30cm。因此，根据湿润体直径（见图 4.58）设置的滴头灌水器间距为 30cm，管距树池内边墙 30cm，埋设深度为 80cm（距树池地面）；灌水系统末端设置自动排气设施（由地下灌水管垂直引导管至树池表面，外加防尘措施），同时可监测导管内水位，从而根据具体情况进行适当补水和抽水操作，保证微压条件下灌水的有效性和持续性。

4.5 奥运场区树阵雨水渗集自灌技术方案与应用示范

示范工程所在地北京奥林匹克公园是举办 2008 年奥运会（残奥会）的核心区域。根据北京市政府有关规划，在奥林匹克公园中心区的规划和设计中，必须将雨洪控制与利用纳入到实际建设中，采用规模化的雨洪利用系统，以展示城市雨水排放新概念，实现雨水资源化，真正体现绿色奥运与科技奥运的理念。在此背景下，在奥林匹克公园中心区树阵的下垫面区域建立雨水渗集自灌示范工程，集成应用雨水渗滤收集存储、自灌树木等先进技术，对示范工程进行长期监测，并对其应用效果进行分析评价。

4.5.1 技术方案

以“雨水渗滤净化－收集储存－持续有效地灌溉绿地”的思路为主线，提出奥林匹克公园中心区树阵雨水渗集自灌技术方案：①渗滤过程：通过树阵间的透水硬质铺装（多层渗滤介质）对雨水进行过滤净化；②集储过程：雨水净化后通过在透水垫层中埋设的透水花管汇集到树木中间的蓄渗筐内；③灌溉绿地过程：收集的雨水通过地下微压灌溉系统缓慢渗入树池内土壤中，保证树木的正常需水要求。最终实现雨水的高效利用，体现了绿色奥运与科技奥运的和谐统一。

根据前期相关基础技术试验研究成果，确定集雨系统的规模、布置蓄渗筐、优化选择微灌灌水器、设置地下自动灌溉系统等，对铺装地面雨水直接就地集蓄后自然回灌到植物根区的系统进行整体的系统性规划设计，并建成核心区示范工程。雨水渗集自灌溉示范工程设置在奥林匹克公园中心区“水立方”东北角的树阵区域内，平面布置如图 4.59 所示。

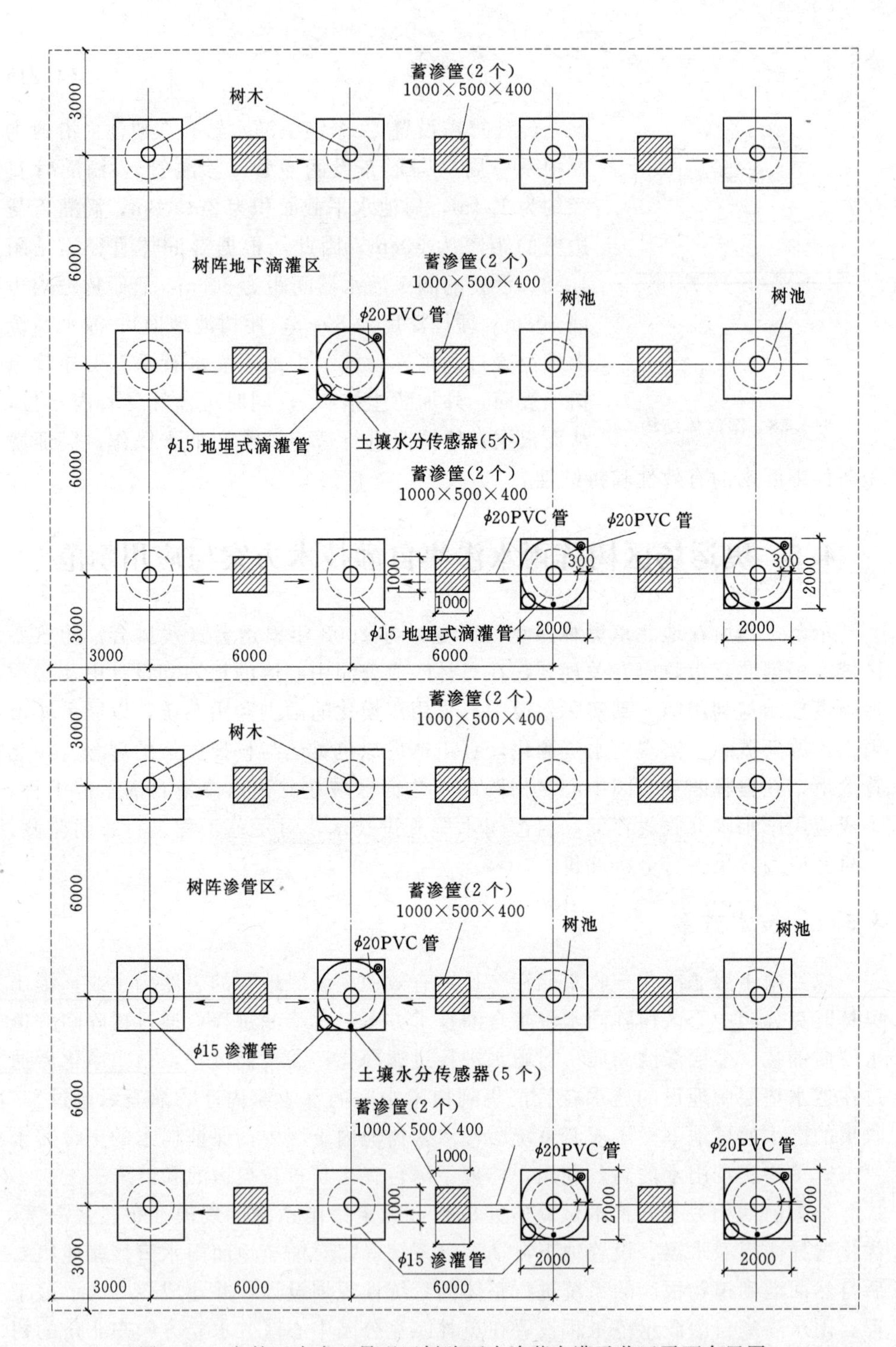

图 4.59　奥林匹克中心景观区树阵雨水渗蓄自灌示范区平面布置图

4.5.1.1 雨水收集净化系统

雨水通过 6m×6m 的透水铺装区域向下汇集，经过透水铺装地面的多层渗滤结构（见图 4.60）对雨水进行渗滤净化收集。

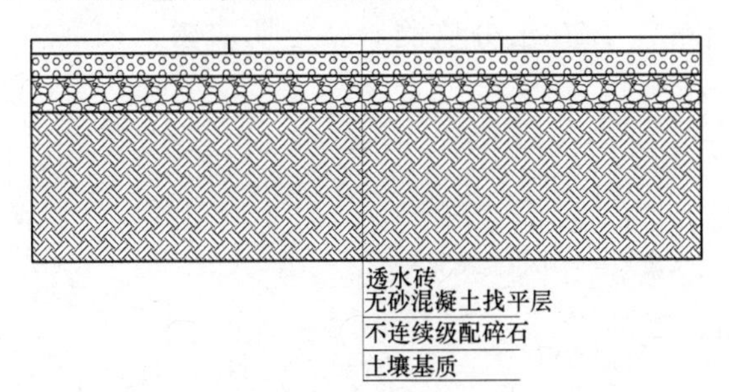

图 4.60 树阵间透水铺装结构

4.5.1.2 雨水储存系统

通过集雨面收集的雨水经过输水管道汇集至地下的 2 个蓄渗筐内，再经过地下导水管道进入树池内（见图 4.61）。树池水平截面积为 2m×2m。蓄渗筐为长 1.0m、宽 0.5m、高 0.4m 的高强度 PVC 筐，空隙率为 97%，外包土工布。

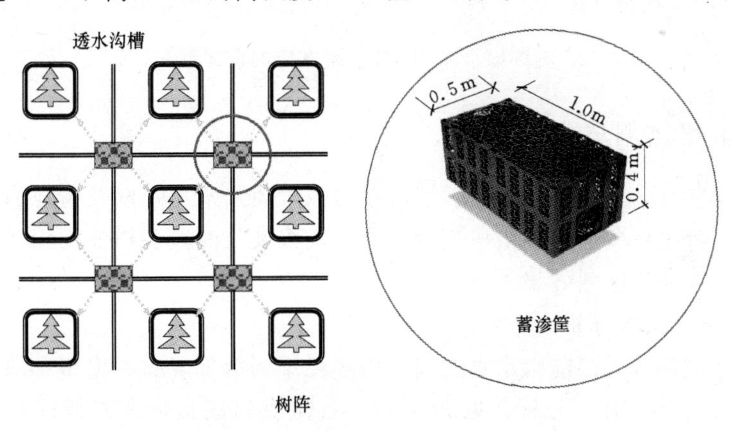

图 4.61 树阵雨水收集利用工艺示意图

4.5.1.3 自动灌溉系统

收集的雨水经由输水管，通过地下渗灌或地下滴灌系统灌入树木根区土壤中。其中滴（渗）灌管呈圆形布置，环绕树木主要根系区域，滴（渗）灌管埋深 80cm（距树池地面），滴头灌水器间距为 30cm（共需 12 个滴头灌水器，圆形管距树池内边墙 30cm，并且灌水系统末端设置自动排气设施（由地下灌水管垂直引导管至树池表面，外加防尘措施），保证灌水的通畅性，同时也进行水位的观测和水质的监测。

4.5.1.4 监测系统

监测系统的布置如图 4.62 所示。在树池内埋设土壤水分传感器装置，距树池土面每隔 30cm 埋设一个土壤水分传感器，以对不同层位土壤含水量进行实时监测。在树池一侧布置 *D*50 水分监测管，定期取树池内灌溉系统中水样进行观测。

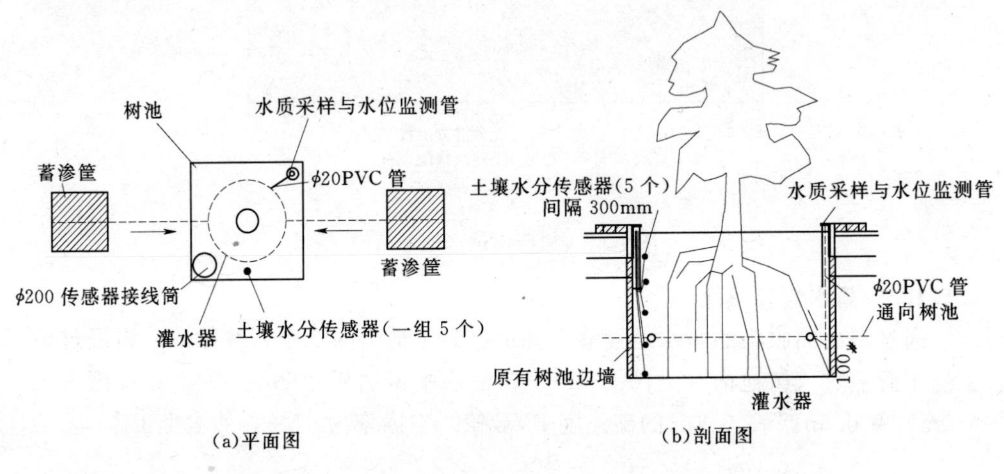

图 4.62 树阵雨水渗蓄自灌示范区监测设施布置示意图

4.5.2 效果监测与分析

通过对试验区降雨量及水质、灌溉系统内水质（水位）以及树池内土壤水分变化情况实时采样监测，分析典型日、典型周以及长时段各树池土壤含水量差异性，对渗蓄自灌根区的效果进行评价。

4.5.2.1 灌溉水质分析

对奥运试验区入渗前雨水水质以及雨水经不同级配碎石、土壤基质进入灌溉系统中的水质进行对比分析，见表 4.17，各重点监测指标在入渗前后去除率除 TN 除（51.22%）都达到 96%以上，对雨水的净化效果显著，可以认为达到持续灌溉水平，不会产生滴灌系统堵塞。

表 4.17　　入渗收集前后水质对比　　单位：mg/L

项　目	悬浮物	COD_{Cr}	BOD_5	NH_4—N	TN	TP
入渗前雨水水质	302	1878	865	38.7	57.6	6.04
灌溉系统中水质	11	46.6	7.9	0.355	28.1	0.172
去除率（%）	96.36	97.52	99.09	99.08	51.22	97.15

在树池垂直方向分层布设土壤水分传感器对土壤水分进行实时观测（平均1h采集一次）。根据监测结果，分别选取6～8月中典型日、典型周及典型月，对进行集雨回灌树池内土壤水分变化与无雨水收集灌溉进行对比分析，验证雨水渗集自灌技术措施的效果。

图4.63、图4.64中，树池2、3内埋设地下滴灌管，树池4、5埋设地下渗灌管，树池1、6未作任何处理。

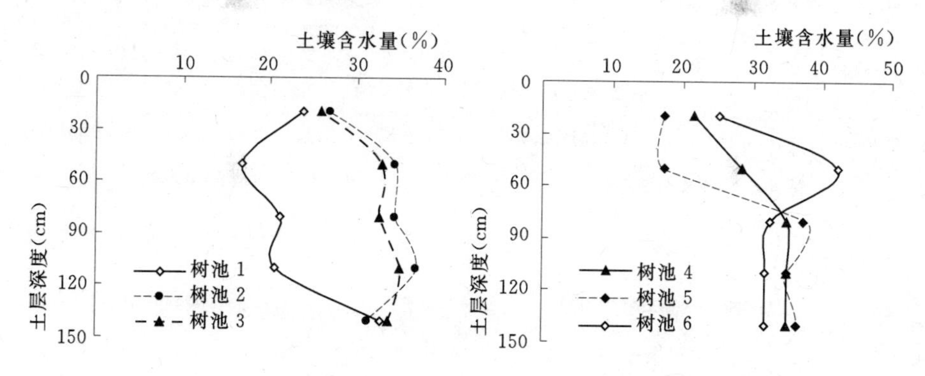

图4.63 典型日各树池内不同土层土壤含水量变化情况

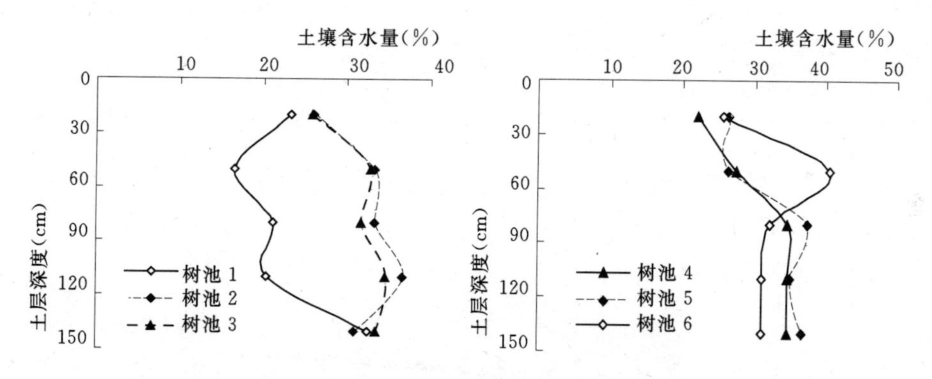

图4.64 各树池内不同土层一周平均土壤含水量变化情况

4.5.2.2 灌溉水量分析

如图4.63～图4.66所示，经对有集雨自灌措施（地下滴灌/地下渗灌）的树池各层土壤水分与无回灌措施的树池进行对比分析，表层0～30cm水分差异不明显，由此可以减少由于灌溉而引起的无效表土蒸发。

深层40～140cm土壤层内因埋设有地下滴灌管或渗灌管，土壤含水量要显著高于未作处理的树池。降雨较多时平均高出60%，尤其在地下滴灌灌溉方式下差异更为明显，可知地下自灌系统能够很好地向树池内土壤供水，满足作物在不同生长阶段对水分的需求。

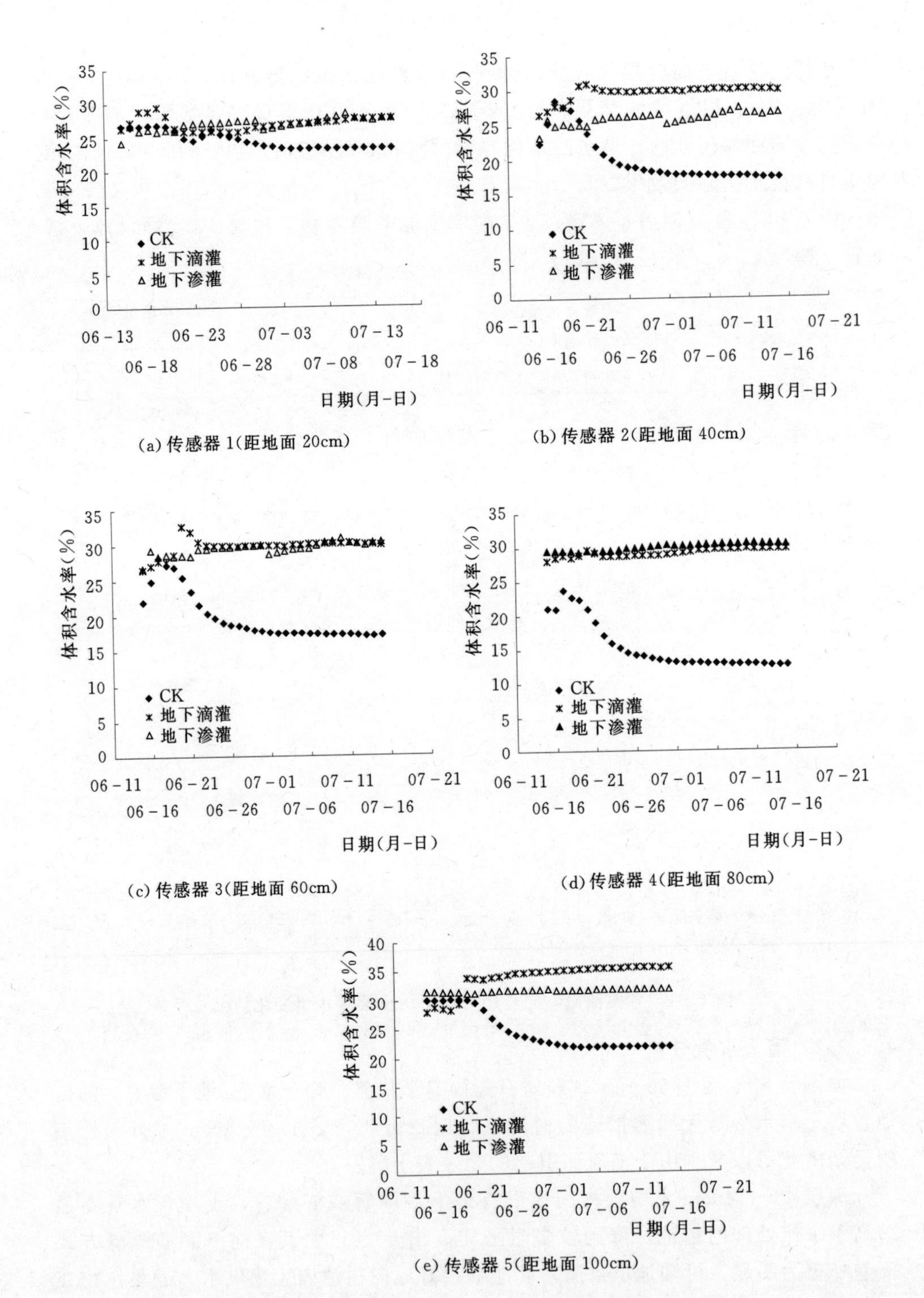

图 4.65 典型月各处理不同深度土壤水分动态变化（2009 年）

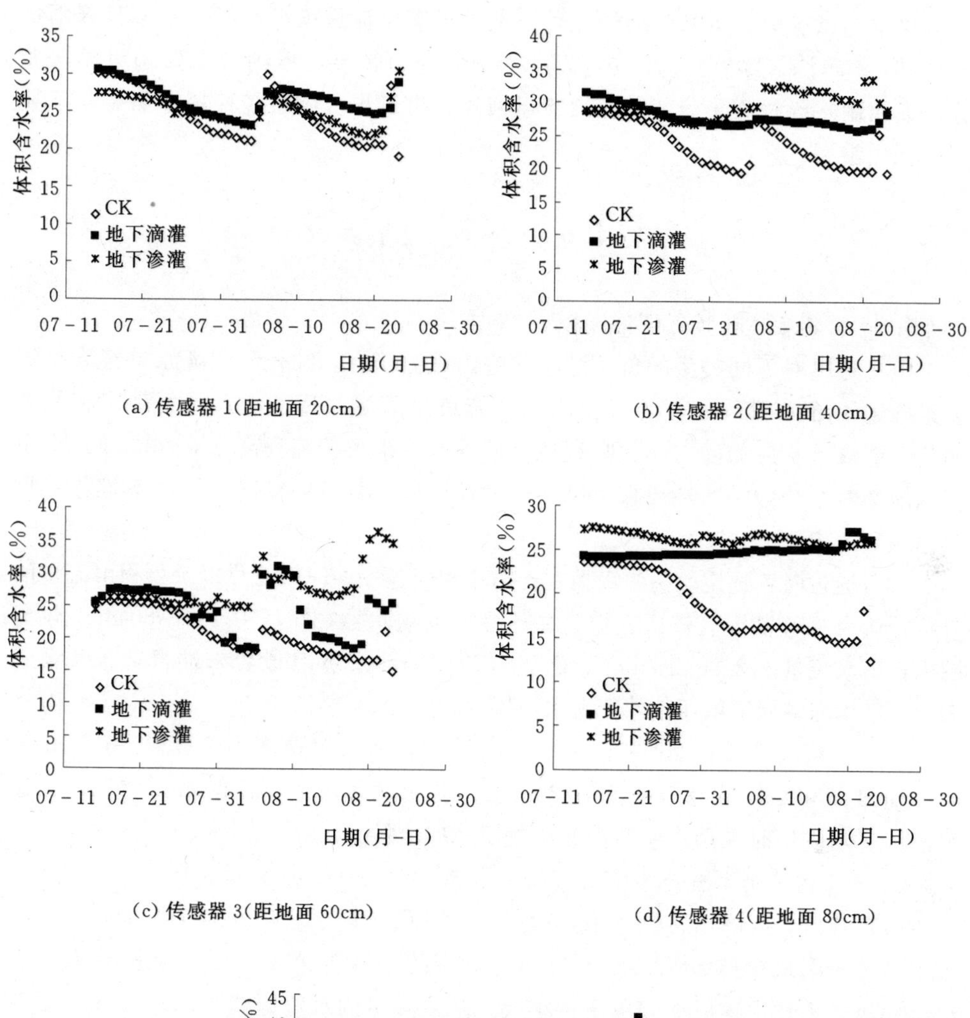

(a) 传感器 1(距地面 20cm)

(b) 传感器 2(距地面 40cm)

(c) 传感器 3(距地面 60cm)

(d) 传感器 4(距地面 80cm)

(e) 传感器 5(距地面 100cm)

图 4.66 典型月各处理不同深度土壤水分动态变化 (2010 年)

由室内试验分析可知，微压条件下地下微灌出流量很小，同时由逐日降雨情况可知，10 月 9 日降雨过后该地区已基本无降雨，但土壤内含水量仍呈显著差异，说明雨水经过收集后能够持续缓慢回灌入渗到根区满足植株耗水需要，不易产生深层渗漏。

4.6 小　　结

1. 地下微灌灌水器的优化选择

(1) 通过对不同类型的负压灌水器室内试验研究，综合考虑灌水持续效果等因素确定 4μm 多孔陶瓷板灌水器为该系统负压灌溉的适宜灌水器，确定其最佳的负压灌溉水头应为灌水器的高程比存储设施中水位的高程高 0.2～0.6m。由于负压灌溉对系统的密闭性要求很高，在硬件条件不具备的情况下，暂不推荐工程中使用负压灌溉。

(2) 通过对各选定滴头灌水器在土壤中出流速率随时间变化以及累积出流量的分析，认为 A 型滴灌管较适宜作为微压灌溉的灌水器，在压力 140～80cm 变化范围内，出水流量由 2.36mL/min 变化至 0.72mL/min。并且设置末端自动排气设施的灌水结构能够保证微压条件下灌水的持续有效性。

(3) A 型渗灌管在 2m 工作水头下的设计参考渗水速率为 8.0～8.5L/(m·h)，而 B 型和 C 型渗灌管渗水速率较小、使用时间较短。根据测试结果，建议示范区实际应用时采用渗水性能较强的 A 型渗灌管。

2. 铺装树阵雨水就地渗蓄自灌技术体系

(1) 从研究区降雨特性入手，运用水量平衡分析原理，分别介绍了雨水下渗收集系统、雨水存储系统、地下自动灌溉系统的计算公式、设计流程及施工方法，并建立了技术集成，解决了传统人工灌溉灌木的水资源浪费问题，降低了树木生长维护费用，提高了雨水利用效率。

(2) 进行了实例分析，基于收集雨水量分析计算，认为对于 2 年一遇平水年，集雨面为 16m^2 能够满足要求，且计算容积为 0.6m^3、复蓄次数为 4.3 的存储设施的雨水利用率较高。基于资料分析和试验验证结果，选定地下滴灌（渗灌）方式作为示范区系统的灌水方式。通过对 A 型滴头灌水器和 A 型渗灌管的出流能力以及水运移特征的分析，同时考虑树木根系展度较大的特点，对地下自动灌溉系统进行设计：由存储系统积蓄雨水进行水量供给，滴灌管埋设深度为距地面 90cm；收集雨水经多层过滤后由输水导管进入树池；在树池内沿树主要根系一周呈圆形布设滴灌管（渗灌管），滴头灌水器间距为 30cm（共需 12 个滴头灌水器），管距树池内边墙 30cm，埋设深度为 80cm（距树池地面）；灌水系统末端设置自动排气设施（由地下灌水管垂直引导管至树池表面，外加防尘措施），同时监测导管内水位，从而保证微压条件下灌水的有效性和持续性。

3. 奥运场区树阵雨水渗集自灌示范工程应用效果分析

该示范工程通过对雨水水质以及树池内不同层位土壤水分进行监测，在雨水的净化回用方面作用显著，灌水系统不易产生堵塞，土壤能够保持在一个稳定含水量区间供植物消耗。因此该技术方案在实践中能够对雨水进行合理的就地回收和有效再利用，达到预期效果，对节约水资源、削减城市雨洪径流和减轻城市污水处理负荷等将发挥重要作用，具有很好的实用价值。

第5章　奥林匹克公园中心区雨水利用监控技术

为了掌握奥林匹克公园中心区雨洪利用工程在减少降雨径流外排、提高局地防洪排涝能力、增加可用水资源量、减少地面积水、改善地区及周边环境等方面的效果，开展了监控技术研究，并纳入奥林匹克公园的规划设计和工程建设中。

5.1　水位、流量和水质监测技术现状

5.1.1　水位监测

20世纪90年代以来，美国地质调查局一直在探索利用非接触式技术测量水位的技术，美国90年代发展及应用的非接触（非浸入）水位测量技术主要有三类：超声波式（声学）、电波式（一般用雷达）、光学式（激光）。

美国Waterlog公司的H—3611/H—3612雷达水位传感器是一种非接触式水位测量仪。通过向水面发射高频雷达波，接收水面反射波，测量到水面的距离。测量中不与水面接触，不受浑水、淤泥、水生植物等因素的影响，也不受环境温度、湿度、降雨、风沙的影响。仪器完全免维护，并有水面波浪滤波功能。水位量程：0.5～30m/70m（H—3612）；水位精度：±0.03%；数据接口：RS232；工作电压：9～18VDC；工作电流：180mA（12VDC）；工作温度：－40～80℃；外壳：防水密封外壳，符合IP65标准的导波喇叭管材料：316L不锈钢；内部显示：背光LCD。

德国SEBA公司原产高精度水位传感器PS—Light系列气泡水位计，主要用于水文站水位观测点不便建井或建井费用昂贵的地区，以及大坝测压管和上下游水位等处。它具有安装、维护方便，操作、组网灵活，运行稳定、可靠，精度高等特点，是遥测系统中的水位监测尤其是无井水位测量较理想的水位监测仪器。工作原理为：水位计将空气通过空气过滤器过滤、净化后，气泵将空气经单向阀压入储气罐中，储气罐中的气体分两路分别向压力控制单元中的压力传感器和通入水下的通气管中输送，当气泵停止吹气时，单向阀闭合，水下通气管口被气体封住，从而形成一个密闭的连接压力传感器和水下通气管口的空腔。根据压力传

递原理可知，在通气管道内的气体达到动态平衡时，水下通气管口所承受的压力经过通气管传递到压力控制单元的压力传感器上。因此，水下通气管口的压力和压力控制单元的压力传感器所承受的压力相等，用此压力值减去大气压力值，即可得到水头的净压值，从而得出测量水位值。标准量程：0～10m，可根据需要选配大量程传感器，最大量程 40m；全量程精度：0.1%；在线、离线工作，RS 232 口；存储水量：32K；微型压缩器；0～5V 输出或 RS232 口；塑钢机箱；机箱上不带液晶显示。

美国 HOBO 水位温度自动记录仪，适用于湖泊、溪流、测井、沼泽等地。水位测量范围可在 0～76m 之间。原理：压力式水位传感器，内置自记录式数据采集器。特点：无需通气管和干燥剂，钛合金版本的水位计可以在盐水中使用，抗腐蚀能力强，采用非常耐用的陶瓷压力传感器，全新防水设计，低功耗，1min 采样电池可用 5 年，安装简单，无需专门维护，软件提供全面的图形、分析及报告功能，采用光学专用数据下载接口，防雷击保护功能。

德国 SEBA MDS Dipper 3 浸入式水位测量系统，这是一种先进、方便、经济实用的地下水位自动测量系统，也可测量地表水的水位。它设计小巧，可直接安装在 1 英寸（25.4mm）的地下测井中。系统使用高精度的水位传感器和一种具有压力补偿功能的特殊缆线，并具备干燥剂，以吸收多余水分，保证通信正常。特点：坚固耐用，锂电池供电时间大于 10 年（采集间隔 60min 时），采用陶瓷压力传感器，测量精度高，可选温度测量，特别适合测井内使用，数据可通过多种通信方式进行传输，可选蓝牙通信。组成：压力式水位自记仪（水位传感器和数据采集器一体），手持式读表（可选）/ 温度传感器（可选）。测量范围：0～20m，测量精度：±0.05%。

WFX—40 型数字式水位计按照《水文测量仪器第十部分 浮子式水位计》（GB/T 11828.1—2002）要求设计、制造。仪器在水位变率大、波涌严重的环境下，具有良好的测量精度和工作稳定性，它适合于内径不小于 25cm 的细井和一般测井，特别适合于水文站、水库站、闸坝站、遥测站、水电站、潮位站使用。由绝对值编码型水位编码器、水位轮显示器、浮子、悬索、平衡锤、通信接口等组成，是独立的水位观测测量仪器，又可以与电显示器、闸门开度仪、闸门启闭机控制系统连接，共同组成计算机显示、控制系统（如船闸、水电站、抽水蓄能电站、农业灌溉系统，给排水系统等）；配置 RS485 通信接口的水位仪，可直接与通信机、计算机联网组成水文自动测报系统，可广泛用于装备各种类型的水位测站。仪器采用国家新型防波涌专利技术设计、制造，在波涌环境下，能有效防止测缆与测轮之间打滑，使仪器稳定、可靠地工作。仪器具有断电记忆功能、抗强电磁干扰，无温度、零点漂移。工作原理：仪器以浮子感测水位变化，工作状态下，浮子、平衡锤与悬索连接牢固，悬索悬挂在水位轮的V形槽中。平衡锤起拉紧悬索和平衡作用，调整浮子的配重可以使浮子工作于正常吃水线上。在水位不变的情况下，浮子与平衡锤两边的力是平衡的。当水位上升时，浮子产生向上浮力，使平衡锤拉动悬索带动水位轮做顺时针方向旋转，水位编码器的显示读数增加；水位下降时，浮子下沉，并拉动悬索带动水位轮逆时针方向旋转，水位编码器的显示器读数减小。此仪器的水位轮测量圆周长为32cm，且水位轮与编码器为同轴连接，水位轮每转一圈，编码器也转一圈，输出对应的32组数字编码。当水位上升或下降时，编码器的轴就旋转一定的角度，编码器同步输出一组对应的数字编码（二进制循环码，又称格雷码）。不同量程的仪器使用不同长度的悬索能够输出1024～4096组不同的编码，可以用于测量10～40m水位变幅。通过与仪器插座相连接的多芯电缆线可将编码信号传输给观察室内的电显示器或计算机，用做观测、记录或进行数据处理；安装有RS485数字通信接口（或4～20mA）的水位计，可以直接与通信机、计算机或相应仪表相连接，组成为水文自动测报系统。仪器的内置式RS485数字通信接口（选装），具备选址、选通功能，能以二线制方式远距离传输信息，在一对双绞线信号线上可以驱动或接收多台水位（或闸位）传感器，实现遥测组网。

OTT PS1压力水位传感器采用最先进的干式陶瓷电容传感器和微处理技术设计，备有SDI—12接口或4～20mA输出选择，输出值包括水位和温度测值；测量单元中内置的微处理器可消除水中温度或密度变化所带来的影响。精度高达0.05mm，还可补偿重力加速度变化所带来的影响。PS1的高精度测量技术无可比拟。传感器可过载能力为满量程的10倍，保护管采用激光焊接可确保防水效果。同时具有卓越的性价比。内置微处理器可消除由于水中温度、重力加速度和水中密度变化所带来的影响；传感器连接电缆采用带补偿的毛细管，缆芯为Kevlar材质的导电体；带温度补偿的压力式测量单元；电缆为防水设计；套管采用激光焊接；高精度的测量结果；可与各种数据记录仪相连；可同时读取水位和温度数据；在满量程范围内可灵活进行参数的设定；可应用于各种场合地表与地下水位与水温的精确连续长期监测；数据精准，稳定可靠。量程最高可达100m。

HSC—SR80深度仪是一个性价比很高的测量积雪和积水深度的仪器。HSC—SR80深度仪测量从探头到被测目标表面的距离并智能推算出积雪或积水深度。工作原理：是通过发出一个超声脉冲，然后再接收这个回波，测量这个传播过程的时间。因为超声波在一定的温度下传播速度是一定的，所以通过测量传播时间、空气温度就可以计算出这段距离。传感器内置有温度传感器，通过这个温度传感器测量所得的温度对超声波速度进行修正。距离测量数据可通过RS—

232串口以ASCII码输出。广泛应用于气象服务、交通监测、生态环境、农业服务，以及各环境监测部门测量雪深或积水。测量范围：0.15～3m，测量精度：±6mm；工作温度范围：－40～50℃。

投入式静压液位变送器是基于所测液体静压与该液体液位高度成比例的原理，采用国外先进的隔离型扩散硅敏感元件的压阻效应，将静压转换为电信号，再经过温度补偿和线性修正，转化成标准电信号（一般为4～20mA）。量程为0～100m内各量程，最小量程为0.5m，介质温度－20～70℃，环境温度－10～60℃，准确度±0.25%F·S，响应时间不大于100ms，最大工作压力2倍量程，测量介质包括油、水及其它与316不锈钢兼容介质，具有抗过载抗冲击能力强、防浪涌电压、反相极性保护、抗干扰能力强、安装简单、抗腐蚀能力优良、过压过流保护、稳定性高、实用性广等特点。

5.1.2 流量监测

早在20世纪60年代，英国等国家利用随机函数互相关理论开展了工业生产过程中物体移动速度及管道中流体流动速度的测量研究。70年代，相关流量测量技术迅速发展起来，一些研究成果显示了相关测量方法在解决环境恶劣且介质复杂的两相流测量方面的潜力，实现了一些相关流量测量系统。70年代中后期，研究的重点主要是低成本的“高速在线实时互相关器”，以便用于工业生产，如德国的E＋H及英国的Kent公司。但到80年代中期，相关流量测量技术并未因高速相关器的实现而在工业中得到广泛应用，对相关流量测量技术的研究又转到随机信号相关理论、流场变化对传感器作用、流动噪声信号提取与处理、传感器设计等方面。进入90年代，相关测速代表的实际物理含义解释成为制约相关流量测量技术发展的重要因素，建立相关测速与流体实际流速间准确、有效关联物理模型成为相关流量测量理论的发展重点。

澳大利亚STARFLOW6526流速、水位、温度综合测量仪是一套集成系统，采用超声多普勒原理，在江河、溪流、明渠及大型管道中测量水的流速与水深。仪器适于在排放污水和废水、洁净溪流、饮用水甚至海水中测量相关参数。可测量正向和逆向的流动状态，并且可以编程计算管道和明渠中的流量以及总流量。仪器包括超声变送器组件（进行了平均，从而减少水流扰动）和信号处理电路，放置在水区底部或附近，测量水面到仪器的水位深度，一根12V直流电缆将仪器与电源连接起来。使用超声多普勒原理测量流速，这需要水中的悬浮颗粒或小气泡反射超声测量仪信号。仪器不能在非常纯净的、“不含有任何气体的”水中工作。通过水静压传感器测量水位，电源信号电缆具有通气作用，将水面上的大气压作为水静压传感器测量参考压力。流速量程：21～

4500mm/s，双向；精度：测量流速的2%；分辨率：1mm/s。水位量程：0～5m，分辨率：0～2.5m时为2.5mm，2.5～5m时为5mm。温度量程：－17～60℃；分辨率：0.1℃。

美国MMI公司电磁流量计在环境水监测中的应用。美国MMI公司自1971年开始致力于海洋电流表的开发设计，到1999年成功推出基于流速和截面积的雷达式流量计。无论在明渠、非满管还是满管的流量计量上都具有其独到和先进之处，拥有世界唯一的电磁流速、液位复合型传感器；在性能开发和设计方面MMI公司追求精、准、稳、耐用等特点。该电磁流量计有以下显著特点：①传感器可靠：采用世界最先进的电子、模糊传感控制技术等，电磁传感器5年品质保证；②测量精度高：±0.5%；③稳定性高：5年的零点漂移为不小于9.12mm/s；④线性度好：≥0.3%R；⑤基本不受使用场所限制：对堰、槽及形状不规则的渠、满管等任意场合都有与之相适应的计量方法或流量计；⑥应用范围广：广泛应用于所有水流量测量场所，适用于不同的液体流量：高浓度固体含量的液体；高温液体流量；腐蚀性液体流量；大的人造管道液体流量；±6m/s的高速流体；浅水位的液体流量；⑦综合性价比高；⑧品种齐全：有450/460系列雷达式流量计、285型插入式多测点平均流量计和282型插入式单测点电磁流量计、2000型便携式电磁流量计、253/270型明渠/非满管流量计、302型泵/提升站流量计、260系列便携式电磁流量计十几个品种。

流量测量是四大重要过程参数之一（其它为温度、压力和物位）。闭合管道流量计及其采用的技术分类如下：

（1）差压流量计（DP）。这是最普通的流量技术，包括孔板、文丘里管和音速喷嘴。DP流量计可用于测量大多数液体、气体和蒸汽的流速。DP流量计没有移动部分，应用广泛，易于使用。但堵塞后，它会产生压力损失，影响精确度。流量测量的精确度取决于压力表的精确度。

（2）容积流量计（PD）。PD流量计用于测量液体或气体的体积流速，它将流体引入计量空间内，并计算转动次数。叶轮、齿轮、活塞或孔板等用以分流流体。PD流量计的精确度较高，是测量粘性液体的几种方法之一。但是它也会产生不可恢复的压力误差，以及需装有移动部件。

（3）涡轮流量计。当流体流经涡轮流量计时，流体使转子旋转。转子的旋转速度与流体的速度相关。通过转子感受到的流体平均流速，推导出流量或总量。涡轮流量计可精确地测量洁净的液体和气体。与PD流量计一样，涡轮流量计也会产生不可恢复的压力误差，也需要移动部件。

（4）电磁流量计。测量原理：法拉第电磁感应定律证明一个导体在磁场中运动将感应生成一个电势。采用电磁测量原理，流体就是运动中的导体。感应电势相对于流速成正比并被两个测量电极所检测，然后变送器将它进行放大，根据管道横截面积计算出流量。具有传导性的流体在流经电磁场时，通过测量电压可得到流体的速度。电磁流量计没有移动部件，不受流体的影响。在满管时测量导电性液体精确度很高。电磁流量计可用于测量浆状流体的流速。

（5）超声流量计。传播时间法和多普勒效应法是超声流量计常采用的方法，用以测量流体的平均速度。与其他速度测量计一样，是测量体积流量的仪表。它是无阻碍流量计，如果超声变送器安装在管道外测，就无须插入。它适用于几乎所有的液体，包括浆体，精确度高。但管道的污浊会影响精确度。

（6）涡街流量计。涡街流量计是在流体中安放一根非流线型游涡发生体，游涡的速度与流体的速度成一定比例，从而计算出体积流量。涡街流量计适用与测量液体、气体或蒸汽。它没有移动部件，也没有污垢问题。涡街流量计会产生噪音，而且要求流体具有较高的流速，以产生旋涡。

（7）热质量流量计。通过测量流体的温度升高或热传感器降低来测量流体速度。热式质量流量计没有移动部件或孔，能精确测量气体的流量。热质量流量计是少数能测量质量流量的技术之一，也是少数用于测量大口径气体流量的技术。

（8）科里奥利流量计。这种流量计利用振动流体管产生与质量流量相应的偏转来进行测量。科里奥利流量计可用于液体、浆体、气体或蒸汽的质量流量的测量，精确度高。但要对管道壁进行定期的维护，防止腐蚀。

5.1.3　水质监测

水质自动监测在国外起步较早，1959 年美国开始对俄亥俄河进行水质自动监测；1960 年纽约州环保局开始着手对该州的水系建立自动监测系统；1966 年安装了第一个水质监控自动电化学监测器；1973 年全国水质监控系统分为 12 个自动监测网，每个自动监测网由 4～15 个自动监测站组成；1975 年在全国各州共有 13000 个监测站建成为水质自动监测网。在这些流域和各州（地区）分布设置的监测网中，由 150 个站组成联邦水质监控站网——即国家水质监控网（NWMS）。

欧美及日本等国在 20 世纪 70 年代已有便携式水质监控仪出售，但属于瞬时测定仪。连续多参数水质测定仪是在 80 年代才开始使用的。在监测设备方面，广泛应用现代尖端的微电子技术、嵌入式微控制器技术，并做到智能化的数据采集、分析和运算，水质监控完全实现了自动化。目前，世界上已建成的 WPMS 类型较多，既有全自动联机系统，也有半自动脱机系统，例如澳大利亚 GREENSPAN 公司，德国 GIMAT 公司，美国的 ISOC、HYDROLAB 等公司，日本日立制作所和卡斯米国际株式会社等都生产有技术成熟的在线水质自动监测系统，但大部分是以监测水质污染的综合指标为基础的，包括水温、混浊度、pH值、电导率、溶解氧、化学需氧量、生化需氧量、总需氧量和总有机碳等。

美国Hydrolab公司的Hydrolab4a系列在线水质自动监测仪，可以自动测量15种以上的监测项目，包括温度、电导率、溶解氧、pH值、浊度、氧化还原电位（ORP）、液位和深度、外来光、氨氮、硝酸盐、氯化物、透光度、叶绿素、大气压、CPS等。它利用了较先进的传感器技术，集成了水样搅拌器，可通过内置电源和内存支持现场数据固态存储，记录的数据可通过串行端口或SDI—12直接传输到现场远程终端单元RTU或电脑，操作水深达225m。主要有三种型号：DataSonde、MiniSonde、Surveyor，其中Surveyor支持便携式监测方式。

英国Intellical™用于水质监控的便携式或墙面固定式多测量指标记录器，可测量12种指标，氯指标测量自动校准。液体的数据通过便携式或墙面固定式设备进行实时传送。通过Intellical™，可以得到即时的液体数据。这种重量轻、功能强、测量指标多（流量、压力、温度、浊度、颜色、氯、氯胺、溶解氧、传导性、pH值、氧化还原电位、离子浓度等12种）的水质设备可以通过最新的第三方移动计算机和无线网络通信套装来远距获得数据。这种多用途设备既能用于野外，也能固定在墙上作为联网设备。被设计成开放式系统的Intellical™能够与第三方系统进行协作和连通，形成真正的一体化。先进的微电极设计使得电池的使用时间更长，而当外接到固定在墙上的充电器之后，电池的寿命也可以延长。拥有专利的自动校准功能有助于非专业操作者获得可靠和准确的氯指标读数，而无须使用化学试剂。这一功能使得全部水样都可以直接放回到取样水流中。这种设备与其化学替代品相比所需的维护更少，显著地降低了持续使用的成本。

我国在水质自动监测、移动快速分析等预警预报体系建设方面正处在探索阶段。作为试点，于1988年在天津设立了第一个水质连续自动监测系统，该系统包括1个中心站和4个子站。1995年以后作为试点，上海、北京等地也先后建立了水质连续自动监测站。1998年以来，水质自动监测站的建设有了较快的发展，已先后在七大水系的10个重点流域建成了42个地表水水质自动监测系统，黑龙江、广东、江苏和山东等省也相继建成了10个地表水水质自动监测系统。所用的自动监测仪多为国外进口设备，价格昂贵，且运转费用高。虽然近年来进口设备价格有所下降，但每套价格仍在20万美元左右。

国内厂家现多生产单一参数的水质监控仪，近年也有些厂家试图生产水质自动化监测装置。例如，河海大学研制了COD_{Cr}自动监测仪，我国老字号的仪器厂如上海雷磁厂正在进行探头式自动监测仪的试制，然而由于所选的水质参数少，质量也不稳定。2005年，计划在全国主要流域重点断面水质自动监测站达到100个，实现水质自动监测周报。国内在水质自动化监测装置制造上还跟不上快速发展的水质监控的要求。由此可见，国产化自动监测仪有广阔的开发前景和潜在的销售市场。

我国国家环境保护总局于2003年3月28日发布了环保行业标准《水质自动分析仪技术要求》(HJ/T 96－104—2003)，并于2003年7月1日实施。该标准共包括9个水质参数的自动分析仪技术要求，即pH值、电导率、浊度、溶解氧(DO)、高锰酸盐指数、氨氮、总氮、总磷和总有机碳（TOC)，这一标准的实施，保证了水质自动监测系统的规范化，将会大大促进我国水质自动监测系统的发展。

5.1.4 项目采用仪器

由于仪器一般价格较高，目前国内没有便于操作且价格低廉的监测仪器，本研究的目的是：找出切实可行的方法与工程建设相结合，形成一套适用于示范工程的简易测量系统，并考虑系统的可操作性和可靠性，以实现系统的监测目的。根据多方询价和综合比较，本项目所采用的地表水水位监测仪器为JYB—KO—LAG型投入式水位传感器，流量监测仪器为在线式管道流速流量仪starflow 6526。

5.2 监控目标与内容

5.2.1 监控目标

通过对奥林匹克公园中心区雨洪利用实验区天然降水、外排水、回用水和下渗水的水量和水质进行实际监测，得到实验区降雨量，雨洪利用工程的渗水量、收集与利用水量，径流削减量和水质变化等方面的参数，再经过分析研究得到整个奥林匹克公园中心区的雨洪利用效果，并总结出一般规律，为今后类似工程的建设及管理提供指导和帮助。

5.2.2 监控内容

监控系统的监测内容主要包括水量和水质两个方面。其中，水量监测包括天然降水量监测、外排水量监测、地下水位监测和集水池收集水量监测；水质监测包括天然降水水质监测，地表径流水质监测、渗滤井水质监测、跨水系桥非机动车道下渗水质监测、集水池水质监测和龙形水系水质监测。监控内容如图 5.1 所示。

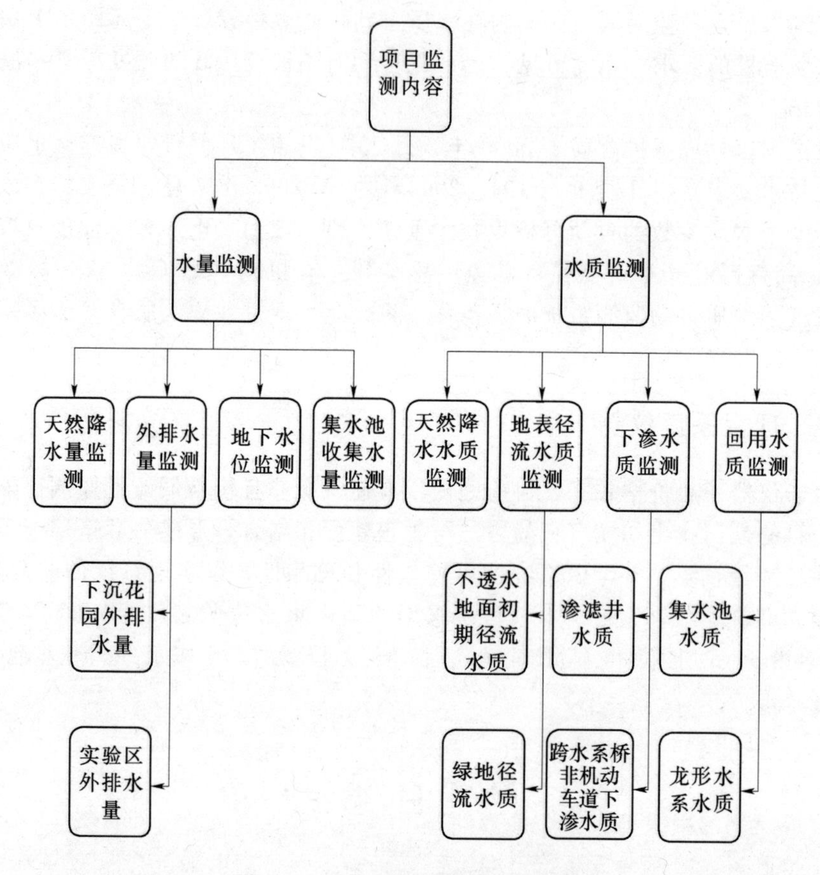

图 5.1　监控系统监测内容示意图

5.2.3　监控范围

北京奥林匹克公园中心区的雨水池位置及容积的分布如图 5.2 所示。核心监控实验区如图 5.3 所示，包括休闲花园 5D 区，中轴景观大道 5E 区，树阵 5F 区，总面积 8.56hm^2。在中心区水处理机房顶设置雨量监测设备——雨量计；在集水池 D 设置水位传感器，监测收集水量；在实验区向外排水的管道上安装在线式流量仪，监测外排水量；在北一路南侧的渗压井安装压力水位计，监测地下水动态。

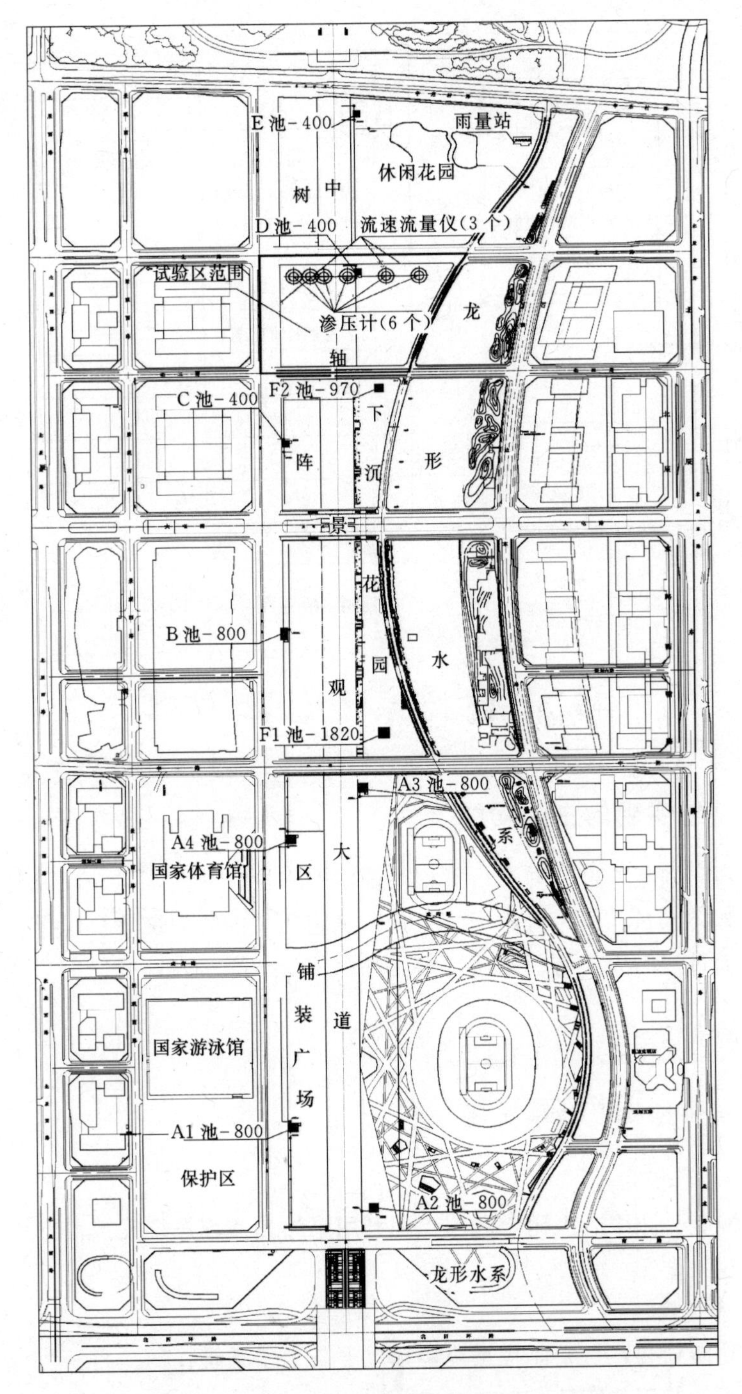

图5.2 奥运中心区雨水池及监控设施分布图

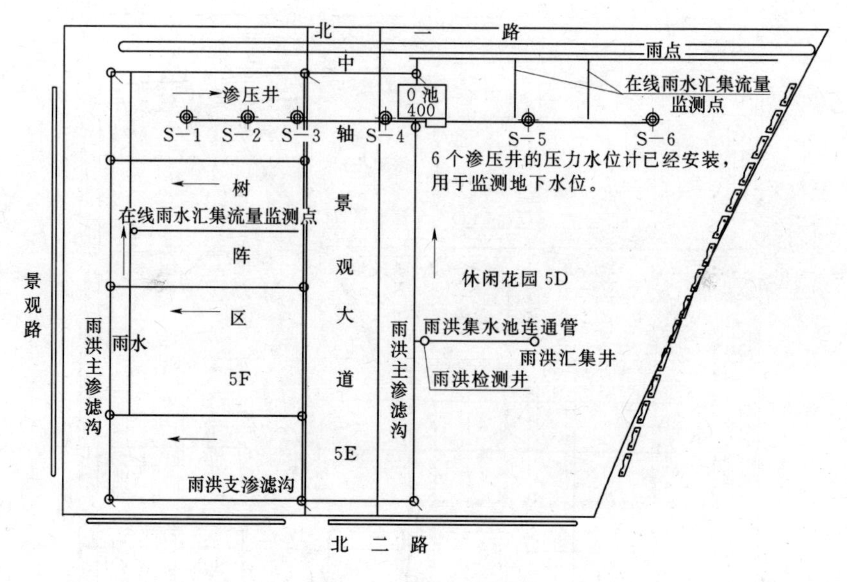

图 5.3 实验区布置图

5.3 监控系统总体方案

5.3.1 系统实现的主要功能

(1) 实时采集、监测并分析工程范围内的水位、外排水量、雨量等数据，根据水位、外排水量、雨量等数据的变化，确定相关的数据统计及运行维护工作。

(2) 通过定时人工进行水质、渗压井水位的数据抄表，并完成后台的数据录入及分析。

(3) 在监控中心建立后台监控系统。

5.3.2 系统结构及功能范围

1. 系统结构

奥林匹克公园中心区雨水利用工程利用泵站的监控系统完成前端设备的采集及数据传输工作。

2. 功能范围

按照功能划分，自动监控系统包括以下5个子系统：

(1) 雨量监测与统计。

(2) 雨洪集水池水深的监测与统计。

（3）下沉花园雨洪沟及排水泵站前池水深的监测与统计。

（4）6个渗压井水位的监测与统计。

（5）雨洪泵站用水量（记录泵站前池水位）的监测与统计。

3. 数据传输

由于泵站的监控系统提供的数据接口方式有限，因此若系统部分设备因接口问题无法接入监控系统，则应根据情况设置相应的协议转换器，将需采集的数据转换为监控可采集并传输的信号。

5.4 水量监测系统

5.4.1 天然降雨水量监测

在6D地块的水处理机房屋顶设1台自记式雨量计（即雨量传感器）（见图5.4），监测中心区的降雨量，其数据用于雨洪利用系统的参考分析。

1. 翻斗式雨量传感器

中心区雨洪利用监控系统选用的翻斗式雨量传感器（JDZ02—1型）分辨率为0.2mm，适用于防洪、供水调度、电站水库水情管理为目的水文自动测报系统、自动野外测报站。

图5.4 中心区6D处水处理机房顶安装的雨量计

2. 主要技术指标

（1）型号：JDZ02—1。

（2）承雨口内径：200mm。

（3）仪器分辨力：0.2mm。

（4）降雨强度测量范围：0.01～4mm/min。

(5) 翻斗计量误差：≤±4%。

(6) 输出信号方式：磁钢—干簧管式接点开关通断信号。

(7) 开关接点水量：DC U≤12V，I≤120mA。

(8) 工作环境温度：－10～50℃。

3. 数据采集、传输和接收方式

雨量数据通过MSP430A采集终端进行采集，并通过GPRS传输设备传输至存储器（SIM卡），最后通过接收装置和采集软件TeleMeterForGPRS将数据转入采集终端并进行保存。其中，有雨量数据时每5min传输一次；无雨情况下，每20min发送一次信号连接信息“connected sure”，表明信号传输正常。若要退出监测系统，请先停止监测，然后输入口令和密码退出系统。

4. 数据分析

采用雨量数据监测软件进行数据分析，可自动生成雨量柱状图，并突出记录特征值（如5min最大雨强），如图5.5所示。

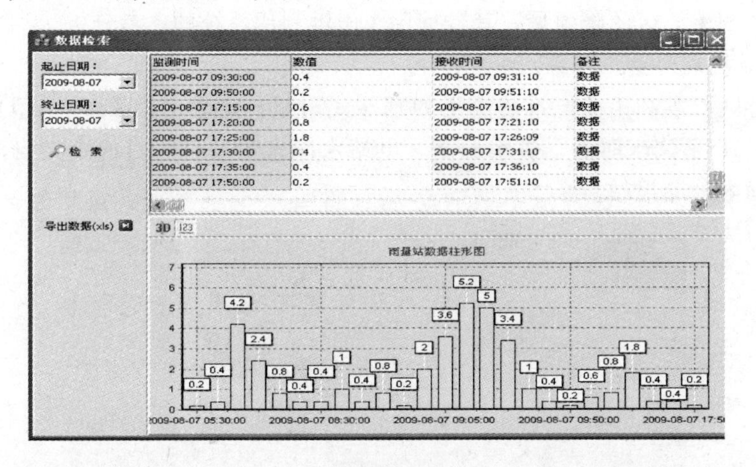

图5.5　雨量站数据柱状图

若降雨为阵雨，则降雨间隙不计入降雨或产流时间，在累计时间时应该将这段时间予以扣除，但需要在备注栏准确记录降雨间隙的开始时间与结束时间。

5.4.2 雨洪利用集水池和下沉花园外排水量监测

在雨洪利用集水池和下沉花园排水泵站前池内设有压力式水位计，如图5.6和图5.7所示，水位数据通过模拟量接口直接传输到后台监控系统中（见图5.8），水位数据每间隔5min记录一次，记录每天的水深变化，池子的底面积是固定值，通过自动测出的水深利用两者之乘积求得每个集水池收集的水量。通过系统编程，利用自动测出的数据和已有数据取得实时水深和储水量，并自动形成表格储存，最后自动统计出每月、每年水池收集雨水量的数据，并利用表格和直方图的形式表现出来。

图 5.6　水位计探头

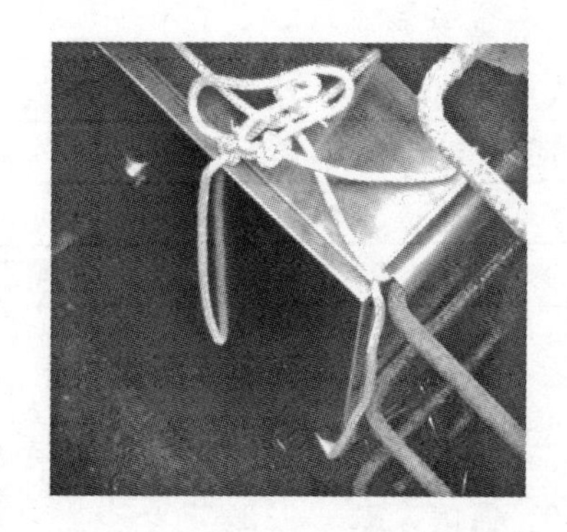
图 5.7　水位计机箱

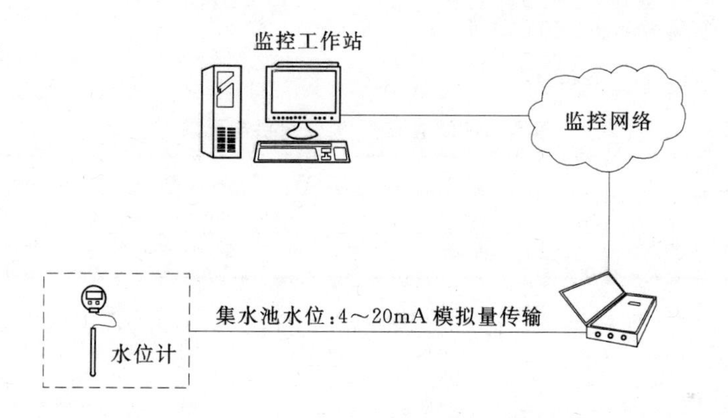

图 5.8　集水池水位计数据传输简图

5.4.3　实验区外排水量监测

图 5.9　多普勒在线式流速/流量仪

实验区位于大屯北路和科荟南路之间，总面积 8.56hm²，分别在 5D、5E、5F 地块的 3 个外排雨水检查井管道内安装了多普勒在线式流速/流量仪，以监测实验区的外排水量。

1. 系统组成

在 5D、5E、5F 地块的 3 个外排雨水检查井的雨水管道内安装多普勒在线式流速/流量仪（见图 5.9），定期人工采集外排数据，其数据用于雨洪利用系统的外排水量统计和分析。该系统主要由超声波流速水位综合测量仪、电源、不锈钢板、夹具及钢板连接器组成。

2. 设备功能

(1) 同时测量：流速、瞬时流量、累积流量、水深、水温，+100K存储，可长时间自动记录。

(2) 尺寸：200mm（长）×70mm（宽）×25mm（高）。

(3) 重量：850g（包含15m电缆重2kg）。

(4) 材料：PVC材质，不锈钢支架，电缆：15m，9孔通气型，SQL兼容。

(5) 数据存储器：100KB，记录周期：可设定为5s～1周，如记录3个基本参数，5min间隔，该设备可以固态采集存储40天的数据。

(6) 通信：RS—232，300～38400bps。

(7) 计算参数：流速，流量，总水流。

(8) 工作温度：0～60℃水温。

(9) 电源：外部电池12V DC。

表5.1　多普勒在线式流速/流量仪供电要求

12V电池容量	扫描频率		
	5min	1min	15s
12Ah	375d	74d	19d

(10) 流速：21～4500mm/s；双向测量；分辨率：1mm/s，精度：测量流速的±2%。

(11) 水深范围：0～5m；分辨率：0～2.5m时为2.5mm；2.5～5m时为5mm；精度：±0.25%。

(12) 温度量程：-17～60℃；分辨率：0.1℃。

(13) 流量计算：流程率，总流量。

(14) 水道类型：管道（圆管、蛋形管或其它异形管），明渠，自然河流等。

3. 安装方式

首先量取管道的周长，然后在地面上按照量取的管道周长将钢板连接器及夹具连接在不锈钢钢板上，要保证钢板在夹具的支撑作用下紧贴管道内壁，防止滑脱。另外，需将连接器的位置调整到管道的正下方，目的是保证流速流量仪能监测到较小的水流。具体安装方式如图5.10所示。

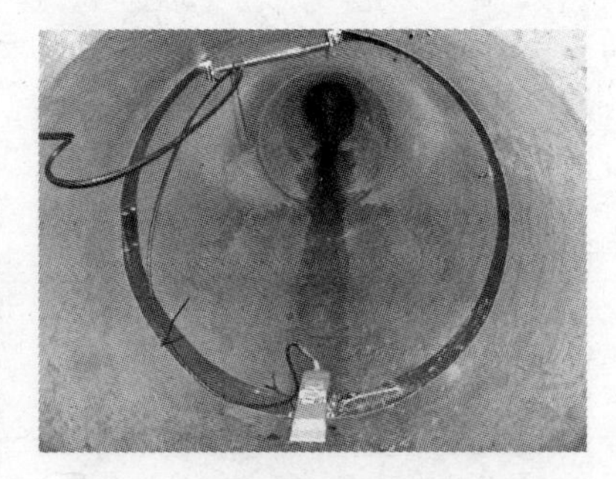

图5.10　多普勒在线式流速/流量仪安装图

4. 数据采集方式

数据采集采用定时人工采集数据的方式，由于电池电量有限，因此采样间隔时间最好不要超过 20 天。值得指出的是：在不同管径的渠道中测量时需首先通过 Recorder V2.00 软件把管道的直径设置好，数据采集频率也设置好并提交修改。采集数据时把仪器自带的数据线与电脑的 RS232 串口相连，通过 Recorder V2.00 软件将储存的数据传输到电脑里。数据内容包括水深、流速、水温、电池电量、流量。

最后将采集所得数据输入后台监控终端进行统计分析，采集所得数据格式为 Excel 数据形式，可直接进行运算。

5.4.4 地下水位动态监测

为观测雨水下渗后地下水位的变化情况，在地块 5D 内的泵站 P－2 附近设置了 6 处渗压井（渗压井位于 5F 和 5D 之间），如图 5.11～图 5.13 所示。井深 20m，每月均对 6 个渗压井水位的变化进行监测，并形成表格和一年内水位变化的折线图，以观察地下水位的变化情况。其监测表格形式见表 5.2。

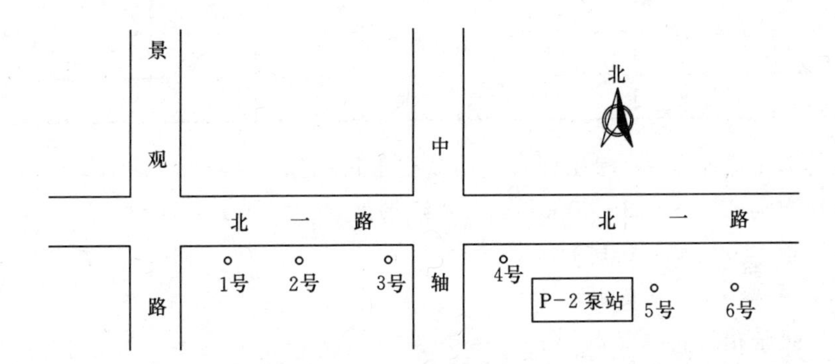

图 5.11　渗压井位置示意图

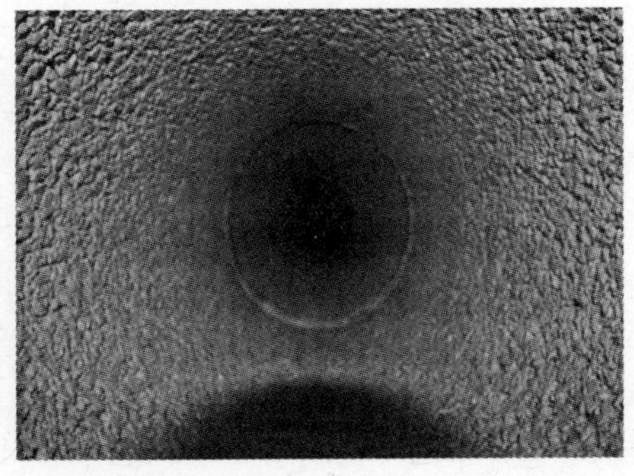

图 5.12　渗压井结构图

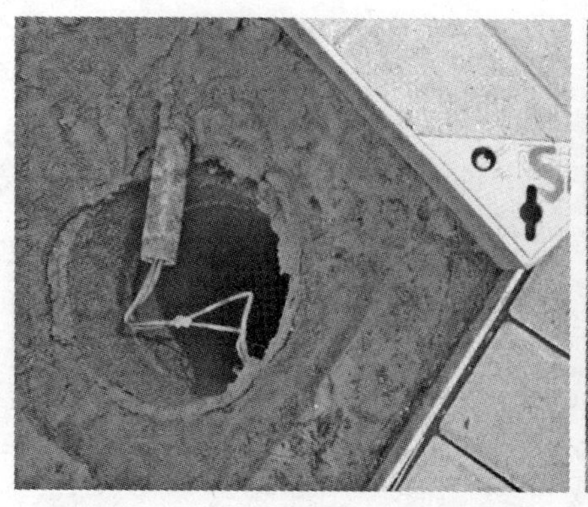

图 5.13　渗压井现状图

表 5.2　　渗压井水位记录表

序　号	日　　期	5F、5E、5D区渗压井水位（m）					
		SYJ—1号	SYJ—2号	SYJ—3号	SYJ—4号	SYJ—5号	SYJ—6号
0	井口标高	44.099	44.189	44.351	44.259	44.415	45.47
1	年　月　日						
2	年　月　日						
3	年　月　日						

设备选用基康 BGK 渗压计，其相关技术指标如下：

（1）激励范围：400～6000Hz，5V 矩形波。

（2）频率分辨率：0.01Hz。

（3）频率精度：0.05Hz。

（4）时基精度：0.0025％。

（5）测量范围：－50～150℃。

（6）温度分辨率：0.1℃。

（7）温度精度：0.1％F·S。

（8）存储能力：2000 组。

（9）通信接口：RS232/RS485。

（10）箱体尺寸：166mm（长）×126mm（宽）×136mm（高）。

（11）重量：1.5kg。

（12）工作温度：－10～50℃。

（13）电池：7.2V/4Ah 锂电池。

（14）连续工作时间：＞24h。

（15）功耗：≤1.5W。

5.4.5 水量监测结果分析

5.4.5.1 雨量监测结果

奥林匹克公园中心区 2009 年及 2010 年的降雨监测结果见表 5.3。2009 年 6 月 8 日～11 月 3 日监测的降雨量为 412.7mm，2010 年 3 月 24 日～10 月 24 日监测的降雨量为 325.2mm。

表 5.3　　奥林匹克公园中心区 2009 年及 2010 年降雨监测结果

日期（年-月-日）	开始时间（时：分）	结束时间（时：分）	雨量（mm）	日期（年-月-日）	开始时间（时：分）	结束时间（时：分）	雨量（mm）
2009-06-08	5：20	17：00	27.5	2010-03-24	19：00	23：00	10.8
2009-06-16	10：20	12：20	13	2010-04-05	18：00	20：00	2.6
2009-06-17	0：45	3：30	0.6	2010-04-11	6：00	12：00	2.3
2009-06-18	19：05	21：05	3.6	2010-04-22	6：00	13：00	7
2009-07-05	20：20	20：45	5.4	2010-4-25	16：00	0：00	14.8
2009-07-10	18：40	18：50	0.4	2010-05-04	17：30	0：00	3.3
2009-07-11	22：50	23：45	0.4	2010-05-08	18：00	22：00	6.5
2009-07-12	0：00	21：30	9	2010-05-16	8：00	18：00	2.1
2009-07-13	11：30	20：35	6.4	2010-05-19	1：00	9：00	7.4
2009-07-14	2：10	2：45	0.8	2010-05-18	15：00	16：00	4.7
2009-07-17	5：50	15：20	34.6	2010-05-27	12：00	0：00	5
2009-07-20	2：05	3：40	3	2010-05-28	0：00	7：00	4.6
2009-07-22	17：05	17：30	22.4	2010-05-30	8：00	20：00	2.4
2009-07-23	16：00	20：45	16.8	2010-05-31	19：30	0：00	1.5
2009-07-24	14：45	17：40	4.6	2010-06-01	18：30	23：30	6.9
2009-07-28	8：10	9：30	7	2010-06-10	4：00	8：00	1.6
2009-07-29	22：20	22：50	0.6	2010-06-12	22：00	0：00	1.5
2009-07-30	10：45	23：55	13.8	2010-06-13	9：00	23：00	5.6
2009-07-31	0：00	3：50	6	2010-06-16	18：45	0：00	4.7
2009-08-01	2：20	19：40	43.4	2010-06-17	7：00	12：00	4.3
2009-08-07	5：30	17：50	36.2	2010-07-01	9：55	13：50	7.4
2009-08-08	7：20	8：40	13.6	2010-07-09	18：00	5：00	67.6
2009-08-09	14：45	16：05	48	2010-07-11	22：00	0：00	4.2
2009-08-16	12：35	12：45	2.8	2010-07-15	11：30	17：00	3.7
2009-08-17	1：20	12：25	4	2010-07-16	21：15	22：00	1.1
2009-08-19	2：30	11：15	15	2010-07-17	22：30	23：22	2.4
2009-09-03	8：55	23：20	1.4	2010-07-19	14：00	3：00	6
2009-09-04	0：40	16：40	3.4	2010-07-30	6：45	9：00	0.5
2009-09-06	0：15	21：10	7.8	2010-08-04	11：15	16：00	18.7
2009-09-07	3：30	8：05	2.4	2010-08-07	8：30	1：20	2.9
2009-09-20	3：15	6：50	1.2	2010-08-11	10：00	12：00	0.3
2009-09-26	4：00	8：15	7.4	2010-08-18	17：00	3：00	12.6
2009-09-30	21：55	23：30	1.6	2010-08-21	3：30	18：00	14.7
2009-10-01	1：05	1：45	0.8	2010-09-01	0：00	8：00	0.8
2009-10-30	17：05	22：35	7	2010-09-03	0：00	18：00	0.7
2009-10-31	22：35	23：55	2.6	2010-09-16	17：00	20：00	12
2009-11-01	0：00	17：20	10.6	2010-09-17	3：00	9：00	8
2009-11-02	9：10	15：45	7.8	2010-09-18	6：00	12：00	8.6
2009-11-10	9：45	16：45	9.2	2010-09-20	17：00	8：00	18.9
2009-11-11	9：30	17：25	3	2010-10-01	8：00	0：00	1.7
2009-11-13	12：20	22：50	7.6	2010-10-10	15：00	0：00	25.3
				2010-10-18	12：00	0：00	4.7
				2010-10-24	0：00	15：00	2.8
合计			412.7				325.2

5.4.5.2 雨水收集回用量

雨洪集水池收集水量由池子内底面积和实时监测的水深计算得到。从2009年6月开始对各集水池水深进行监测，水位随着降雨的发生出现波动，最高水位时对应水量视为集水池2009年雨洪利用量，全年共收集水量5063m³，详见表5-4。

表5-4　　雨洪集水池2009年收集水量记录

序号	名称	底面积（m²）	最高池深（m）	最大容积（m³）	记录数据					各集水池年雨水收集量（m³）
1	雨洪集水池A1池	287.6	2.8	805.2	日期（月-日）	06-15	08-18	09-07	10-23	681.6
					水深（m）	0.12	2.37	2.37	2.37	
					水量（m³）	28.7	681.6	681.6	681.6	
2	雨洪集水池A2池	287.6	2.8	805.2	日期（月-日）	06-15	08-18	09-07	10-23	652.8
					水深（m）	0.13	2.27	2.27	2.27	
					水量（m³）	28.7	652.8	652.8	652.8	
3	雨洪集水池A3池	287.6	2.8	805.2	日期（月-日）	06-15	08-18	09-07	10-23	704.6
					水深（m）	0.11	2.43	2.45	2.45	
					水量（m³）	28.7	698.9	704.6	704.6	
4	雨洪集水池A4池	287.6	2.8	805.2	日期（月-日）	06-15	08-18	09-07	10-23	733.4
					水深（m）	0.12	2.55	2.55	2.55	
					水量（m³）	28.7	733.4	733.4	733.4	
5	雨洪集水池B池	285.9	2.8	800.5	日期（月-日）	06-15	08-18	09-07	10-23	609.0
					水深（m）	0.08	2.13	2.13	2.13	
					水量（m³）	22.9	609.0	609.0	609.0	
6	雨洪集水池C池	143.4	2.8	401.4	日期（月-日）	06-15	08-18	09-07	10-23	259.6
					水深（m）	0.14	1.81	1.81	1.81	
					水量（m³）	20.1	259.6	259.6	259.6	
7	雨洪集水池D池	143.4	2.8	401.4	日期（月-日）	06-12	08-18	09-07	10-23	87.5
					水深（m）	0.06	0.58	0.59	0.61	
					水量（m³）	8.6	83.2	84.6	87.5	
8	雨洪集水池E池	143.4	2.8	401.4	日期（月-日）	06-15	08-18	09-07	10-23	263.9
					水深（m）	0.12	1.84	1.84	1.84	
					水量（m³）	17.2	263.9	263.9	263.9	
小计				5225						3992.4

续表

序号	名称	底面积（m^2）	最高池深（m）	最大容积（m^3）	记录数据					各集水池年雨水收集量（m^3）
9	下沉花园雨洪集水池F1池	477.1	3.82	1823	日期（月-日）	06-15	08-18	09-07	10-23	577.3
					水深（m）	0.21	1.21	1.21	1.21	
					水量（m^3）	100.2	577.3	577.3	577.3	
10	下沉花园雨洪集F2池	237.7	4.09	972	日期（月-日）	06-15	08-18	09-07	10-23	339.9
					水深（m）	0.17	1.43	1.43	1.43	
					水量（m^3）	40.4	339.9	339.9	339.9	
11	下沉花园排水泵站前池	284	4.39	1246	日期（月-日）	06-15	08-18	09-07	10-23	153.4
					水深（m）	0.21	0.54	0.54	0.54	
					水量（m^3）	59.64	153.36	153.36	153.36	

截至2009年汛期结束，由于D池所在区域下垫面中透水铺装及绿地所占比例较其它各集水池大，因此D池水位较浅，而由于场区配套设施尚未健全，集水池内的存水没有得到充分利用，因此各水池水位均呈现上升趋势。

基于该情况，建议尽快配套水池雨水利用设施，平时绿化和冲洗广场用水优先使用集水池内的存水，以增加调蓄利用水量，并提高集水池的使用效率，同时减少自来水用量。

5.4.5.3 实验区监测外排水量与径流系数

1. 实验区外排水量

通过实验区安装的流速流量仪观测到实验区2009年共有4场降雨发生外排，分别发生在7月17日、8月1日、8月7日和8月9日，实验区设置了V1、V2和V3共3个外排口，每个外排口都安装了流速/流量仪，总外排水量为3个外排口的数据之和。实验区降雨实测外排水量见表5.5，总排水量为1103m^3。

表5.5　试验区外排水量记录

序号	记录数据					
1	外排水量（m^3）	日期（年-月-日）	2009-07-17	2009-08-01	2009-08-07	2009-08-09
		V1	65	159	71	126
		V2	44	148	59	214
		V3	38	52	40	87
2	合计		147	359	170	427

实验区不同下垫面面积比例为：透水铺装占31.9%，非透水铺装占19.9%，下凹绿地占21%，收水沟占0.2%，树池占1.9%，其它占25%，详见表5.6。

表5.6　　试验区不同下垫面面积分配比例

序　号	下垫面类型	面　积（m^2）	面积比例（%）
1	透水铺装	27304	31.9
2	非透水铺装	17053	19.9
3	下凹绿地	18000	21.0
4	收水沟	181	0.2
5	树池	1664	1.9
6	其它	21398	25.0
合计		85600	100

2. 实验区径流系数

实验区2009年发生外排的4场降雨的雨量分别为36.4mm、43.2mm、36.2mm和48mm，降雨历时分别为6h、3h10min、2h20min和1h20min，最大达到2年一遇的标准。实验区有监测记录的降雨量和外排量结果表明：4场降雨的外排径流系数分别为0.05、0.097、0.055和0.104，均满足设计要求。具体结果见表5.7。

表5.7　　2009年实验区有外排的场降雨量与外排量

序号	日期（年-月-日）	降雨量（mm）	降雨起止时间		外排量（m^3）	外排径流系数
			时：分	时：分		
1	2009-07-17	36.4	5：50	15：20	147	0.05
2	2009-08-01	43.2	16：30	19：40	359	0.097
3	2009-08-07	36.2	5：30	17：50	170	0.055
4	2009-08-09	48.0	14：45	16：05	427	0.104
5	合计	163.8			1103	

5.4.5.4　外排径流系数理论值

区域的理论综合径流系数为各类下垫面的径流系数与对应下垫面面积乘积的总和与总面积的比值。根据奥林匹克公园中心区及试验区各类下垫面的面积以及雨水利用措施实施情况，选取不同下垫面的径流系数（见表5.8）。经过计算，实验区的理论综合径流系数为0.344，整个奥林匹克公园中心区的理论综合径流系数为0.221。

表 5.8　　奥林匹克公园中心区考虑雨水利用后的径流量计算参数

序　　号	下垫面类型	面　　积（m^2）		径流系数
		实验区	中心区	
1	透水铺装	27304	171600	0.2
2	不透水铺装	17053	191300	0.4
3	绿地	18000	226400	0.05
4	水系	0	164700	0
5	其它	23243	93000	0.7
合计		85600	847000	

奥林匹克公园中心区若不做雨洪利用设施，根据奥林匹克公园中心区不同下垫面面积及其径流系数（见表 5.9），以下垫面不透水铺装面积占 54%、绿地面积占 27%计，奥林匹克公园中心区综合径流系数为 0.418。可见，实施雨洪利用设施后，整个奥林匹克公园中心区的汛期平均径流系数可从 0.418 减小到 0.221，削峰减排效果非常明显。

表 5.9　　奥林匹克公园中心区不考虑雨水利用的径流量计算参数

名　　称	面　　积	径　流　系　数
绿地（hm^2）	22.64	0.15
不透水铺装（hm^2）	45.59	0.7
水系（hm^2）	16.47	0
合计（hm^2）	84.7	

5.4.5.5　汛期年径流量理论值

奥林匹克公园中心区若不做雨洪利用设施，根据奥林匹克公园中心区面积及其计算外排的径流系数理论值，计算得到奥林匹克公园中心区多年平均汛期径流量为 176049m^3。

根据奥林匹克公园中心区实施雨洪利用设施后的径流系数理论值，计算得到实施雨洪利用措施后奥林匹克公园中心区多年平均汛期径流量为 93079m^3。

5.4.5.6　实际外排水量

由于设备等方面的限制，没有对整个奥林匹克公园中心区全部外排水量进行监测，只能根据实验区的监测水量考虑面积和下垫面的相似性估算奥林匹克公园中心区的外排水量。由前面理论分析可知，奥林匹克公园中心区综合径流系数与实验区综合径流系数的比值为 0.642，以此将实验区产流的 4 场降雨的径流系数折算到中心区的径流系数见表 5.10，然后再估算每场降雨中心区整体的外排量，相加即得到 2009 年中心区外排水量的估算值，即 7065m^3。从表 5.10 可看出，4 场降雨中心区的外排径流系数分别为 0.032、0.062，0.035 和 0.067，均满足外排径流系数的设计标准要求。

表 5.10　　整个中心区的外排径流系数计算表

序号	日期 （年-月-日）	降雨量 （mm）	降雨级别	外排径流系数	外排量 （m^3）
1	2009-07-17	36.4	1年一遇	0.032	990
2	2009-08-01	43.2	2年一遇	0.062	2279
3	2009-08-07	36.2	2年一遇	0.035	1083
4	2009-08-09	48.0	2年一遇	0.067	2715
5	合计	163.8			7065

5.4.5.7　减少雨水外排量

奥林匹克公园中心区实施雨洪利用设施后减少雨水外排量为：建设后不采取雨洪利用的理论排水量与采取雨洪利用的理论外排水量之差，即为82970.6m^3。

根据实验区观测数据，推算奥林匹克公园中心区2009年的外排水量为7065m^3。若不采取雨水利用措施，按照6～9月降雨量364mm、理论综合径流系数0.418计算，2009年汛期理论外排水量为128873m^3。因此2009年奥林匹克公园中心区减少雨水外排量为121808m^3，其中增加入渗量为116745m^3。

5.5　水质监测系统

5.5.1　水质监测

将所选取的雨水径流水样送至位于北京市海淀区上庄镇的北京市水环境监测中心海淀分中心实验室进行检测，水质项目的分析均采用国家标准方法进行检测。另外，用到的水质检测仪器还有DR890多参数水质分析仪以及DBR200消解器、BODTrak分析仪、生化培养箱（恒温保存测BOD的水样）等。仪器实物如图5.14～图5.16所示。各水样指标的检测依据见表5.11。

图5.14　DBR200消解器、DR890分析仪

图5-15　BODTrak分析仪

图 5-16　生化培养箱

表 5.11　检测项目及方法依据

序号	检测项目	检测依据
1	pH 值	GB/T 6920—1986
2	化学需氧量	EPA 410.4
3	生化需氧量	GB/T 7488—1987
4	总磷	GB/T 11893—1989
5	总氮	GB/T 11894—1989
6	氨氮	GB/T 7479—1987
7	悬浮物	GB/T 11901—1989
8	色度	GB/T 5750.4—2006
9	浊度	GB/T 13200

5.5.2　水质监测结果

5.5.2.1　天然降水水质监测结果

为了掌握天然降水的水质情况，每当降雨时都对收集到的天然降水进行采样和水质检测，检测指标主要包括 pH 值、SS、BOD_5、COD、TN、TP、NH_3-N、色度、浊度，结果见表 5.12。

表 5.12　天然降水水质检测结果

序号	检测日期（年-月-日）	pH 值	悬浮物（SS）(mg/L)	化学需氧量（COD）(mg/L)	五日生化需氧量（BOD_5）(mg/L)	总氮 (mg/L)	总磷 (mg/L)	氨氮 (mg/L)	色度（度）	浊度 (NTU)
1	城市绿化限值	6～9	—	—	≤20	—	—	≤10	≤30	≤10
2	景观用水	6～9	≤20	≤40	≤10	—	≤1	≤5	5	30
3	Ⅲ类水限值	6～9	—	≤20	≤4	≤1	≤0.2	≤1	—	—
4	2009-07-17	7.13	8	22.1	5.7	1.86	0.095	1.12	16.5	2.78
5	2009-08-07	7.06	9	26.2	6.82	2.11	0.115	1.28	19.4	3.4
6	2009-09-04	7.2	12	38	9.82	3.1	0.167	1.87	28	4.8

通过对表 5.12 中的数据进行对比可以发现，天然降水的水质满足城市绿化用水标准和景观用水标准（除色度外），但还未能达到Ⅲ类水水质指标的标准，其中只有 TP 含量未超过地表Ⅲ类水指标限值，pH 值、氨氮、COD、BOD_5 和

TN 含量均有一场或几场降雨超过了Ⅲ类水指标限值。

5.5.2.2 不透水铺装地表径流水质监测结果

为了检验地表径流的水质情况，每当降雨产生地面径流时都对地表径流进行取样检测，检测指标主要包括 pH 值、SS、NH_3—N、TN、TP、BOD_5、COD、色度、浊度，结果见表 5.13。

表 5.13　不透水铺装地表径流水质检测结果

次序	检测日期（年-月-日）		pH 值	悬浮物（SS）(mg/L)	化学需氧量（COD）(mg/L)	五日生化需氧量（BOD_5）(mg/L)	总氮 (mg/L)	总磷 (mg/L)	氨氮 (mg/L)	色度（度）	浊度 (NTU)
1	城市绿化限值		6～9	—	—	≤20	—	—	≤20	≤30	≤10
2	景观用水限值		6～9	≤20	≤40	≤10	—	≤1	≤5	5	30
3	2009-07-17	3min	7.1	43	66.6	13.31	2.35	0.19	0.64	35	18.06
		10min	7.03	32	55.64	11.13	1.57	0.16	0.43	28	10.15
		15min	7.16	28	39.1	7.8	1.31	0.13	0.36	18	5.50
		30min	7.3	20	31	5.47	1.16	0.11	0.33	15	3.28
		60min	7.36	16	27	4.54	1.06	0.10	0.30	12	2.52
		90min	7.4	13	26.1	4.29	1.01	0.10	0.29	10	2.37
		120min	7.42	10	26	4.2	1.00	0.10	0.28	9	2.33
4	2009-08-07	3min	7.02	54	83.2	16.64	2.94	0.222	0.801	41	21.00
		10min	6.93	41	69.55	13.91	1.96	0.197	0.534	32	11.80
		15min	7.06	26	49	9.78	1.64	0.16	0.43	21	6.40
		30min	7.34	19	37.96	6.45	1.45	0.14	0.41	17	3.81
		60min	7.58	14	33.41	5.50	1.33	0.12	0.363	14	2.93
		90min	7.64	13	32.63	4.92	1.26	0.12	0.34	12	2.76
		120min	7.65	11	32.5	4.9	1.23	0.11	0.33	11	2.71
5	2009-09-04	3min	7.12	126	178.1	37.4	3.53	0.27	0.96	57	29.40
		10min	7.06	87	127.4	26.75	2.45	0.24	0.64	45	16.52
		15min	7.42	61	97.5	20.5	2.06	0.20	0.51	29	8.96
		30min	7.62	47	76.18	13.11	1.74	0.17	0.47	24	5.33
		60min	7.57	30	51.22	9.2	1.60	0.15	0.44	20	4.10
		90min	7.58	26	49.8	6.62	1.57	0.14	0.41	17	3.86
		120min	7.61	24	49.0	6.6	1.55	0.14	0.40	15	3.79

通过对表 5.13 中数据的分析发现，不透水铺装地表初期径流各污染物指标

含量随径流历时的延长呈下降趋势，且污染物主要集中在最初的30min径流时间内，30min以后各指标的含量基本呈现较平稳的状态，且能满足城市绿化用水的要求，除色度外其余指标均满足景观用水要求。

5.5.2.3 绿地径流水质监测结果

为了检验绿地地表径流的水质情况，每当降雨绿地地表产生径流时都对绿地地表径流进行取样检测，检测指标主要包括pH值、SS、NH_3—N、TN、TP、BOD_5、COD、色度、浊度，结果见表5.14。

表5.14 绿地径流水质检测结果

次序	检测日期（年-月-日）		pH值	悬浮物（SS）(mg/L)	化学需氧量（COD）(mg/L)	五日生化需氧量（BOD_5）(mg/L)	总氮(mg/L)	总磷(mg/L)	氨氮(mg/L)	色度（度）	浊度(NTU)
1	城市绿化限值		6～9	—	—	≤20	—	—	≤20	≤30	≤10
2	景观用水限值		6～9	≤20	≤40	≤10	—	≤1	≤5	5	30
3	2009-07-17	3min	7.35	35	51.2	10.2	3.53	0.29	0.96	57	30.70
		10min	7.64	26	42.8	8.6	2.40	0.24	0.65	44	17.30
		15min	7.52	22	30.1	6.0	1.95	0.19	0.54	29	9.36
		30min	7.57	16	23.4	4.2	1.74	0.17	0.48	23	5.60
		60min	7.61	13	20.6	3.5	1.62	0.14	0.45	19	4.28
		90min	7.63	11	20.1	3.3	1.52	0.15	0.44	17	4.20
		120min	7.64	10	20.0	3.22	1.50	0.15	0.43	16	4.00
4	2009-08-07	3min	7.14	43	64	12.8	4.41	0.33	1.23	66	35.70
		10min	7.06	34	53.5	10.7	2.94	0.30	0.84	51	20.06
		15min	7.01	22	37.6	7.52	2.46	0.24	0.64	34	11.01
		30min	6.93	15	29.2	4.96	2.18	0.21	0.62	27	6.48
		60min	7.03	11	25.7	4.37	2.00	0.18	0.54	22	4.78
		90min	7.05	10	25.1	3.77	1.90	0.18	0.52	19	4.69
		120min	7.06	9	25	3.75	1.85	0.17	0.51	19	4.61

通过对表5.14中数据的分析发现，绿地地表初期径流各污染物指标含量随径流历时的延长呈下降趋势，且污染物主要集中在最初的30min径流时间内，30min以后各指标的含量基本呈现较平稳的状态，且能满足城市绿化用水的要求，除色度外其余指标均满足景观用水要求。

5.5.2.4 地表径流水质特性分析

从表5.13和表5.14中可以看出，不透水铺装和绿地地表径流的水质特性如下：

(1) 随径流历时的延长，雨水径流各污染物浓度逐渐下降趋势，虽然受降雨强度等因素影响导致水质有些波动，但波动幅度不大并最终趋于稳定。

1) pH值随时间的变化规律。在监测的3场降雨中，pH值随降雨历时的延长呈小幅度波动无明显规律，且都能满足城市绿化用水水质指标限值要求。

2) 悬浮物(SS)含量随时间的变化规律。在监测的3场降雨中，不透水铺装及绿地地表径流悬浮物含量都在降雨径流形成初期最大，随着降雨历时延长，整体呈下降趋势，个别点虽有波动但幅度不大，最终均可满足城市绿化用水水质指标限值要求。

3) 污染物(COD)含量随时间的变化规律。在监测的3场降雨中，不透水铺装及绿地地表径流COD含量都在降雨径流形成初期最大，随着降雨历时延长，基本都呈下降趋势，最终均可满足城市绿化用水水质指标限值要求。

4) BOD含量随时间的变化规律。在监测的3场降雨中，不透水铺装及绿地地表径流BOD含量都在降雨径流形成初期最大，随着时间延长，其BOD_5值基本都呈下降趋势，最终均可满足城市绿化用水水质指标限值要求。

5) TN、TP、氨氮含量随时间的变化规律。在监测的3场降雨中，不透水铺装及绿地地表径流TN、TP、氨氮含量都在降雨径流形成初期最大，随着时间延长，基本都呈下降趋势，最终均可满足城市绿化用水水质指标限值要求。

6) 色度、浊度值随时间的变化规律。在监测的3场降雨中，不透水铺装及绿地地表径流色度、浊度值在降雨初期最大，随降雨历时的延长基本都呈下降趋势，最终均可满足城市绿化用水水质指标限值要求。

(2) 不透水铺装和绿地地表径流各污染物指标不同时段的削减率随着时间增长不断增大，在降雨1h后削减率变化幅度相对比较稳定，具体数值见表5.15。

表5.15 不透水铺装地表径流污染物各指标不同时段削减率 %

检查日期(年-月-日) \ 污染指标		悬浮物(SS)	化学需氧量(COD)	5日生化需氧量(BOD_5)	总氮(TN)	总磷(TP)	氨氮(NH_3)
2009-07-17	3min	0	0	0	0	0	0
	10min	25.6	16.4	16.4	33.3	17.1	33.3
	15min	34.9	41.3	41.3	44.2	32.0	43.8
	30min	53.5	53.4	58.9	50.7	41.1	48.8
	60min	62.8	59.4	65.9	54.8	47.4	53.2
	90min	69.8	60.8	67.8	57.0	47.4	54.7
	120min	76.7	60.9	68.6	57.5	47.4	56.3

续表

检查日期（年-月-日） \ 污染指标		悬浮物（SS）	化学需氧量（COD）	5日生化需氧量（BOD_5）	总氮（TN）	总磷（TP）	氨氮（NH_3）
2009-08-07	3min	0	0	0	0	0	0
	10min	24.1	16.4	16.4	33.3	11.3	33.3
	15min	51.9	41.1	41.3	44.2	27.2	46.7
	30min	64.8	54.4	61.2	50.7	36.9	48.8
	60min	74.1	59.8	66.9	54.8	45.9	54.7
	90min	75.9	60.8	70.4	57.0	45.9	56.9
	120min	79.6	60.9	70.7	58.2	50.3	59.1
2009-09-04	3min	0	0	0	0	0	0
	10min	31.0	28.5	28.5	30.6	11.3	33.3
	15min	51.6	45.3	45.3	41.6	24.9	46.7
	30min	62.7	57.2	64.9	50.7	36.9	51.1
	60min	76.2	71.2	75.3	4.8	43.7	54.7
	90min	79.4	72.0	82.3	55.5	45.9	56.9
	120min	81.0	72.5	82.4	56.1	47.4	58.4

由表5.15中数据可见，各污染物指标在径流初期削减率上升速度较快，在产流1h左右时削减率变化幅度相对比较稳定，各污染指标削减率在产流1h后基本稳定在一定范围内，而此时各污染物指标含量也基本稳定，且水质达到城市绿化用水和景观用水的标准。

（3）初期径流污染严重，尤其是最初15～30min形成的初期径流，其有机污染及悬浮固体污染较严重。若要对雨水径流进行处理利用，使雨水资源化，则应进行初期弃流，收集、处理利用降雨的中、后期径流，以达到降低雨水径流处理利用的目的。通过对2场降雨的降雨量与水质数据的分析，得出不透水铺装弃流平均深度为大雨4mm、小雨1.4mm。

（4）不同下垫面雨水径流水质污染程度不同，绿地径流水质优于不透水铺装地表径流水质，这是由于绿地面的植物及土壤对雨水中的污染物有净化作用，植物及土壤会截留部分悬浮物。车武、姜凌等的研究表明：土壤对雨水径流中难降解的COD有很强的去除能力。另外，路面由于行人和车辆（多为环保的电动游览车，机动车排放尾气和汽油等污染物相对较少）较多，行人丢弃的垃圾、扬尘、机动车运送物资的泄漏物和轮胎颗粒等污染物导致不透水路面的污染较严重。

降雨因素对径流水质的影响主要表现在以下方面：

1）降雨强度的影响。由大雨与小雨径流监测结果比较可见，径流水质随雨强的变化水质有些波动，由于大雨对污染物的冲刷、稀释和溶解等作用强，使得大雨径流水质优于小雨径流水质，且随着降雨历时增长，径流水质趋于稳定。大雨径流水质稳定快，小雨径流水质稳定慢。大雨的稳定水质相差不大，近于天然雨水水质。

降雨强度较大时，短时间内雨量也较大，冲刷作用比较强，固体及悬浮物质含量随降雨历时下降也很快，可以在短时间之内清除地面污染物。一般降雨强度大、降雨量多的时候对地面污染物的冲洗彻底，因此这个期间降雨径流的污染负荷也较高。

2）降雨间隔时间的影响。2009 年监测的 3 场降雨与其相邻前一场降雨间隔时间分别为 3 天、5 天和 15 天，通过对 3 场降雨径流的水质对比可得，当降雨间隔时间较短时，由于前一场降雨冲刷彻底，后一场降雨径流的污染负荷会有明显降低。

5.5.2.5 渗滤井水质监测结果

为了检验渗滤井回灌补充地下水的水质情况，每当降雨且渗滤井内有水时都对井内水体水质进行检测，检测指标主要包括 pH 值、氨氮、COD、BOD_5、色度、浊度，结果见表 5.16。

表 5.16　渗滤井水质检测结果

次序	检测日期 （年-月-日）	pH 值	氨氮 （mg/L）	COD （mg/L）	BOD_5 （mg/L）	色度 （度）	浊度 （NTU）
0	回灌地下水限值	6.5～8.5	≤0.2	≤15	≤4	≤15	≤5
1	2009-07-17	7.5	0.03	6.3	1.1	8	2.28
2	2009-08-07	7.15	0.08	10.8	1.9	11	3.57

通过对表 5.16 中的数据进行对比可以发现，渗滤井内水的主要水质指标均满足再生水用于回灌地下水水质指标的限值要求，其中以 pH 值和氨氮含量最优，COD 和色度最差，也表明经过自然净化处理后的雨水是较好的补充地下水的水源。

5.5.2.6 雨洪集水池水质监测结果

为了检验雨洪集水池存水的水质变化情况，汛期水池收水后每月对存水进行水质检测，检测指标主要包括 pH 值、悬浮物 SS、COD、BOD_5、TP、TN、NH_3—N、色度、浊度，结果见表 5.17～表 5.18。

表 5.17　　中心区雨洪利用工程 A1、A3、A4 集水池水质检测结果

检测指标	城市绿化限值	景观用水限值	2007 年 9 月 21 日	2008 年 11 月 21 日			2009 年 10 月 16 日		
			A4 池	A1 池	A3 池	A4 池	A1 池	A3 池	A4 池
pH 值	6～9	6～9	9	—	—	—	8.4	7.2	7.4
SS (mg/L)	—	≤20	≤5	3	<2	<2	9	7	7
COD (mg/L)	—	≤40	—	2.35	2.16	9.33	5.5	<4	6.2
BOD$_5$ (mg/L)	≤20	≤10	<2	<2	<2	<2	—	—	—
总氮 (mg/L)	—	—	1.21	4.04	2.97	3.82	5.46	4.31	4.55
总磷 (mg/L)	—	≤1	0.05	0.01	0.08	0.11	0.06	0.02	0.06
氨氮 (mg/L)	≤20	≤5	0.6	0.12	0.03	0.15	0.05	0.07	0.1
色度 (度)	≤30	5	5	—	—	—	—	—	—
浊度 (NTU)	≤10	30	2	—	—	—	—	—	—

表 5.18　　中心区雨洪利用工程 D、E、F2 集水池水质检测结果

检测指标	城市绿化限值	景观用水限值	2009 年 7 月 17 日	2009 年 8 月 7 日	2009 年 9 月 4 日	2008 年 11 月 21 日			2009 年 10 月 16 日		
			D 池			D 池	E 池	F2 池	D 池	E 池	F2 池
pH 值	6～9	6～9	7.5	6.91	7	—	—	8.4	8.1	—	8.4
SS (mg/L)	—	≤20	12	19	26	3	3	7	35	<2	37
COD (mg/L)	—	≤40	16	23.6	37	14.33	10.31	5.8	15.7	2.32	24.4
BOD$_5$ (mg/L)	≤20	≤10	3.1	3.9	6.84	<2	9.16	—	—	<2	—
总氮 (mg/L)	—	—	6.4	7.6	8.8	12.48	7.2	4.69	5.58	8.88	24.4
总磷 (mg/L)	—	≤1	0.172	0.262	0.262	0.77	0.03	0.25	0.17	0.26	0.04
氨氮 (mg/L)	≤20	≤5	0.129	0.138	0.163	0.16	6.05	0.08	0.08	<0.02	1.97
色度 (度)	≤30	5	15	19	26	—	—	—	—	—	—
浊度 (NTU)	≤10	30	2.35	4.6	6.04	—	—	—	—	—	—

通过对表 5.17、表 5.18 中的数据进行对比可知，各集水池水质均能达到城市绿化灌水指标限值要求，除色度外其余指标均能满足景观用水要求，但随着集水存储时间的增长，水体各污染物指标含量呈上升趋势（如连续监测的 D 池所示），因此，建议奥林匹克公园中心区内的绿化灌溉用水应优先使用集水池中的存水，以免水质变差，同时也可提高集水池的使用效率，增加奥林匹克公园中心区雨季可调蓄水量空间。

5.5.2.7　龙形水系水质监测结果

为了准确地分析工程实施的效果，并及时调整运行条件，从 2007 年 6 月 20 日开始，对龙形水系定期进行水质监测，基本为汛期内每月测一次，检测指标主要包括 pH 值、COD、BOD$_5$、TP、TN、NH_3—N，结果见表 5.19。

表 5.19　　龙形水系水质检测结果

次序	检测日期（年-月-日）	pH值	COD (mg/L)	BOD_5 (mg/L)	总氮 (mg/L)	总磷 (mg/L)	氨氮 (mg/L)
1	Ⅲ类水指标限值	6～9	≤20	≤4	≤1.0	≤0.2	≤1.0
2	2007-08-01	9.3	29	12	0.5	0.011	0.2
3	2007-09-01	9.0	9.42	2	0.58	<0.01	0.15
4	2007-10-17	7.1	8.52	<2	0.53	0.08	0.092
5	2008-03-17	7.5	8.13	<2	0.51	0.07	0.068
6	2008-05-12	7.6	2.62	<2	0.624	0.013	0.076
7	2008-08-08	—	14.88	<2	0.429	0.037	0.059
8	2008-08-08	—	19.24	<2	0.463	0.044	0.093
9	2008-09-01	8.6	—	<2	0.560	0.020	0.280
10	2008-09-04	8.4	—	<2	0.420	0.050	0.120
11	2009-07-17	6.3	14	2.9	0.81	0.083	0.376
12	2009-08-07	7.48	16	3	0.87	0.087	0.311
13	2009-09-04	7.52	18	3.3	0.91	0.156	0.36

通过对表5.19中的数据进行对比分析可知，pH值、COD和BOD_5指标含量在2007年8月初时均超过地表Ⅲ类水水质标准，表明水系中有机污染物过多，且$BOD_5/COD_{Cr}>0.3$，因此污水的可生化性较好。2007年9月～2009年9月龙形水系各主要指标均达到地表Ⅲ类水水质标准，特别是2008年各指标数据均比较稳定，且处于较低水平。

5.6 小　　结

（1）奥林匹克公园中心区在做了大量的雨洪利用设施以后效果显著。奥林匹克公园中心区综合径流系数由0.418减小为0.221，多年平均汛期径流量在实施雨洪利用设施后由176260m^3减少为93115m^3，雨洪控制利用量为82970m^3，效果非常明显。2009年奥林匹克公园中心区雨洪集水池全年共收集雨水量5063m^3，减少雨水外排量为121808m^3，其中增加入渗量为116745m^3。

（2）雨水径流各污染物浓度随径流历时的延长逐渐下降（虽然受降雨强弱等因素影响导致水质有些波动，但波动幅度不大），并最终趋于稳定。对不透水铺装和地表径流雨水各污染指标在降雨不同时段的削减率进行了分析，结果认为：降雨初期各污染指标削减率变化较大，在降雨1h左右时各污染指标削减率变化幅度相对比较稳定，各污染指标削减率在降雨后1h基本稳定在一定范围内。

（3）初期径流污染严重，尤其是最初15～30min形成的初期径流，其有机污染及悬浮固体污染较严重。若要对雨水径流进行处理利用，使雨水资源化，则应进行初期弃流，收集、处理利用降雨的中、后期径流，以达到降低雨水径流处理利用成本的目的。不透水铺装弃流平均深度为大雨4mm、小雨1.4mm。

(4) 雨水收集系统收水水质效果较好。雨水收集系统在收集雨水的同时对雨水进行了一定的净化（水系水质满足地表Ⅲ类水和再生水回用于景观水体的水质标准，集水池水质满足城市绿化用水的水质标准），避免了传统雨洪利用系统繁琐的水质处理步骤，并使工程投资和后期管理的运行费用大大减少。

第6章 雨水综合利用成套技术集成

为形成一套多功能雨洪调蓄与利用技术，支撑奥运场区雨水利用示范工程的建设，需要在前面几个专题研究的基础上，结合示范工程建设的实际需求，研发中心区非机动车道雨洪削减与径流污染控制技术、跨水系构筑物（跨水系桥）雨水综合利用技术、水系岸边绿地雨水利用技术，同时，将现有雨洪利用技术与这些技术进行集成，建立以削减外排水量和洪峰流量为核心，同时将净化回用、入渗补源、景观生态、防洪减灾等功能相结合的奥运场区雨洪综合利用技术体系，指导示范工程的设计、施工、维护、管理。

6.1 奥运中心场区非机动车道与跨水系构筑物雨水利用技术

6.1.1 中心区非机动车道雨洪削减与径流污染控制技术

为严格控制降雨径流系数增大、减少外排水量，涵养本地水资源，增加本地可供水量，奥林匹克公园中心区非机动车道铺装地面尽量采用透水铺装（中轴路及庆典广场除外）。中心区非机动车道总面积 36.29 万 hm^2，其中，透水铺装 17.16.29 万 hm^2，不透水铺装 19.13 万 hm^2，具体铺装形式见表 6.1。

表 6.1 中心区各种铺装类型汇总表

序 号	铺装分类	铺 装 形 式	单 位	面 积
1	不透水铺装	石材铺装	m^2	181264
2		压花地面	m^2	2670
3		其它不透水铺装	m^2	15167
4		小 计	m^2	199101
5	透水铺装	混凝土透水砖	m^2	85568
6		风积砂透水砖	m^2	36021
7		露骨料透水混凝土	m^2	42953
8		木塑地面	m^2	5708
9		青砖、嵌草石板路等其它透水铺装	m^2	1399
10		小 计	m^2	171649
11	合 计		m^2	362949

6.1.1.1 透水铺装部分

透水铺装非机动车道雨洪削减与径流污染控制的主要方式是通过渗透设施下渗净化后补充地下水源，不进行回收，同时达到削减雨洪与控制径流污染的目的。

透水铺装由透水性面层和透水性垫层构成，透水系数大于0.1mm/s。铺装面层采用混凝土透水砖、风积砂透水砖、青砖、露骨料透水混凝土等。

粘结找平层采用透水材料，使其与面层紧密结合为一体，铺装面层下分别为200mm厚大孔无砂混凝土垫层、200mm厚开级配碎石垫层、50mm厚砂垫层，在开级配碎石垫层内铺设全透型排水管。另外在树阵区和中轴路范围内，每隔30～50m设计一条1.0m×1.0m支渗滤沟，收集周围渗透到碎石垫层内的雨水，再通过支渗滤沟内的全透型排水软管排入1.0m×1.0m主渗滤沟，然后收集到集水池，供周围绿化喷灌使用。

透水垫层和排水软管的铺设，有双向排水的功能，一方面便于雨水下渗、收集和利用，另一方面当地下水位上升时作为排水管，避免地下水顶托地面铺装。

6.1.1.2 不透水铺装部分

不透水铺装非机动车道主要用于中轴大道和庆典广场等地面（见图6.1）。60m宽的中轴路是北京城中轴线的延伸。为体现中轴的民族文化，展现中轴的大气、稳重，延续北京中轴线传统的铺装做法，同时考虑到行走重型车和整体美观的需要，在中间21.0m范围内铺设花岗岩，在花岗岩铺装的两侧各设置了一条透水性雨洪集水沟，同时设置重力流弃流井。集水沟用透水或多孔材料制作，集水沟内还设置一定高度的挡水板，收集的雨水经初期弃流后再收集，与树阵广场区的雨洪系统连在一起。同时在收集的过程中通过渗滤管沟首先下渗补充地下水，多余的雨水再进行收集利用，最大化地实现雨洪利用。

紧邻国家体育馆的庆典广场为大面积的花岗石铺装，面层及基层均不透水。为了减轻排水压力和改善排水的水质，在地面雨水口处设置弃流井，弃流井可以存蓄3～4mm的初期降雨，井内设有多层过滤网，初期雨水过滤后下渗，后期雨水集中排放到下游的集水池。

6.1.2 跨水系构筑物的雨洪利用技术

跨水系构筑物是指中心区跨水系市政交通道路两侧人行道，采用特殊的透水铺装进行雨水利用。跨水系市政交通道路两侧为钢筋混凝土结构，其顶板挑向水面，在钢筋混凝土顶板结构上按适当比例预留一定数量的直径50mm、纵横间距500mm的泄水孔，其上铺设砂垫层和混凝土透水砖。地面雨水可以经直接下渗、

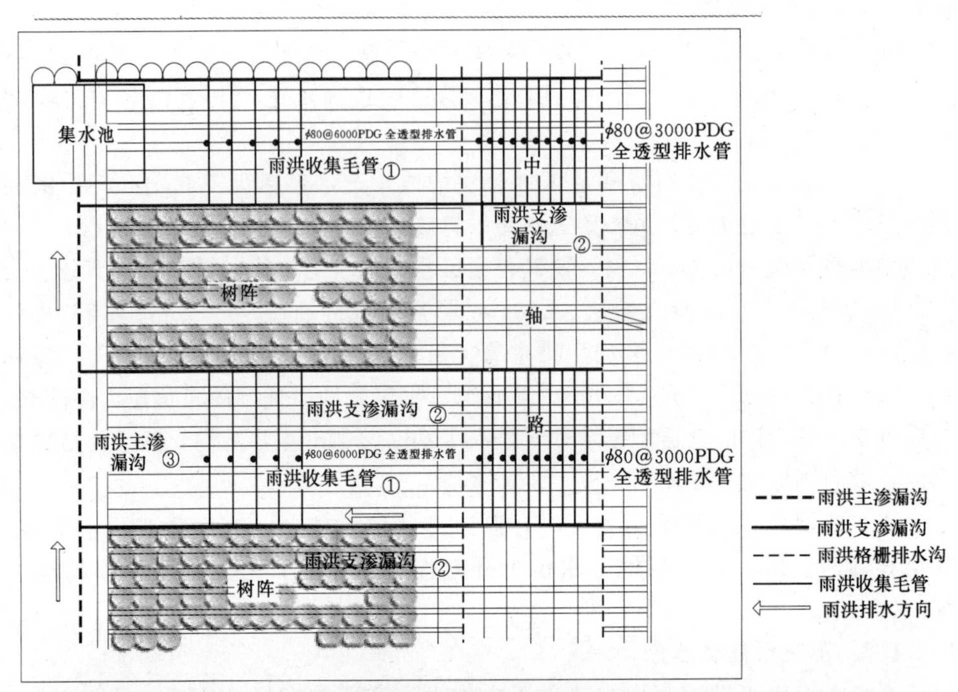

(a) 中轴路雨水利用平面布置示意图

(b) 非机动车道雨洪利用措施

图 6.1 中轴路雨水利用局部平面及非机动车道雨洪利用技术图

过滤后流入水系，以减少排水设施并就近利用雨水，起到削减雨洪与控制径流污染的作用（见图6.2）。

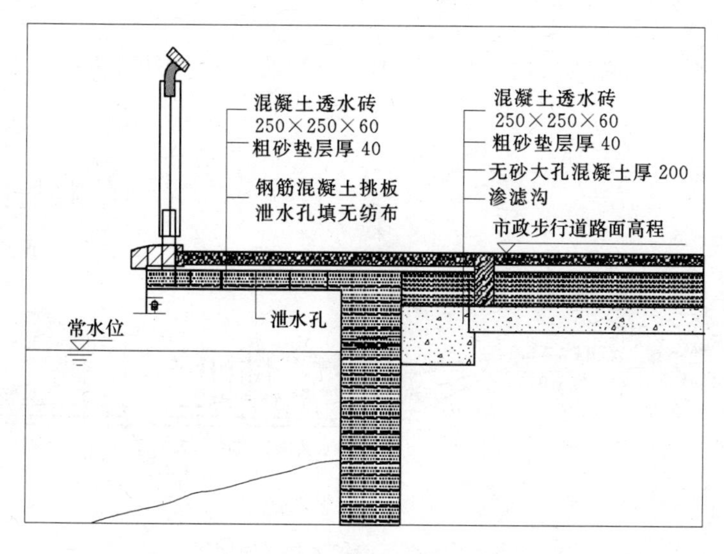

图6.2 跨水系路桥断面雨洪利用技术原理图

该项技术在保证结构安全的情况下，在传统不透水材料结构上通过开孔实现透水功能，能更好地解决透水与保证结构安全的矛盾。在城市道路排水设计中融入新型雨洪控制利用理念，并采用新的雨洪控制利用技术，可以有效缓解目前道路排水面临的问题，还可以对道路建设所造成的生态环境破坏进行修复，对城市生态环境的改善和城市可持续发展具有重要意义。

6.2 水系岸边绿地雨水利用技术

奥林匹克公园中心区水系为南北向布置。南起北四环路，北至科荟路，总长约2.7km，水面宽度18～123m，总水面面积16.5hm^2。奥林匹克公园中心水系岸边绿地与常规绿地相比由于靠近水系，一方面要保证良好的景观效果，另一方面又要满足游客亲水的要求；还是奥运场区径流补给水系的必经途径，有利于过滤面源污染，净化水体；另外还得起到固坡，护堤等作用。故必须采取有效的雨水利用技术。

6.2.1 水系生态护岸技术

在奥林匹克公园中心区水系，采取了兼备提高水质净化效率的生态护岸形式。以生态防护为目的，采取自然形态的水岸处理方式，只在少部分为大量人群游憩活动提供服务的区域内采取硬质材料砌筑护岸，见图 6.3。这种护岸既能稳定河床，又能改善生态和美化环境，尽量采用植物固坡的形式，减少堤防硬化，使岸坡趋于自然形态。采用生态护岸的方式，可促进地表水和地下水的交换，滞洪补枯、调节水位，恢复河中动植物的生长，利用动植物自身的功能净化水体。

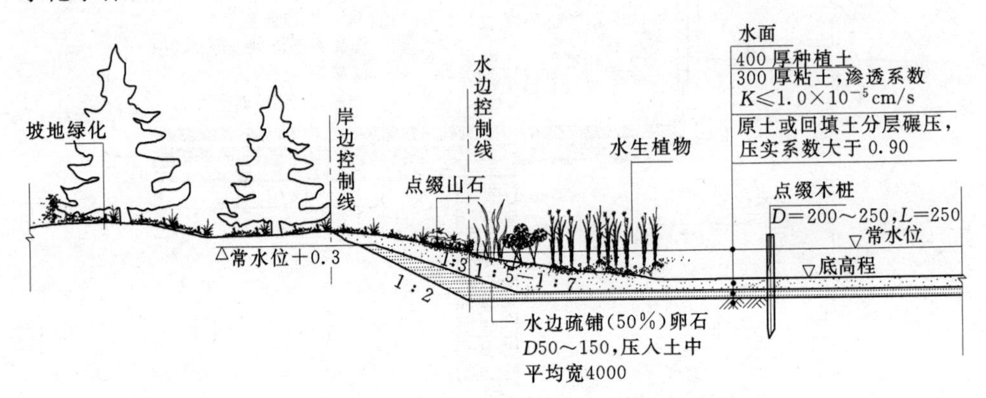

图 6.3　水系生态护岸技术原理图

奥林匹克公园中心区水系的东岸为微地形绿化，西岸为湖边西路。与水系连接的绿地部分，在水岸边设计下凹式渗滤沟，当雨水较大时，从绿地流下的雨水经过滤沟过滤后再流入水系，保证了收集雨水的清洁度。湖边西路全部为透水路面，雨水经渗滤、收集后排入水系。

通过水系信息化调度，调蓄雨洪，涵养、渗滤收集雨水，就近利用，每年可节省约 9 万 m^3 的补水量。

6.2.2　水系生态防渗技术

奥林匹克公园水系为新挖水系，相对原有地理环境，势必对当地生态系统造成影响，因此应选用环境友好的防渗材料。为了留住雨水、减少渗漏量，奥林匹克公园中心区水系采用了膨润土防水毯的防渗技术，没有引入人工物质和化学污染物，也保持了一定的渗透水量，保证了一定的地表水和地下水的水量交换，既能达到水系本身的自净呼吸功能，为水中的动、植物营造一个共生的生态系统，又能达到水系与岸边植物的沟通功能，还能保护水系下面庞大复杂的地下车库、商场以及紧急疏散通道的结构安全。

中心区水系水量损失控制在 $2000m^3/d$ 以内。其中蒸发损失按照北京市朝阳区最大月份约 10mm/d 计算，水面面积 $16.5hm^2$，蒸发损失量为 $1650m^3/d$；则渗漏量应控制在 3mm/d 以内，渗漏损失水量为 $350m^3/d$。水系注水后，进行了动态的渗漏量监测，实际渗漏量小于 1.8mm/d。

采用膨润土防水毯防渗，既可通过选用不同渗透系数的防水毯，也可通过控制防水毯的连接锚固来控制渗漏量，达到在保证水系垂直连通性的同时，有利于更多地滞蓄雨水，减少补水量。

6.3 构筑物顶面雨水下渗集用技术

6.3.1 休闲花园观众席草地雨水蓄—排技术

在休闲花园内有两片作为大屏幕观众席的草地，其雨水利用的基本原理如图 6.4 所示。草地基层设置砂质土壤层、PP 透水片材、PP 透水型材等透水材料，满足在设计重现期降雨时草地不至于积水而影响观众的进入和驻留的要求。超标准雨水通过带排水口的渗滤框滞蓄，并通过渗滤管排入水系和雨水收集池。

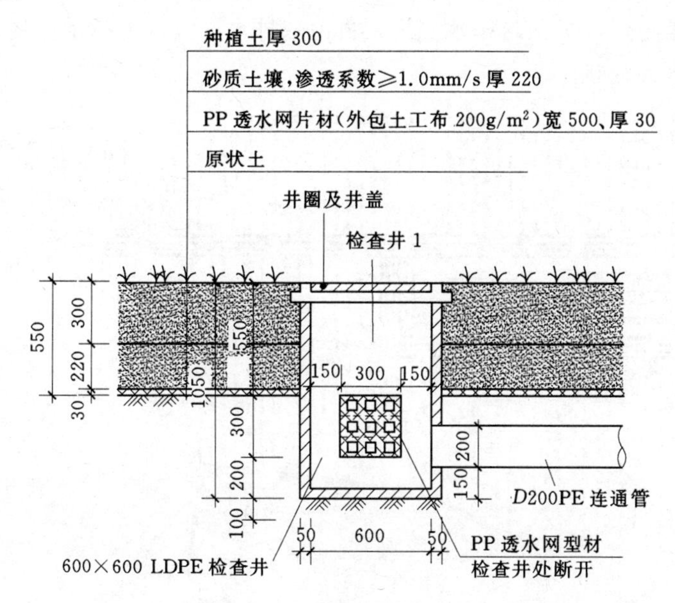

图 6.4 休闲花园观众席草地雨水利用技术原理图

沿绿地边线设置主排水沟（宽×高＝300mm×300mm），并在绿地区域内设纵横交错的类似于棋盘格线布局的疏排水支线（宽×高＝500mm×30mm）。雨水通过绿地种植土下渗进入疏排水支线，再通过疏排水支线导排进入主排水沟，最终排入集水池。主排水沟选用 300mm×100mm 透水网型材 3 层叠置，外裹土工布，疏排水支线选用 500mm×30mm 透水网片材外裹土工布。

疏排水支线的间隔距离根据埋深、土壤渗透系数等因素计算确定，间隔距离取覆土深度的2～3倍。

6.3.2 大面积地下空间屋顶雨水蓄—排技术

在不透水屋顶板上进行种植绿化，当灌溉或降雨过多时，如果没有相应措施，土壤的高含水量无法及时下渗排走，至少会造成两方面的后果：

(1) 土壤含水量过多产生的渍害会造成植物烂根或产生疾病，而且土壤的透气性变差直接影响植物对氧的吸收，根系部分缺氧，有毒物质滋生，会使植物成活率大为降低。

(2) 土壤长期积水会对地下构筑物的防水效果产生很大威胁，电力井、电信井、燃气井以及热力井会出现积水等现象。

因此，对于中心区水系东岸地下商业屋顶之上的种植绿地，采用如图6.5和图6.6所示的雨水利用措施，在屋顶上有2～3m的覆土层，在屋顶板范围内间隔设置相互平行的若干疏排水支线收集入渗水，并在顶板外侧边缘设排水主沟，雨水通过种植土下渗进入疏排水支线，再由疏排水支线进入排水主沟，排水主沟与渗透性集水井连接。

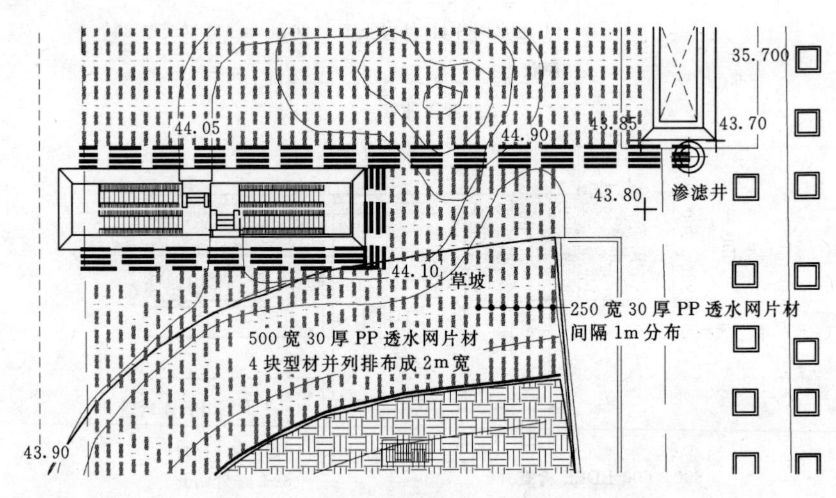

图6.5 地下商业屋顶雨水利用平面图

排水主沟选用透水网型材3层叠置外裹土工布，疏排水支线选用透水网片材或型材外裹土工布。通过间隔铺设或满铺透水网材料，可以及时排除由于大量降水和灌溉而造成的土壤积水，并且在屋顶板等不透水层与土壤间形成一个空腔，空气可以在其间流动，保证土壤的透气性。同时可以收集渗出的雨水加以利用。排水主沟的末端设阀门，旱时关闭阀门，涵养地下水，减少灌溉用水量；涝时开启阀门，排除滞水。

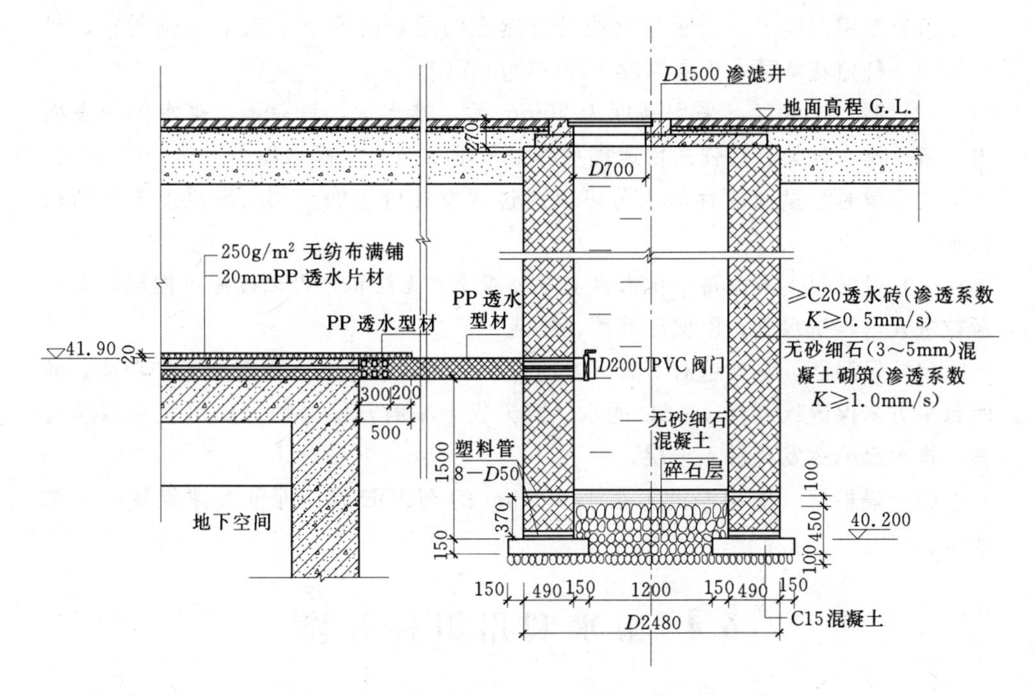

图 6.6　地下商业屋顶雨水利用剖面图

6.3.3　陡坡屋面雨水蓄—排技术

中心区地下商业出口为陡坡的种植屋面，其雨水利用采用蓄—排水盘系统，其工艺如图 6.7 所示。

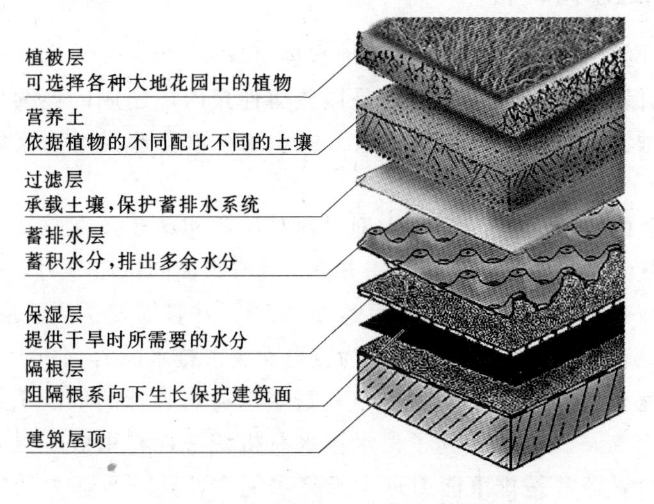

图 6.7　种植屋面雨水利用工艺图

(1) 专用营养土。其重量大约是自然土的重量的50%，具有较强的蓄、排水能力。种植花草灌木土层厚度150～300mm。

(2) 蓄—排水盘。采用高度为20mm蓄—排水盘，具有蓄、排水的双重能力。蓄—排水盘具有极强的快速排水能力和蓄水能力，蓄水能力可达50%以上。在天气干旱时盘里面蓄存的水分可以通过挥发孔进入底土层，向盘上方的植被供水。

(3) 过滤膜。覆盖蓄—排水盘上方过滤膜（无纺布）可以确保不使泥土微细颗粒进入蓄－排水盘，以保证其蓄、排能力。

(4) 保湿毯。保湿毯对于其下方的防水层和隔根层具有双重的保护功能。同时每平方米保湿毯可存4～5L的水。待天气干旱时，保湿毯内的水就可以通过蓄—排水盘的挥发孔进入土层。

(5) 隔根层。采用厚度不小于0.5mm的HPDE膜，保证其建筑物防水的要求。

6.4 雨水利用组件开发

为了在工程建设中便于具体落实雨水利用理念，中心区雨洪利用系统建设中，研发并采用了大量的雨洪利用新组件，包括PP透水网材料、防嵌排水网、渗滤型排水沟、雨水渗滤井、无动力渗滤型弃流井等雨水过滤、净化和收集装置，其工艺简单、无能耗，使用简便，便于推广。

6.4.1 PP透水网材料

PP透水网材料又称为复合土工排水体（Geo-composite Drainage Systems，GDS)，是环保型土工合成材料。它是以热熔性聚丙烯制成的连续长纤维多孔材料，可快速排放由于暴雨而渗透到地下的积水，不会造成水土流失。具有如下特点：

(1) 优良的抗压性能。PP透水网材料是硬质塑料丝条在空间交叉熔结而形成的立体网状结构，丝条结点间互相支撑，具有很高的抗压能力，压缩变形与抗压能力呈指数关系增长，最大抗压可达200kPa。并且即使达到了最大压缩形变，仍然能保证足够的过水断面，不会因为变形而失去排水能力。

(2) 快速和谐的集—排水性能。PP透水网材料独特的成型工艺，使其表面开孔率达到70%～95%，做到了集水排水有机统一，利用效率很高。而传统的土工排水材料，经常是排水能力远大于集水能力，其排水能力受集水能力的制约，利用效率很低，必须采取配套措施改善集水性能。比如传统的打孔管，表面开孔率仅在10%以下，集水性能很差，但却具有很高的排水流量，因此在实际使用时往往只有一小股水线在管内流动。为了增大集水能力，一般在打孔管周围包裹砾石层，增大透水面积，改善集水性能。

(3) 抗淤积不堵塞。PP透水网材料表面不存在透水孔，而是凹凸不平的立体透水面，渗水可全面均匀地透入，不会有水流加速的吸水孔现象，不易造成堵塞。另外，透水网材料材质憎水，阻力小，不会粘附泥沙，保证了网材具有较大的抗淤积性能。

(4) 重量轻，施工快捷。PP透水网材料的密度小，约为900～960kg/m^3，并具有良好的可裁剪性，十分方便进行渗水收集盲沟的布局、设计和施工，尤其是在集水面较大，需要集水盲沟纵横交错的时候。

(5) 性能稳定，使用寿命长。PP透水网材料由聚烯烃树脂材料制成，并添加了各种抗老化、抗紫外线等助剂，使其具有耐高温、耐腐蚀、抗紫外线、抗冻等能力。可在－40～80℃条件下正常使用，耐强酸、强碱，在土体、水中具有长期的寿命（见图6.8)。

片材　　管材

型材

图6.8　PP透水网材料

6.4.2　防嵌排水网

为了解决排水网高抗压和抗蠕变的问题，研发了一种在长期高压力条件下，仍能保证排水功能的高强度防嵌排水网，并已获得专利。该实用新型排水网在结构上分为上、中、下三层（见图 6.9）。上、下两层为网状结构，功能有三个：①支撑功能：支撑配套的土工织物；②透水功能：入渗水可通过网状结构的网孔进入排水网；③防嵌功能：网状结构对配套土工织物提供了支撑面和透水孔，是“面式支撑”，而不是“点式支撑”或“线式支撑”，只有网眼处存在悬空点，最大程度防止了配套土工织物下嵌的可能。中间一层为支撑肋结构，由若干直线支撑肋条平行间隔排列（沿排水网纵向），类似于“斑马线”的形式。排水网的抗压强度由支撑肋条的径向抗压缩性能决定（而不是长度方向的抗弯折性能决定），在肋条径向支撑下，可保证在长期高压作用时上下两层网状结构保持一定的距离，肋条之间的空腔即为排水空腔，可长期保持畅通。

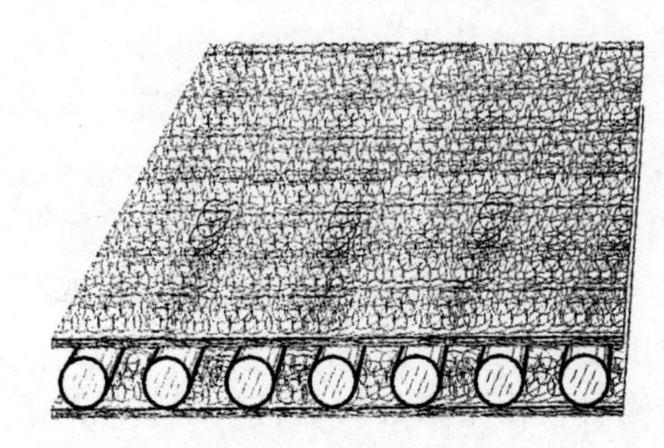

图 6.9　防嵌排水网

这种防嵌排水网适用于建筑、公路、铁路、机场、港口、隧道、水利、矿山、市政、绿化以及环境工程等领域，主要用于排除土壤渗透积水和降低地下水位等方面。

6.4.3　渗滤型排水沟

奥林匹克公园中心区中轴景观大道有绿化带的两侧排水沟及景观路、湖边西路、树阵内广场及人行道的透水铺装区，采用渗透型 U 形排水沟，渗透型排水沟下为雨水收集系统的渗透沟，使径流雨水在沟内不断经过沟壁孔洞进入雨水收集系统，当雨量超过设计标准，沟内水位升至溢流水位时，溢流至各雨水排放口至排水系统排除，如图 6.10 所示。

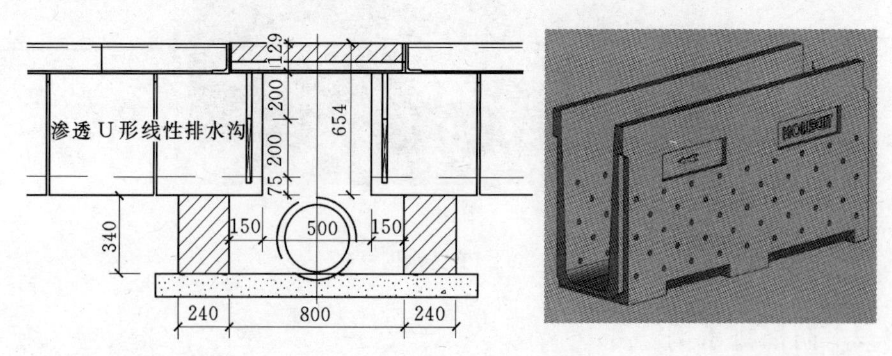

图 6.10　渗虑型排水沟结构

U形排水沟宽度125mm、深度475mm、挡板高度200mm，由树脂混凝土制作，可通行20t机动车，沟壁开孔率4%。经测试其综合渗透系数不小于1.0mm/s。

除了渗透型的U形排水沟外，还研发了不渗透的专门排水的U形沟槽，各种型号排水沟的技术参数见表6.2。

表6.2　　渗滤型排水沟技术参数

序号	型号	总宽（mm）	总高（mm）	糙率 n	折算全断面渗透数 K（mm/s）	备　注
1	T—1	125	375	≤0.014	≥1.0	检查井处设溢流挡板，h=200mm
2	T—2	125	375	≤0.014	≥1.0	检查井处设溢流挡板，h=200mm
3	P—1	125	375	≤0.014	0	
4	P—2	125	135	≤0.014	0	
5	P—3	200	400	≤0.014	0	
6	P—4	300	450	≤0.014	0	

6.4.4　雨水渗滤井

为了去除雨水收集过程中初期较脏的雨水，奥林匹克公园中心区内所有的雨洪利用检查井均采用了渗滤井。

按材料分有LDPE雨水渗滤井、风积砂雨水渗滤井、混凝土透水砖雨水渗滤井，如图6.11所示。其中，LDPE雨水渗滤井及风积砂雨水渗滤井为成品，机械式结构；混凝土透水砖雨水渗滤井的底板为无砂混凝土，井壁为现场砌筑混凝土透水砖，一旦安装，不易损坏，只需定期清掏即可。

雨水渗滤井具有占地面积和所需地下空间小、便于集中控制管理的优点，井壁和底部均做成透水的，在井底和四周铺设碎石，雨水通过井壁、井底向四周渗透。

6.4.5　无动力弃流井

为了弃除收集系统所收集的污染物浓度较高的初期径流，研发了无动力弃流井，其原理如图6.12所示。奥林匹克公园中心区内，在U形线性排水沟中每隔30m左右，设置无动力弃流井，一共28座，每座能存水2.4m^3，是集渗透、过滤、检查、储存于一体的多功能弃流井。该井截留初期雨水（2～4mm降雨），初期雨水被截留后先进入雨水收集系统，当雨量超过雨洪利用设计标准时，收水

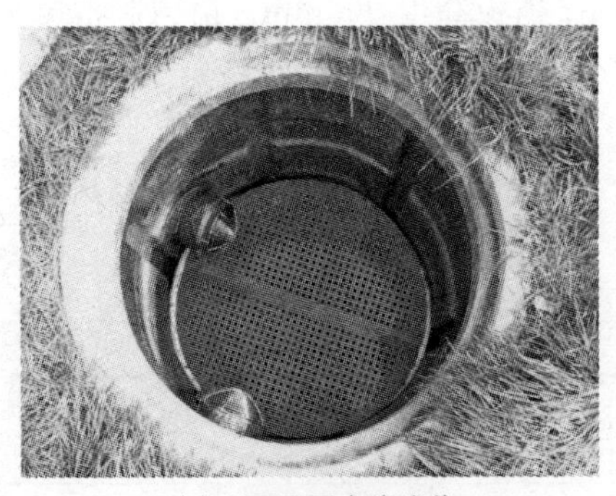

(a) LDPE 雨水渗滤井

(b) 风积砂雨水渗滤井(专利产品)

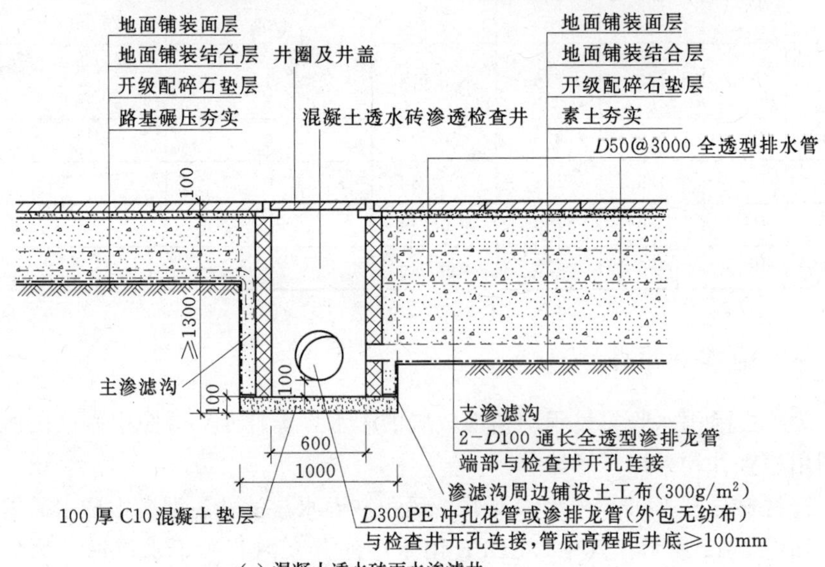

(c) 混凝土透水砖雨水渗滤井

图 6.11 雨水渗滤井

系统被充满，排放口内水面升至溢流排放水位后由雨水管道排放。实现雨时暂存，雨后下渗；雨多收水，过剩排走。

弃流井的底板为碎石垫层上浇筑无砂混凝土，井壁为现场砌筑混凝土透水砖。经测试，弃流井的综合渗透系数达到 1.0mm/s 以上。

连接 U 形渗滤沟的弃流井，其溢流口的下部空间为沉积初期雨水的空间，为预防无动力弃流井由于堵塞而丧失使用功能，弃流井需要日常维护：雨季（6～9 月）的每个月应定期打开所有井盖进行检查，若发现淤积应及时清理。为方便清理，可在井底铺设一层 200g/m^2 的无纺布，四周卷起 300mm 包住沉积物，最后整体吊出达到清淤的目的。

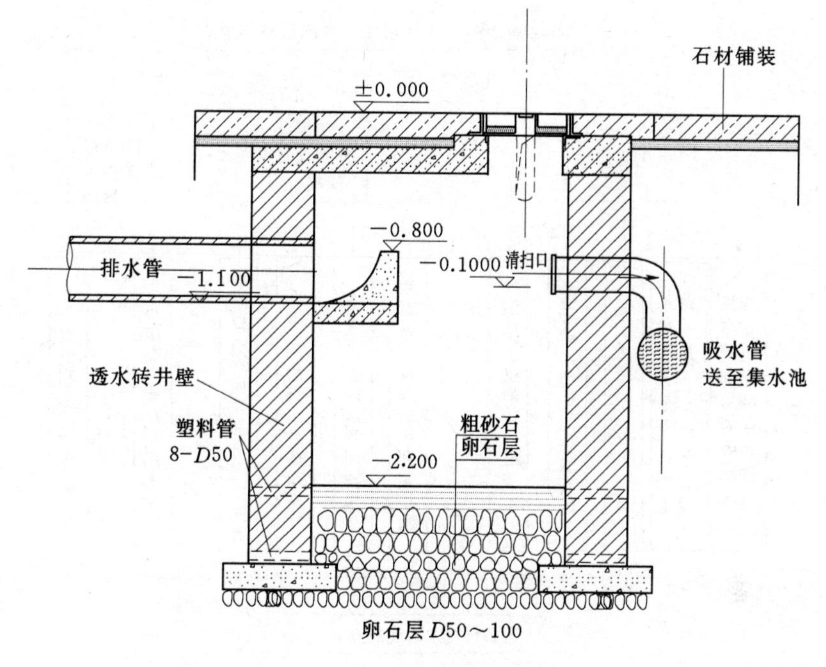

图 6.12 弃流井结构原理图

6.5 奥运场区雨洪综合利用技术体系

6.5.1 技术体系框架

针对奥运场区内硬化铺装、绿地树阵、下沉广场、市政道路和场区环境建设的特点，以现有的雨洪利用技术为基础，集成了一套完整的雨水综合利用技术体系，基本框架如图 6.13 所示。

奥运场区雨洪综合利用技术体系可归纳为入渗补源与净化回用技术、景观生态改良技术、防洪减灾技术三个方面。其中，入渗补源与净化回用技术（即开源节水）包括中心区非机动车道雨洪削减与径流污染控制技术、跨水系构筑物（跨水系桥）雨水综合利用技术、城市干道透水性人行道、基于雨水净化的渗滤系统、绿地雨洪渗蓄自灌技术等；景观生态改良技术包括水系岸边绿地雨水利用技术、透水铺装雨水利用技术、雨洪利用新组件的研发、雨洪利用效果评价与优化技术等；防洪减灾技术包括下沉花园雨洪利用措施、雨洪利用监控技术等。

所集成的技术体系以削减洪峰流量为核心，同时具有将净化回用、入渗补源、景观生态、防洪减灾等功能相结合的效果。

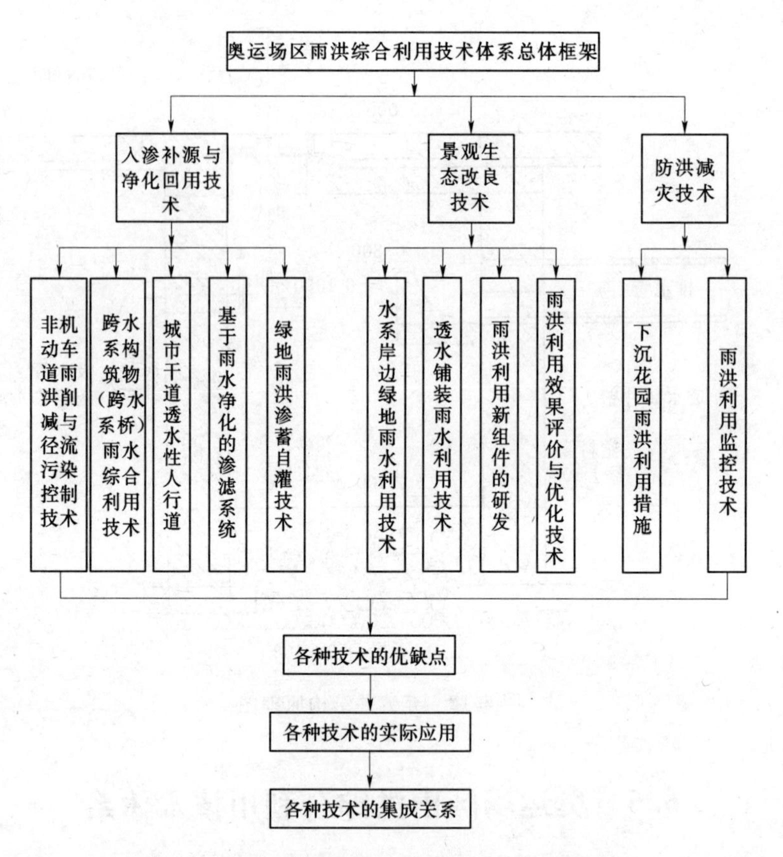

图 6.13　奥运场区雨洪综合利用技术体系框架图

6.5.2　入渗补源与净化回用技术

雨水入渗补源即利用渗坑、渗井、渗沟等设施使雨水就地下渗补充地下水；雨水净化回用即雨水径流通过渗坑、渗井、渗沟、绿地等设施渗透净化后收集储存供景观及灌溉、冲厕等用水需求。雨水入渗补源与净化回用是合理利用和管理雨水资源、改善生态环境的有效方法之一。与传统雨水集中收集、储存、处理与利用的技术方案相比，具有技术简单、设计灵活、易于施工、运行方便、适用范围大、投资少、环境效益显著等优点。雨水入渗补源与净化回用技术的目的包括雨水下渗、补充涵养地下水资源、缓解地面沉降、雨水净化收集、节约资源、改善生态环境等。

6.5.2.1　基于雨水净化的渗滤系统

1. 雨水渗滤净化工艺流程

雨水渗滤净化系统由透水地面、多孔垫层、透水毛管、支渗滤沟、主渗滤沟组成。雨水通过多重过滤净化，汇集到雨水集水池，末端的水质将满足灌溉、水景的要求。雨水渗滤工艺流程如图 6.14 所示，雨水渗滤、收集原理如图 6.15 所示。

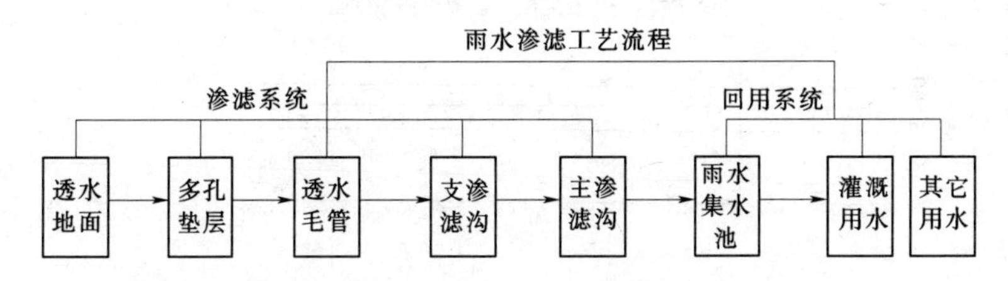

图 6.14　中心区雨水渗滤净化系统流程图

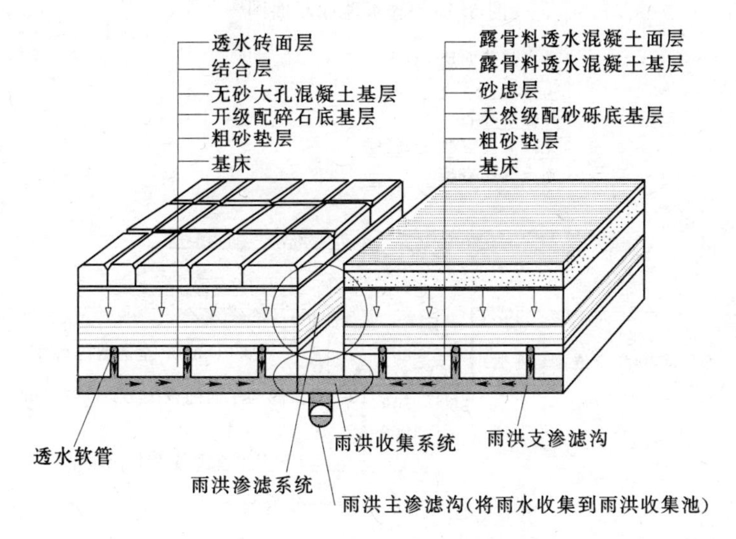

图 6.15　雨水渗滤、收集原理剖视图

2. 透水地面

透水地面结构由透水砖（或带缝隙的不透水材料）、连接找平层、垫层构成，垫层内一定间距埋设全透型排水管（见图 6.16）。雨水通过透水砖、连接找平层、垫层、全透型排水管得到多重净化。

3. 支渗滤沟

支渗滤沟为透水地面垫层结构局部加深形成通长的渗滤沟槽，渗滤沟槽边缘设无纺布反滤层，槽内填单级配碎石，级配碎石内埋设全透型排水管，雨水通过收集毛管汇入支渗滤沟，如图 6.17 所示。

4. 主渗滤沟

主渗滤沟的结构基本与支渗滤沟相同，级配碎石内埋设冲孔排水管，雨水通过支渗滤沟汇入主渗滤沟，再输送到雨水集水池，如图 6.18 所示。

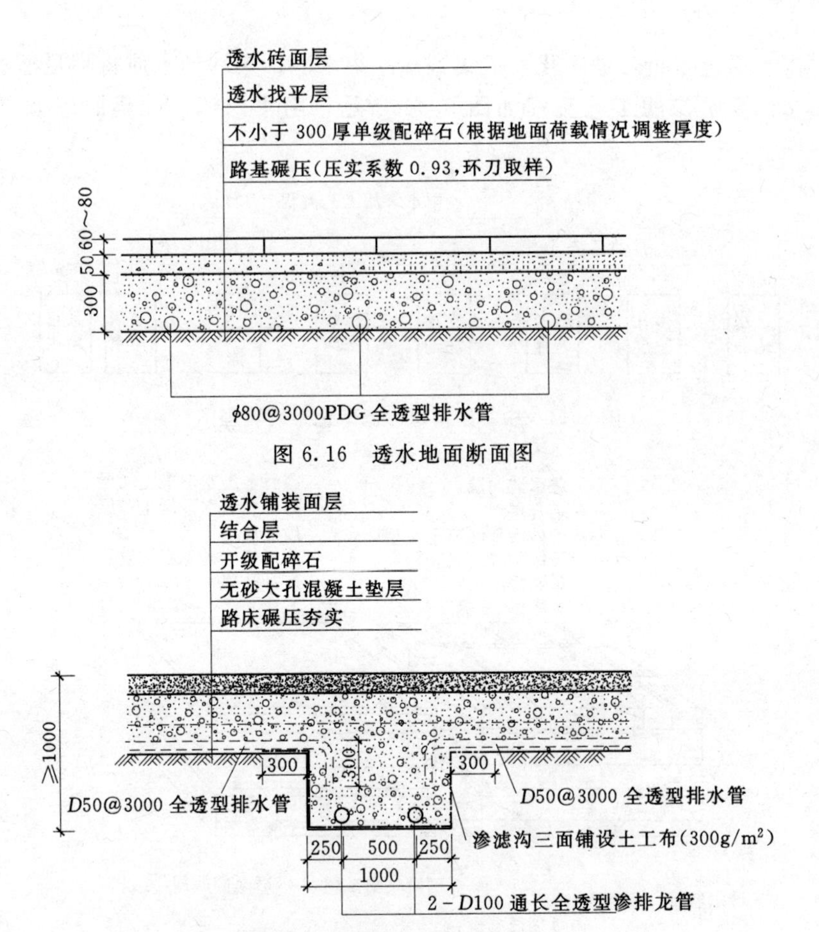

图 6.16　透水地面断面图

图 6.17　雨水支渗滤沟断面图

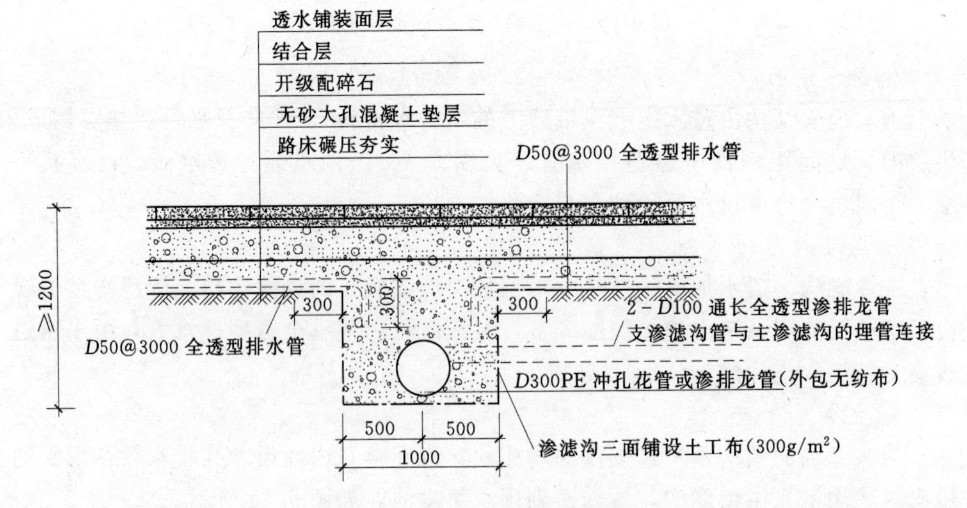

图 6.18　雨水主渗滤沟断面图

6.5.2.2 绿地雨水渗蓄自灌技术

在奥运中心区绿地树阵建立了雨水渗集自灌示范工程，集成应用雨水渗滤收集系统和自动地下灌溉技术等，对示范工程进行长期监测，并对其应用效果进行分析评价。

以“雨水渗滤净化一收集储存一持续有效进行绿地地下灌溉”的思路为主线，提出奥运场区树阵雨水渗蓄自灌技术方案：①净滤过程：通过树阵间的透水硬质铺装（多层渗滤介质）对雨水进行过滤净化；②集储过程：雨水净化后通过透水垫层中埋设的透水花管汇集到树木中间的蓄渗筐内；③自灌绿地过程：收集的雨水通过地下微压灌溉系统缓慢渗入树池内土壤中，保障树木的正常需水要求。最终实现雨水的最大资源化功能，体现绿色奥运与科技奥运的和谐统一。

该技术方案在实践中能够对雨水进行合理的就地回收和有效再利用，达到预期效果，对于节约水资源和削减城市雨洪径流、减轻城市污水处理负荷等方面将发挥重要作用，具有很好的实践价值。

6.5.3 景观生态改良技术

景观生态改良技术包括水系岸边绿地雨水利用技术、透水铺装雨水利用技术、雨洪利用新组件的研发、雨洪利用效果评价与优化技术等方面。

6.5.3.1 透水铺装技术

透水铺装地面是指各种人工材料铺装的透水地面，如多孔的嵌草砖（俗称草皮砖)、碎石地面、透水性混凝土路面等。奥林匹克公园中心区的园路、小型广场、非机动车道及轻型车的铺装地面，大量采用透水铺装。透水铺装由透水性面层和透水性垫层构成，透水系数大于 0.1mm/s。铺装面层采用混凝土透水砖、风积砂透水砖、露骨料透水混凝土、木塑地面、嵌草石板路等。

该技术的主要优点是，能利用表层土壤对雨水进行净化，对预处理要求相对较低，技术简单，便于管理。

1. 混凝土透水砖铺装

在奥林匹克公园中心区铺设了大量的混凝土透水砖，主要优点是能够利用表层土壤对雨水的净化能力，对预处理相对较低，技术简单，便于管理，混凝土透水砖铺装由基床、开级配碎石底基层、无砂大孔混凝土基层、结合层、混凝土透水砖面层组成。

混凝土透水砖以碎石、水泥为主要原料，经成型工艺处理后制成，具有较大的透水性能（见图 6.19)。其规格有 125mm×125mm×80mm，125mm×250mm×80mm，250mm×250mm×80mm 等几种。

图 6.19　混凝土透水砖铺装景观效果

图 6.20　风积砂透水砖铺装景观效果

2. 风积砂透水砖铺装

奥林匹克公园中心区采用了专用的风积砂透水砖。大面积的风积砂透水砖铺装，提高了路面透水砖的性能，解决了大块透水砖抗折强度的问题，它主要是靠破坏水的表面张力来透水，透水砖的表面具有光滑的质感，优于普通无砂混凝土透水砖。透水砖和结合层材料完全采用沙漠中的风积砂，是一种变废为宝的新技术，这种材料在雨水下渗的过程中还能起到很好的净化过滤作用。风积砂透水砖的结合层指采用专用水洗风积砂及粘接材料拌制的粘结层。

风积砂透水砖铺装由基床、开级配碎石底基层、无砂大孔混凝土基层、结合层、风积砂透水砖面层组成（见图 6.20）。风积砂透水砖的规格有 125mm×250mm×80mm、250mm×250mm×80mm、250mm×500mm×80mm、500mm×500mm×80mm 等几种。

3. 露骨料透水混凝土铺装

露骨料透水混凝土，是由粗骨料、水泥和水拌制而成的一种孔隙均匀分布的蜂窝状结构的混凝土，有足够的强度和良好的透水性，能够将雨水渗透到地下，起到改善地下生态、减少地表径流、节约能源的作用。

露骨料透水混凝土的基层与混凝土透水砖的基层相同，图 6.21 为铺装断面。

4. 停车场植草地坪

植草地坪是通过钢筋将用模具制作出来的混凝土块连接起来，形成一个整体，再在空隙中填满种植土，播种或栽种草苗的施工工艺。它与传统的植草砖相比具有整体性、稳定性好的优点。由于有钢筋连接，不会出现传统植草砖的易破碎、局部沉降等现象，而且混凝土块的形状、图案及空隙距离可随意调整，施工起来更灵活。由于所有植草的孔隙是彼此连通的，因此草的出苗率、成活率高，可达到 80%～100%。而且植草地坪系统可以很好地解决暴雨冲刷形成的水土流失和硬化地面渗水能力差的问题，有利于地下水储备。

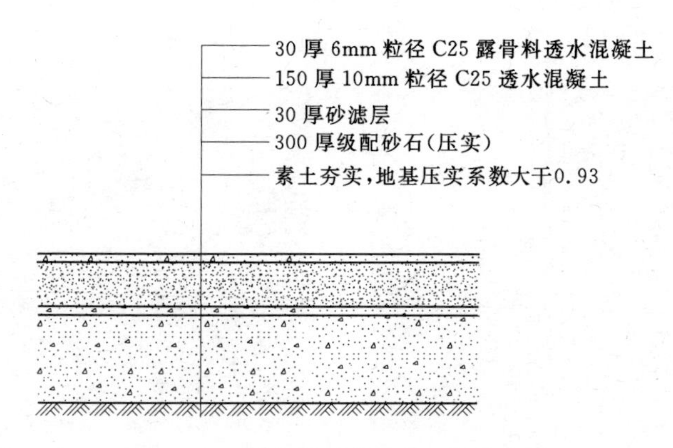

图 6.21　露骨料透水混凝土铺装断面

植草地坪由基床、级配碎石底基层、粗砂垫层、钢筋混凝土植草格组成，如图 6.22 所示。

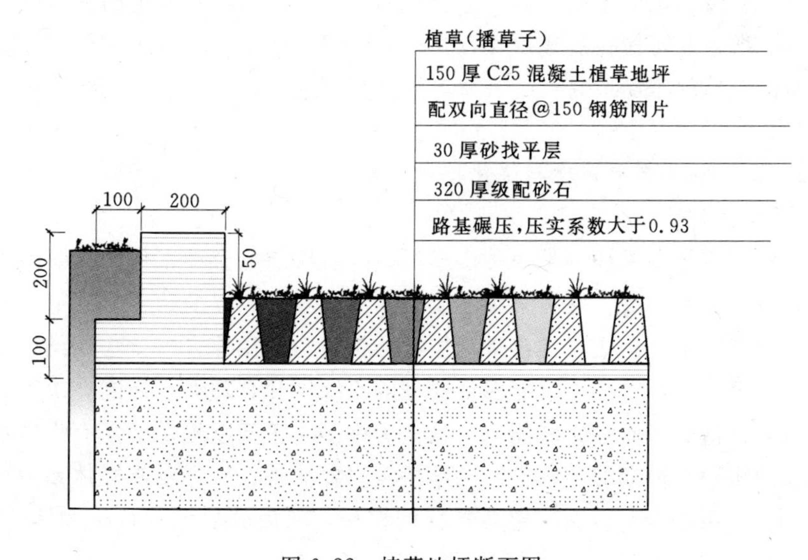

图 6.22　植草地坪断面图

5. 木塑地面

木塑地面由基床、无砂混凝土基层、木塑龙骨和木塑面板组成。木塑龙骨和木塑面板使用的木塑复合材料是目前新型生物质复合材料家族中最具活力的一个分支，也是能够具备多种功能的一类绿色环保材料。该材料是以锯末、木屑、竹屑、麦秸、谷糠、椰壳、大豆皮、花生壳、甘蔗渣、棉秸秆等初级生物质材料为主原料，利用高分子界面化学原理和塑料填充改性的特点，配混一定比例的塑料基料，经特殊工艺处理后加工成型的一种可逆性循环再生利用、健康环保、形态结构多样的基础性材料。图 6.23 为木塑地面景观效果。

图 6.23　木塑地面景观效果

图 6.24　嵌草石板汀步景观效果

6. 嵌草石板汀步

嵌草石板汀步因有草类植物生长，与多孔沥青及混凝土地面相比，能更有效地净化雨水径流。试验证明它对于重金属如铅、锌、铬等有一定的去除率，植物的叶、茎、根系能延缓径流速度，延长径流时间。嵌草石板汀步由土基床、砂垫层和石板组成，施工简单易行。嵌草石板汀步可适应地基变形，石缝中植草，并很容易生长（见图 6.24）。

6.5.3.2　雨洪利用效果评价与优化技术

1. 评价方法

雨水利用工程效果评价是一种多学科、跨层次的综合性工作，它既要求社会科学与自然科学的综合，又要求决策层、执法层与研究层的结合。

奥运场区雨水利用效果评价采用层次分析法与模糊综合评价法相结合的方法进行效果综合评价，这样不仅能保证模型的系统性和合理性，还能让决策人员充分运用其有价值的经验和判断能力，从而为许多决策问题提供坚强有力的决策支持。层次分析法与模糊综合评价法的结果，主要体现在将评价指标体系分成递阶层次结构，运用层次分析法确定各指标的权重，然后分层次进行模糊综合评价，最后综合得出评价结果。

结合奥运中心区雨水利用的综合效果评价指标体系特征，选择多层次模糊综合评判法作为奥运中心区雨水利用的效果评价手段。用层次分析法计算评价指标的权重，在效果的综合评价上运用模糊综合评判法进行评价。

2. 综合评价指标体系

奥运中心区雨水利用工程效果的综合评价指标体系分为三个层次：目标层、准则层和指标层（见图 6.25）。其中，目标层是雨水利用综合效果评价。指标层由防洪减灾效果、开源节水效果、环境改善效果、社会影响效果、工程投资效

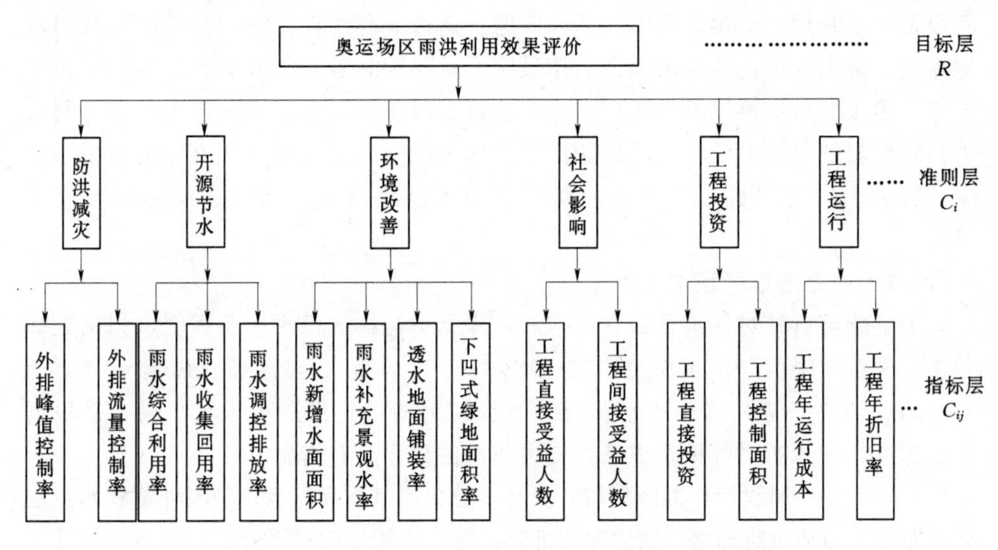

图 6.25 奥运场区雨水利用工程效果综合评价指标体系

果、工程运行效果六方面组成，其中防洪减灾效果评价指标包括外排峰值控制率、外排流量控制率两方面；开源节水评价指标包括雨水综合利用率、雨水收集回用率、雨水调控排放率三方面；环境改善效果评价指标包括雨水新增水面面积、雨水补充景观水率、透水地面铺装率、下凹式绿地面积率四方面；社会影响效果指标包括工程直接受益人数、工程间接受益人数两方面；工程投资效果包括工程直接投资、工程控制面积两方面；工程运行效果包括工程年运行成本、工程年折旧率两方面。

3. 雨洪利用效果评价

总体效果评价结果为良好，主要在防洪减灾方面敏感度系数最高，在雨水利用工程的建设运行过程中极大地减轻了城市排水压力，保证了城市生命线安全的运行，且防洪减灾效应评价结果为优秀，对于总体的评价结果影响较好。但是通过中心区的运行也可以看到目前的工程投资较大，直接利用水量较小，影响工程整体效果的发挥，在建设雨水利用工程时应结合多种因素对于工程的建设费用进行优化，从管理方面挖掘潜力，尽可能地提高雨水利用工程的利用率，降低工程的直接投资，将雨水利用工程的效果发挥到最大，将评价结果提高到优秀的等级。

因此今后应规划建设成本较低的大型雨水利用工程。在条件允许的前提下尽可能利用天然场所进行雨水利用，从排水河道、城市水系、流域角度联合调度，尽可能增加雨水的利用量，降低工程投资。

6.5.4 防洪减灾技术

由于奥运场区内硬化铺装面积大，可能导致径流峰值增大，排水量增加，进而引发雨洪利用与防洪安全等一系列问题。通过奥林匹克公园中心区雨洪利用设施建设，采用规模化的雨洪综合利用系统，对降雨总量、径流量、外排流量、下渗量、回收的雨水量以及水质各项指标进行实时监测。结果表明：雨洪综合利用工程建设起到了缓洪错峰、减轻防洪压力以及保障人民生命财产安全的作用，减少了自来水的使用量，透水铺装路面使雨天道路减少积水，达到防洪减灾的目的。

6.5.4.1 中心场馆区积水风险

为了能够有针对性地采取有效措施，降低奥运场区积水影响程度，利用奥林匹克公园积水降雨产汇流模型，对标准内（5 年一遇）、超标准（10 年一遇、20 年一遇、50 年一遇）降雨积水情况进行模拟分析，找出潜在积水地段，并根据积水深度、积水历时等模拟成果，提出相应的积水应对措施。

发生 5 年一遇设计标准降雨时，奥林匹克公园基本无积水；公园外部积水点主要分布在北四环中路辅路。发生超标准降雨时，降雨量超过了公园雨水管网设计排水能力，中心场馆区开始出现短时滞水甚至积水，积水主要出现在大屯路西下穿口（挡墙外）、大屯路（国家会议中心北侧）、慧忠路西下穿口（挡墙外）、天辰西路（慧忠路南侧）等。积水程度（积水深、积水历时）随降雨强度加大而加大。

6.5.4.2 中心区水系洪水风险

中心区水系承担排除水系水面及其周边绿地产生的径流任务，设计排水标准为 5 年一遇，周边道路和地面超高为 0.1～1.5m。当发生超标准降雨时，因排水能力有限，部分雨洪滞蓄在中心区水系。此外，中心区水系是奥林匹克公园中心场馆区唯一的水系，遇降雨突发事件如场馆区道路严重积水时，中心区水系可能还要承接排入的积水。通过计算不同频率降雨水系洪水位，分析中心区水系洪水风险。

从表 6.3 可以看出，水系源头区域国家体育场南路超高较小，超过 5 年一遇以上超标准降雨，水系洪水将漫溢。

在中心场馆区积水排入水系情况下，除国家体育场南路洪水漫溢外，50 年一遇降雨还将使 W7 区域临时淹没左岸景观平台，淹没水深 0.1m。

6.5.4.3 下沉花园雨洪利用技术

1. 设计流量

下沉花园地面的径流由雨水排放系统排除，雨水排放系统设计重现期定为 50 年。设计流量计算采用“多点入流汇流计算方法”。由于深下沉区域南北总长约 730m，小于等流时块长 6120m，因此计算中等流时块数为 1，等流时块面积为 $4hm^2$。由 3.2.1 的计算知道深下沉区域的 50 年一遇综合径流系数为 0.744，因此深下沉区域 50 年一遇 24h 降雨流量为 $2.2m^3/s$。

表 6.3 不同频率降雨中心区水系水位

水系分区		两岸高程（m）	常水位（m）	不同频率降雨洪水位（m）			
编号	区域范围			5 年一遇	10 年一遇	20 年一遇	50 年一遇
W1＋W2	源头一国家体育场南路	45.3～46.7	45.20	45.30	45.34	45.37	45.40
W3	国家体育场南路一规划五路	44.73～45.64	44.50	44.57	44.58	44.61	44.62
W4	规划五路一慧忠路	44.4～44.73	44.00	44.07	44.08	44.11	44.12
W5	慧忠路一国家体育场北路	44.3～45.16	43.90	43.99	44.00	44.03	44.05
W6	国家体育场北路一大屯路	43.6～45.2	43.20	43.29	43.30	43.33	43.35
W7	大屯路一大屯北路	43.96～45.2	43.00	43.08	43.10	43.12	43.14
W8	大屯北路一科荟南路	43.96～43.26	42.90	42.98	42.99	43.02	43.04
W9	科荟南路一科荟路	43.3～43.52	42.80	42.88	42.90	42.92	42.94
			38.50				

2. 保证径流雨水收集的措施

（1）严格控制深下沉区域与周边地下建筑的地面标高关系，即排水坡向。

（2）人行道及小广场雨水口设在旁边绿地内，收水篦子低于路面但高于周围绿地。

（3）在人行坡道、地下过街隧道及地下建筑出入口（即铺装地面最高处）设连续的线性排水沟，当室外雨水有漫入室内危险时，拦截并快速至雨水管道排出。

（4）在深下沉区域设由南至北的蓄洪排水涵，雨水经支管道就近接入涵中，使地面径流雨水迅速排至地下，减少地面积水的可能。

3. 雨水排放

为解决蓄洪及排水问题，在深下沉区域中央设置蓄洪排水涵。蓄洪排水涵既是贯穿南北区的深下沉区域雨水排水干道，又是超设计标准暴雨时和泵站事故时调蓄排放的重要设施。

深下沉区域雨水利用标准（5 年一遇 24h 雨量）范围内的雨水，经收水系统进入设于深下沉区域南、北区主入口大坡道下的雨水收集池内。超雨水利用标准的雨水，由上述雨水口、排水沟等汇集进入自南向北通长的蓄洪排水涵，由内部的排水沟靠重力流排至设在北区最北端雨水泵站（见图3.4）。蓄洪涵能容纳超城市雨水排放标准（50年一遇）时排水系统瘫痪期间的雨水量。超过雨水排水系统排放能力（超50年一遇24h降雨量）的雨水来不及排放时，滞留储存在蓄洪涵内，雨量高峰过后再排出。

4. 深下沉区域防洪其它保证措施

深下沉区域防洪方案除前述的蓄洪措施外，还采取了以下保证措施：

（1）防止周边地面雨水进入。前述的排水及蓄洪量计算均基于周边地面的雨水不进入深下沉区域这一前提，因此应加强深下沉区域周边的挡水措施，防止“客水”流入，设计采取了以下措施：深下沉区域周边围栏（或地面）挡水高度不小于所在区域道路、广场中央最高处100mm；深下沉区域南、北主入口及周边步行入口，及深下沉区域上部连接交通道路的天桥的入口等处地面起坡，坡顶高度不小于道路和广场中央最高处50～100mm，并在入口处设排水沟拦截地面雨水。

（2）奥运水系的防洪设计。深下沉区域东侧与龙形水系相邻，且标高低于水面9～10m，因此水系的防洪措施与深下沉区域休戚相关，水系的设计防洪标准为100年一遇，与深下沉区域一致，在水灾情况下尚有应急的退水预案，保证不进入深下沉区域形成水患。

（3）雨水泵站。深下沉区域雨水泵站供电为一级负荷两路供电，非极端情况下均能保证供电；在特大暴雨威胁深下沉区域周边建筑安全时，可采用备用泵投入运行抢险；考虑到水泵运行时市政下游雨水管渠可能已处于满流状态，因此泵站出水井井口标高高于周围道路雨水口500mm，当超过市政雨水管渠排水能力时，泵站排水可依靠压差从地面各雨水口排出。

6.5.4.4 雨洪利用监控技术

雨洪利用监控技术主要包括水量监测技术与水质监测技术。

1. 监测内容

监控系统的监测内容主要包括水量和水质两方面。其中，水量监测包括天然降水量监测、外排水量监测、地下水位监测和集水池收集水量监测；水质监测包括天然降水水质监测、地表径流水质监测、渗滤井水质监测、跨水系桥非机动车道下渗水质监测、集水池水质监测和龙形水系水质监测。

2. 系统实现的主要功能

（1）实时采集、监测并分析工程范围内的水位、外排水量、雨量等数据，根据水位、外排水量、雨量等数据的变化，确定相关的数据统计及运行维护工作。

（2）定时人工进行水质、渗压井水位的数据抄表，并完成后台的数据录入及分析。

（3）在监控中心建立后台监控系统。

3. 系统结构及功能范围

（1）系统结构。中心区雨洪利用系统工程利用泵站的楼控系统完成前端设备的采集及数据传输工作。

（2）功能范围。按照功能划分，自动化监控系统包括5个子系统的建设：雨量的监测与统计、雨洪集水池水深的监测与统计、下沉花园雨洪沟及排水泵站前池水深的监测与统计、6个渗压井水位的监测与统计、雨洪泵站用水量（记录泵站前池水位）的监测与统计。

（3）数据传输。由于泵站的楼控系统提供的数据接口方式有限（可能只有数字量及模拟量I/O接口），若系统部分设备因接口问题无法接入楼控系统，则应根据情况设置相应的协议转换器，将需采集的数据转换为楼控可采集并传输的信号。

6.5.4.5 防洪减灾主要措施及结论

1. 防洪减灾主要措施

（1）利用中心区雨水利用系统及监控系统对奥运中心场区以及奥运水系的降雨量、径流量、外排流量等进行监测和调控。

（2）根据天气预报，通过采取应急措施或合理调度闸坝等，确保防洪安全。

（3）采取必要的临时应急措施，主要包括在积水点设置临时排水设施将积水排入附近河道或负荷较低的雨水管道。

2. 防洪减灾结论

（1）通过建立奥林匹克公园地区降雨产汇流积水模型，模拟分析公园路面积水及河道洪水风险，并提出应对措施，为制定奥林匹克公园洪水管理调度措施提供技术支撑。

（2）通过采取洪水管理调度措施和应急措施等，可降低奥林匹克公园积水、洪水风险，使公园安全度汛。

6.6 小　　结

（1）本章研究了中心区非机动车道雨洪削减与径流污染控制技术、跨水系构筑物（跨水系桥）雨水综合利用技术、水系岸边绿地雨水利用技术等雨水利用等新技术。

（2）将本章的雨洪利用新技术与既有技术进行集成，建立了以削减洪峰流量为核心，净化回用、入渗补源、景观生态、防洪减灾等功能相结合的奥运场区雨洪综合利用技术体系。其中，入渗补源与净化回用技术（即开源节水）包括中心区非机动车道雨洪削减与径流污染控制技术、跨水系构筑物（跨水系桥）雨水综合利用技术、城市干道透水性人行道、基于雨水净化的渗滤系统、绿地雨洪渗蓄自灌技术等方面；景观生态改良技术包括水系岸边绿地雨水利用技术、透水铺装雨水利用技术、雨洪利用新组件的研发、雨洪利用效果评价与优化技术等方面；防洪减灾技术包括对外排峰值控制、外排流量控制、水质检测等方面，主要表现在中心区雨水利用渗滤系统对奥运中心区水量与水质的监测及调控。

第7章 奥运场区雨水综合利用示范与应用

针对奥运场区内硬化铺装、绿地、树阵、下沉广场、市政道路和场区环境建设的特点，通过研发与技术攻关，集成了奥运场区雨水利用技术体系，结合奥运工程建设了奥运场区雨洪利用示范工程，并将部分成果进行了推广应用。

7.1 示范区概况

北京奥林匹克公园中心区位于北京市中轴线的北端，南起北四环路，北至科荟路，西临天辰东路，东靠湖边东路，总用地面积约 84.7hm^2。中心区包括树阵区、广场铺装区、中轴大道、下沉花园、休闲花园、水系边绿地及非机动车道等区域，详见图7.1。

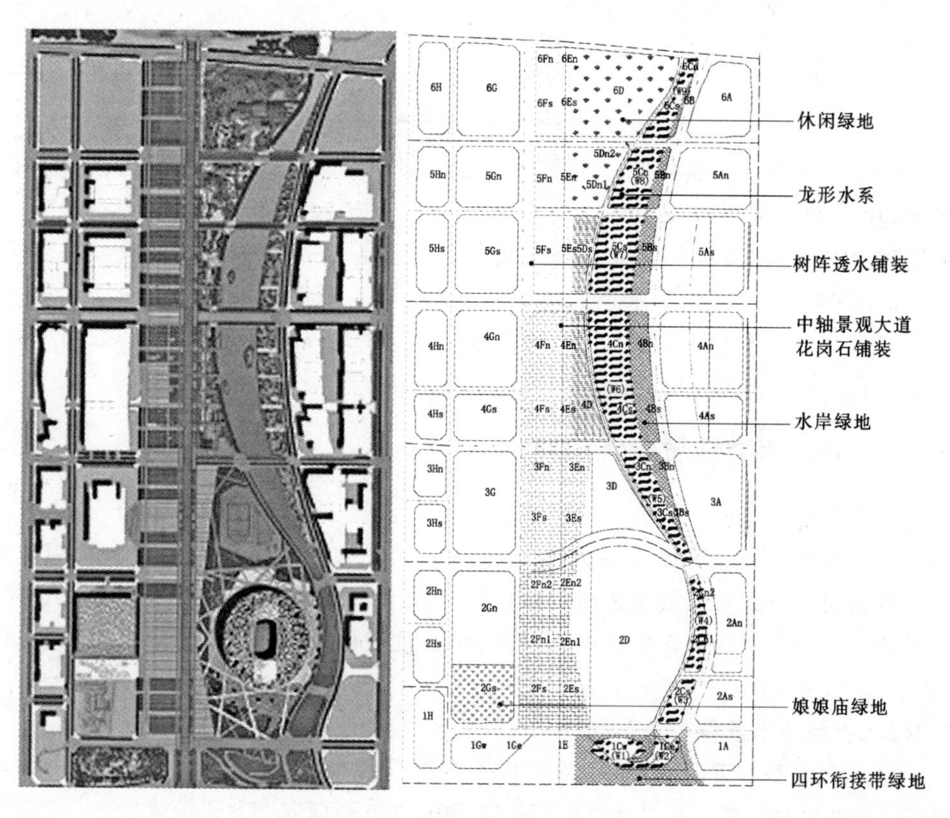

图7.1 中心区范围及分区图

7.1.1 场区水文气象条件

奥林匹克公园地处北京市区北部、城市中轴线北端，属暖温带半干旱半湿润大陆性季风气候。多年平均气温 11～12℃，极端最高气温 41.6℃，极端最低气温－21.2℃。多年平均水面蒸发量在 1200mm 左右，全年无霜期 192 天，年日照时数为 2840h，多年平均风速 2～3m/s，极端最大风速 24m/s。

根据 1956～2000 年资料统计，多年平均降雨量 603.6mm（北京市多年平均 585mm），多年平均汛期 6～9 月降雨量 487.3 mm，占年降雨量的 80.7%。降雨年际变化大，最大年降雨量 1165mm（1959 年），最小年降雨量 301mm（1999 年）；降雨的年内分配也很不均匀，多集中在汛期 6～9 月，约占全年的 85%左右。奥林匹克公园不同重现期不同历时设计雨量见表 7.1。

表 7.1　　奥林匹克公园不同重现期设计雨量　　单位：mm

时　段 (h)	重　现　期					
	1 年	2 年	5 年	10 年	20 年	50 年
1	21	38	60	76	91	112
6	34	60	102	134	168	212
24	47	81	151	209	270	351

1999 年至今，北京地区已连续 10 多年干旱缺水，平均年降雨量只相当于多年平均的 80%。中心区 2006～2010 年的 5 年中只有 2008 年的降雨量超过了多年平均降雨量，其余 4 年均没有达到平均值，尤其是 2006 年，降水总量只占多年平均值的 44%。在接近平水年的年份中，中心区的降雨量都超过了同期北京地区的降雨量，且多年平均降雨量为北京地区多年平均降雨量的 103%，表明中心区成为北京地区的降雨中心。

7.1.2 场区水文地质条件

7.1.2.1 地层土质

根据相关报告，场区表层为厚 0.90～6.00m 的人工堆积之粘质粉土填土，人工堆积层以下为新近沉积之粘质粉土层，新近堆积层以下为第四纪沉积之冲洪性粘性土、粉土、砂土。场区地表以下 9m 深度范围内的各土层渗透系数统计见表 7.2。

7.1.2.2 地下水条件

场区台地潜水近 3～5 年最高地下水位为 44.50～43.60m（自西向东逐渐降低）；1959 年最高地下水位为 45.20～42.20m（自西南向东北逐渐降低）。

表 7.2　　中心区各土层渗透系数

地层序号	地层岩性	建议值	
		(m/d)	(mm/s)
①	粘质粉土填土	0.50	5.8×10^{-3}
①-2	粉质粘土填土	0.35	4.1×10^{-3}
②	粘质粉土填土	0.30	3.5×10^{-3}
③	砂质粉土	0.90	1.0×10^{-2}
③-1	粘质粉土	0.20	2.3×10^{-3}
③-2	粉质粘土	0.03	3.5×10^{-4}
③-3	粉细砂	2.50	2.9×10^{-2}
③-4	粉质粘土含姜石	1.50	1.7×10^{-2}
④	粉质粘土	0.001	1.2×10^{-5}

场区地面下9m深的范围内普遍分布1层地下水，该层地下水类型为台地潜水，其含水层主要由粉砂、细砂③-3层及含姜石的粉质粘土③-4层（仅分布于场区西北局部位置）组成。地下水监测期间（2005年9月22～26日）于地下水位监测孔中量测的该层水静止埋深为2.48～7.61m，静止水位为36.72～42.86m。场区区域内该层水水位年变幅在2～4m，台地潜水位动态变化主要受降水量变化影响。

场区内分布的第1层地下水（台地潜水）天然动态类型属渗入—蒸发、运流型；其水位年动态变化规律一般为6～9月水位较高，其它月份相对较低，年变化幅度一般为3～4m。场区内分布的第2层（层间潜水）及第3、第4层〈层间水〉地下水天然动态类型属渗入—遥流型：其水位变化幅度一般为2m左右。

7.2　雨水利用总体方案

7.2.1　雨水利用原则

奥林匹克公园中心区的雨洪利用需要与园林绿化相结合，构造雨洪利用优美景观。采用雨洪利用技术后，应起到缓洪错峰、减轻防洪压力及保障人民生命财产安全的作用，同时减少了自来水的使用量，增加透水铺装路面使雨天道路减少积水，方便行人，减少污染物随雨水到处蔓延，使奥运中心区的总体环境得到改善。因此，充分考虑奥运场区建成后的大面积硬集中化铺装特点，通过增加下垫面透水、蓄水能力，降低径流系数，充分利用地下空间进行场区雨洪资源的综合利用，基本原则如下：

（1）下渗为主，辅助回收。

（2）先下渗、净化，再收集、回用。

（3）就近利用，降低成本。

7.2.2 雨水利用标准

示范区总面积为 84.7hm^2，包括水面、透水铺装、非透水铺装、绿化等下垫面形式，比例如图 7.2 所示，相应的雨洪利用标准分别为：水面、透水铺装、绿化地面，非透水铺装和其它地面 2 年一遇 24h 降雨。

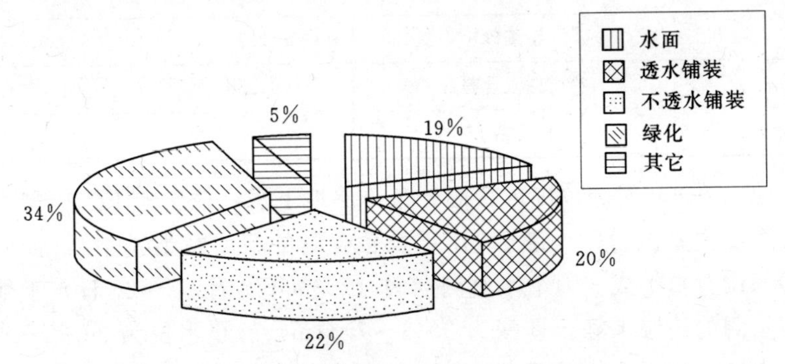

图 7.2　中心区不同下垫面面积比例关系

中心区外排雨水的综合径流系数控制标准为：1 年一遇降雨外排水量的综合径流系数不超过 0.15；2 年一遇降雨外排水量的综合径流系数不超过 0.3；5 年一遇降雨外排水量的综合径流系数不超过 0.5。

奥林匹克公园中心区充分利用绿地、树阵、广场、非机动车道的雨水，补充绿地、水系的部分水量消耗；绿地、树阵、透水铺装地面雨水以自然下渗为主。通过雨洪利用设施建设，减少区域内因开发建设造成的降雨径流系数增大，严格控制外排水量的增加，使奥林匹克公园中心区雨洪综合利用率大于 80%。标准内雨水通过各区域的雨水收集系统就地回收到蓄水池，净化后就近回用于绿地灌溉，或就近排入水系，合理利用雨水资源。

7.2.3 雨水利用系统流程

雨水利用系统采用雨水入渗系统、雨水收集回用系统、雨水调蓄排放系统的组合，系统流程如图 7.3 所示。

雨水入渗系统将雨水转化为土壤水，其手段或设施主要有透水地面入渗、渗滤沟入渗、渗滤（检查）井入渗、草地入渗等。例如通过透水地面、多孔垫层，利用铺装结构的孔隙下渗、暂蓄雨水，雨水通过多重过滤净化确保收集的水质清洁。

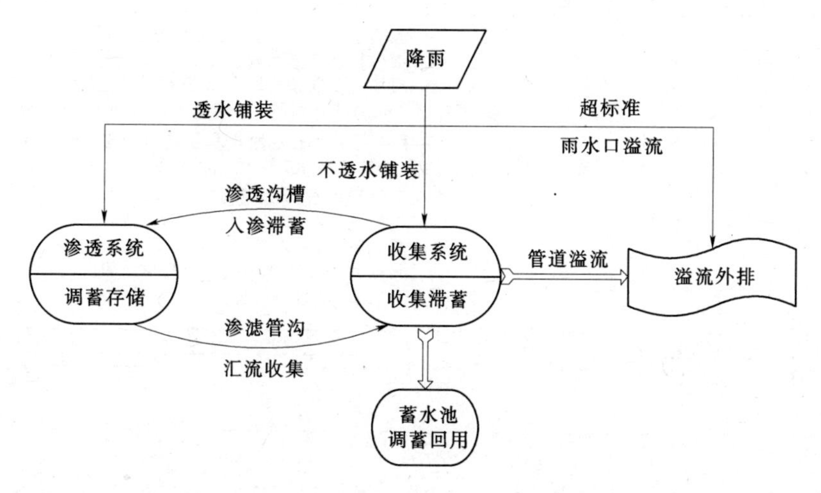

图 7.3　奥林匹克公园中心区雨洪利用系统流程示意图

雨水收集回用系统是对雨水进行收集、沉淀、储存、水质净化，将雨水转化为产品水，替代自来水、再生水使用，用于绿化灌溉、水系景观等。对中轴广场，主要由透水毛管、支渗滤沟、主渗滤沟以及渗滤型透水沟、渗滤型弃流井、渗滤型检查井、雨水收集池组成。

调蓄排放系统或技术是将雨水排放的流量峰值减缓、将排放时间延长，其手段是通过下沉花园的蓄洪沟和水系储存调节。另外通过信息化雨洪调度，充分利用水系蓄洪，将 5 年一遇 24h 降雨滞蓄在水系内。

7.3　透水铺装地面

示范区透水铺装地面主要包括混凝土透水砖铺装地面、风积砂透水砖铺装地面、露骨料透水混凝土铺装地面、植草地坪、木塑地面和嵌草石板汀步等。

7.3.1　混凝土透水砖铺装地面

混凝土透水砖铺装由基床、开级配碎石底基层、无砂大孔混凝土基层、结合层、混凝土透水砖面层组成（见图 7.4），中心区的铺装面积为 85568m^2。

开级配碎石底基层为起过渡与填充作用的构造层。采用质地坚韧、耐磨的破碎花岗岩或石灰石破碎而成的连续级配碎石，粒径范围在 2.36～31.5mm，抗压强度不小于 80MPa。

无砂大孔混凝土基层为扩散上层荷载、铺设面层的结构层。无砂大孔混凝土为不含细骨料、由粗骨料和水泥浆相互粘结而形成的具有一定孔隙、透水性能较好的混凝土。

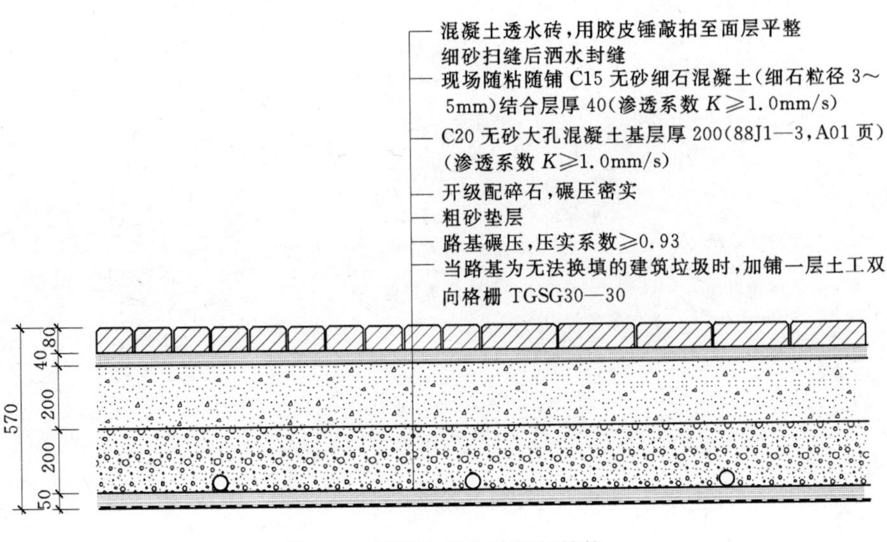

图 7.4　混凝土透水砖铺装结构

结合层（找平层）为过渡面层与基层平整精度，并实现面层与基层的牢固粘结的构造层。混凝土透水砖的结合层指由 1～5mm 粒径的石屑为骨料拌制的粘结层。

混凝土透水砖以碎石、水泥为主要原料，经成型工艺处理后制成，具有较强的渗透性能。其规格有 125mm×125mm×80mm、125mm×250mm×80mm、250mm×250mm×80mm 等几种。混凝土透水砖所要求的技术指标为：抗压强度不小于 35MPa；抗折强度不小于 6MPa；磨坑长度不大于 35mm；保水性不小于 0.6g/cm^2；透水系数（水温 15℃）不小于 0.1mm/s；抗冻性不小于 25 次；砖长度、宽度、厚度尺寸偏差值±2.0mm；砖垂直度尺寸偏差值不大于 2.0mm；其它指标满足《透水砖》（JC/T 945—2005）的要求。

7.3.2　风积砂透水砖铺装地面

公园采用了大面积的风积砂透水砖铺装，面积达 36021m^2。这种新材料、新工艺的创新技术，不仅提高了路面透水砖的性能，同时也解决了大块透水砖抗折强度的问题。它主要靠破坏水的表面张力来透水，透水砖的表面具有光滑的质感，优于普通无砂混凝土透水砖。透水砖和结合层材料完全采用沙漠中的风积砂，是一种变废为宝的新技术，这种材料在雨水下渗过程中还能起到很好的净化过滤作用。风积砂透水砖的结合层指采用专用水洗风积砂及粘接材料拌制的粘结层。

风积砂透水砖铺装由基床、开级配碎石底基层、无砂大孔混凝土基层、结合层、风积砂透水砖面层组成，如图 7.5 所示。风积砂透水砖的规格有 125mm×

250mmn×80mm、250mm×250mm×80mm、250mm×500mm×80mm、500mm×500mm×80mm 等几种。

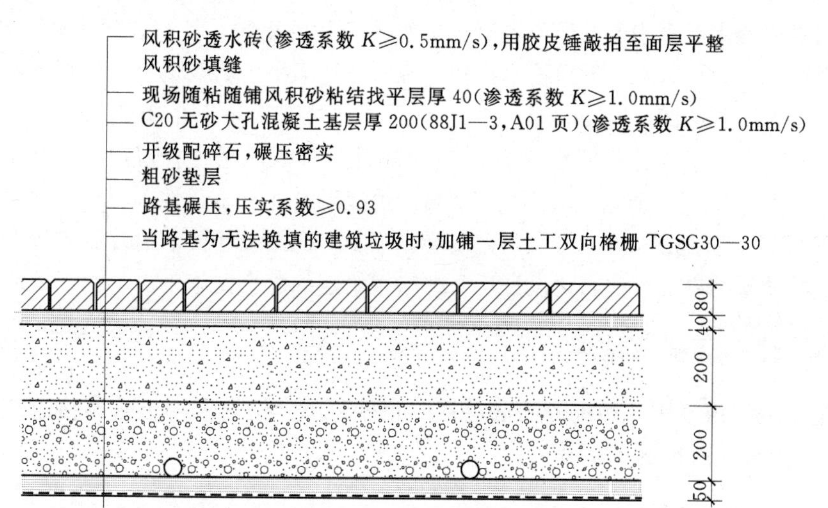

图 7.5 风积砂透水砖铺装结构

风积砂透水砖所要求的技术指标为：抗压强度不小于 35MPa；抗折强度不小于 9.0kN；磨坑长度不大于 35mm；保水性不小于 0.6g/cm^2；透水系数（水温 15℃）不小于 0.5mm/s；抗冻性不小于 25 次冻融循环后外观质量符合规定，且抗压强度损失率不大于 20%；砖长度、宽度、厚度尺寸偏差值±2.0mm；砖垂直度尺寸偏差值不大于 2.0mm；透水砖应符合表 7.3 所列的环保要求；其它指标应满足《透水砖》（JC/T 945—2005）的要求。

表 7.3 风积砂透水砖环保指标要求

项　目	标准限制（mg/L）	项　目	标准限制（mg/L）
汞	0.05	铍	0.1
铅	3	钡	100
镉	0.3	镍	10
总铬	10	砷	1.5
六价铬	1.5	氟化物	50
铜	50	氰化物	1
锌	50		

7.3.3 露骨料透水混凝土铺装地面

露骨料透水混凝土是由粗骨料、水泥和水拌制而成的一种孔隙均匀分布的蜂窝状结构混凝土，有足够的强度和良好的透水性，能够将雨水渗透到地下，起到改善地下生态、减少地表径流、节省能源的作用。中心区的露骨料透水混凝土铺装面积达42953m²。

露骨料透水混凝土的基层与混凝土透水砖的基层相同，其铺装断面见图6.21。露骨料透水混凝土应满足下列技术指标：抗压强度不小于25MPa；抗折强度不小于6.0kN；保水性不小于0.6g/cm²；透水系数（水温15℃）不小于2.5mm/s；孔隙率不得小于15%；抗冻性不小于50次冻融循环后外观质量符合规定，且抗压强度损失率不大于20%，质量损失不大于5%；耐酸雨腐蚀（耐久性10年），强度损失不大于25%，质量损失不大于5%；混凝土配制应根据设计要求的片石粒径和色彩及材料的试验结果进行配合比设计后，严格按给定的配合比施工。

7.3.4 停车场植草地坪

植草地坪由基床、级配碎石底基层、粗砂垫层、钢筋混凝土植草格组成，见图6.22所示，面积达17110m²。

7.3.5 木塑地面

木塑地面由基床、无砂混凝土基层、木塑龙骨和木塑面板组成，如图7.6所示，面积达5708m²。木塑龙骨和木塑面板使用的木塑复合材料是目前新型生物质复合材料家族中最具活力的一个分支，也是一类能够具备多种功能的绿色环保材料。该材料是以锯末、木屑、竹屑、麦秸、谷糠、椰壳、大豆皮、花生壳、甘蔗渣、棉秸秆等初级生物质材料为主原料，利用高分子界面化学原理和塑料填充改性的特点，配混一定比例的塑料基料，经特殊工艺处理后加工成型的一种可逆性循环再生利用、健康环保、形态结构多样的基础性材料。

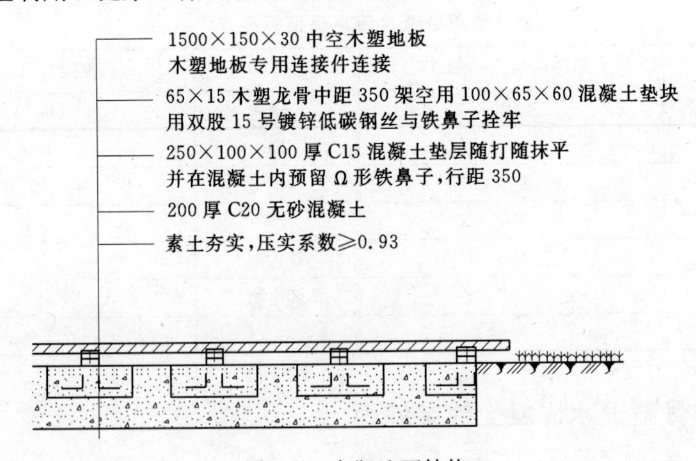

图7.6 木塑地面结构

7.3.6 嵌草石板汀步

嵌草石板汀步由土基床、砂垫层和石板组成，施工简单易行，如图 7.7 所示，面积达 1399m²。嵌草石板汀步可适应地基变形，石缝中植草，并很容易生长。

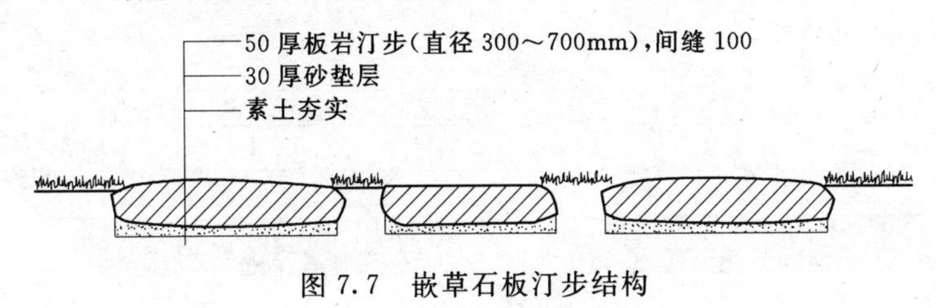

图 7.7 嵌草石板汀步结构

7.4 透水地面雨水收集利用系统

针对场区透水地面面积较大且集中的特点，建设了透水地面雨水的收集利用示范工程。

7.4.1 技术流程

透水地面雨水收集利用系统由透水地面、多孔垫层、透水毛管、支渗滤沟、主渗滤沟、雨水池等组成。雨水通过多重过滤净化，汇集到雨水集水池，用来灌溉绿地或补充水景，流程和原理如图 7.8 和图 7.9 所示。雨水的渗滤主要靠透水地面的结构和铺设的集水材料。因透水地面结构由透水砖（或带缝隙的不透水材料）、连接找平层、垫层构成，在垫层内一定间距埋设全透型排水管收集雨水。雨水通过透水砖、连接找平层、垫层、全透型排水管得到多重净化。

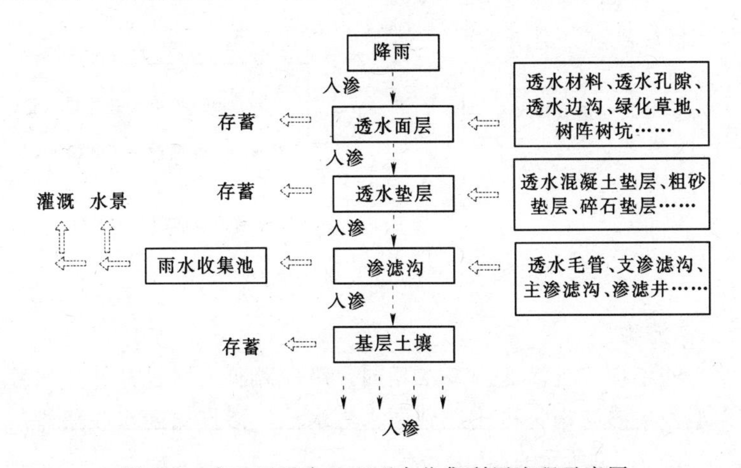

图 7.8 中心区透水地面雨水收集利用流程示意图

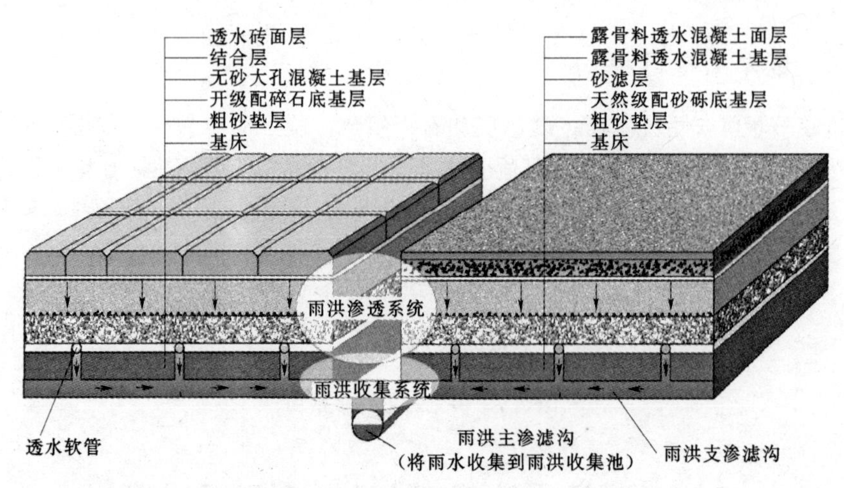

图 7.9　中心区透水地面雨水渗滤、收集原理

7.4.2　关键设施

7.4.2.1　支渗滤沟

支渗滤沟为透水地面局部下降形成的通长的渗滤沟槽，渗滤沟槽边缘为无纺布反滤层，槽内为单级配碎石，级配碎石内埋设全透型排水管，雨水通过收集毛管汇入支渗滤沟，渗排龙雨水收集管规格 2－*D*100，共 5996m，如图 7.10 所示。

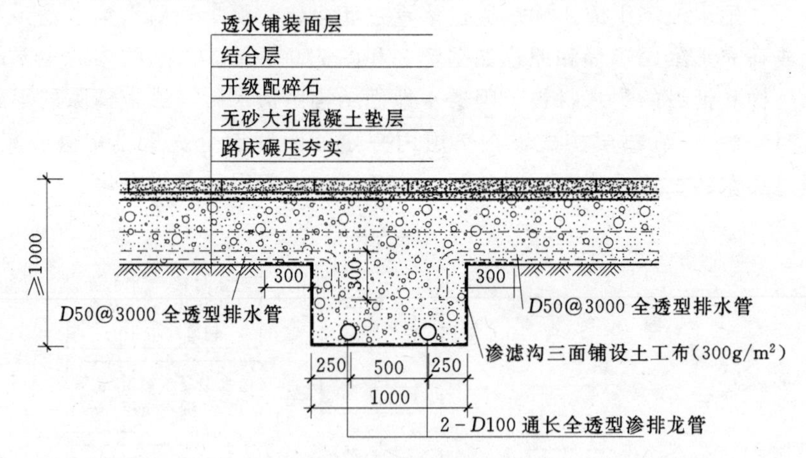

图 7.10　雨水支渗滤沟大样

7.4.2.2　主渗滤沟

主渗滤沟的结构与支渗滤沟基本相同，级配碎石内埋设冲孔排水管，雨水通过支渗滤沟汇入主渗滤沟，再输送到雨水集水池，渗排龙雨水收集管规格 *D*300，共 1387m，如图 7.11 所示。

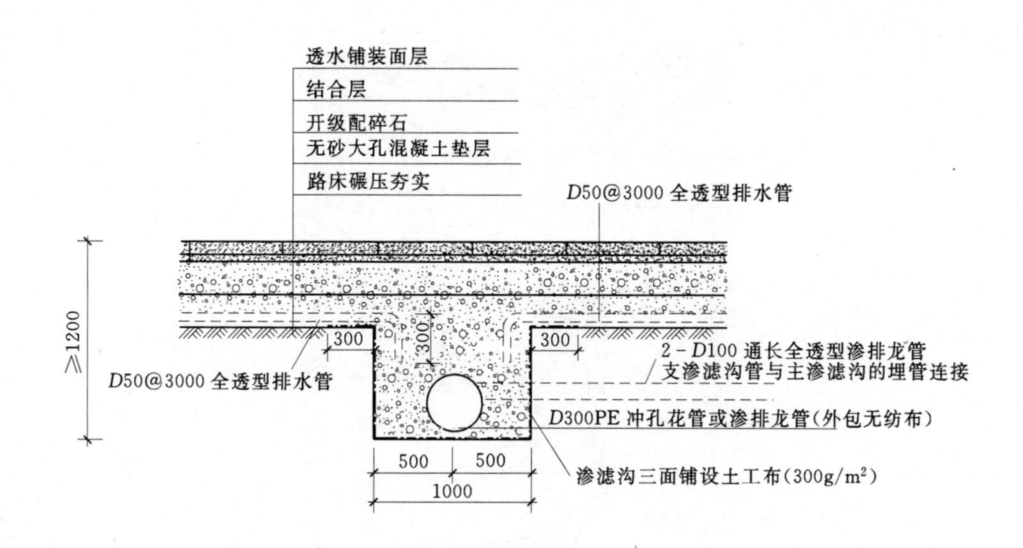

图 7.11　雨水主渗滤沟大样

7.4.2.3　雨水收集池

经计算，在中心区共设置 10 个雨水收集池，位置如图 7.12 所示，容积共 8020m³，技术参数见表 7.4。其中在中轴景观大道和树阵区设 800m³ 水池 5 个、400m³ 水池 3 个，在下沉花园设 1820m³、970m³ 水池各 1 个，水池为地埋式钢筋混凝土结构。

表 7.4　　雨水收集池参数

序号	雨水池编号	净长(m)	净宽(m)	底面积(m^2)	最大水深(m)	最大净容积(m^3)	匹配泵站	所属地块
1	A1 池	17.0	17.0	287.6	2.8	805.2	泵站 P－6	2Fn1 区
2	A2 池	17.0	17.0	287.6	2.8	805.2	泵站 P－7	2Es 区
3	A3 池	17.0	17.0	287.6	2.8	805.2	泵站 P－9	3En 区
4	A4 池	17.0	17.0	287.6	2.8	805.2	泵站 P－5	3Fn 区
5	B 池	23.0	12.5	285.9	2.8	800.5	泵站 P－4	4Fn 区
6	C 池	12.0	12.0	143.4	2.8	401.4	泵站 P－3	5Fs 区
7	D 池	12.0	12.0	143.4	2.8	401.4	泵站 P－2	5Dn2 区
8	E 池	12.0	12.0	143.4	2.8	401.4	泵站 P－1	6D 区
9	F1 池	25	19	477.1	3.82	1823	泵站 P－8	南下沉
10	F2 池	18	13	237.7	4.09	972	泵站 P－10	北下沉

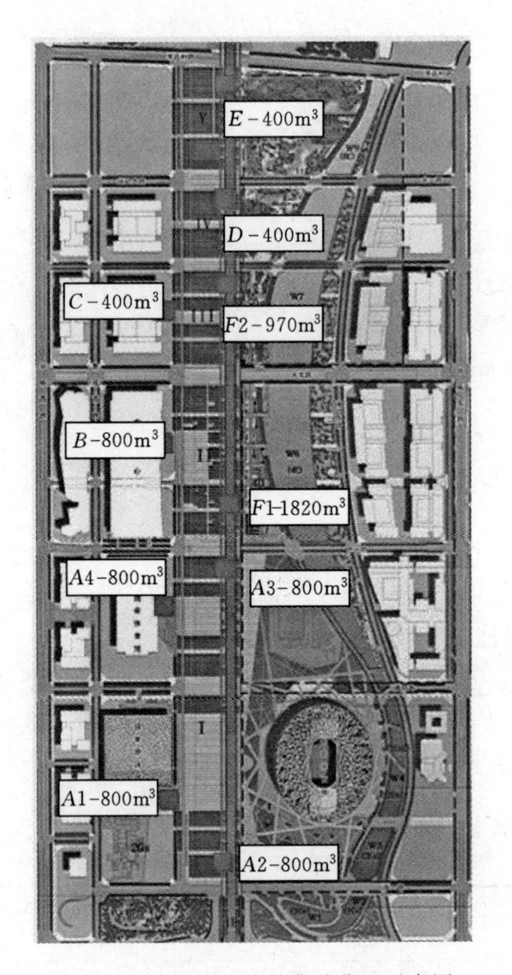

图 7.12 中心区雨水收集池位置示意图

雨水集水池结构为钢筋混凝土独立结构，分散布置，在保证能顺利收集来自主渗滤沟雨水的同时，使其尽量接近用水点。集水池内设风积砂渗滤墙一道，除了遮挡漂浮物之外，又加强过滤，以保证吸水口的水质洁净。集水池末端接灌溉泵站，集水池的冲洗、排空均在该泵站解决。

7.5 绿地雨水利用措施

7.5.1 下凹式绿地

绿地部分主要以雨水下渗为主，用绿地涵养水源，减少绿化灌溉。因此，全部采用下凹式绿地或带增渗设施的下凹式绿地形式进行雨洪利用，面积达

22.64hm^2。绿地比周围路面或广场下凹 50～100mm，路面和广场多余的雨水可经过绿地入渗或外排。增渗设施采用 PP 透水片材、PP 透水型材、PP 透水管材以及渗滤框、渗槽、渗坑等多种形式。在大面积的绿地内也设计了一定数量的雨水口，但雨水口高于绿地 50mm，只有超过设计标准的雨水才能经雨水口排入市政雨水管道。而且，绿地均通过地形设计，增强渗水能力。

7.5.2 草地雨水蓄—排工程

在休闲花园内 2 片作为大屏幕观众席的草地建设了雨水蓄排工程，采用的技术原理见 6.3.1，示范工程面积为 26963.95m^2。

7.5.3 屋顶雨水蓄—排工程

分别在中心区水系东岸地下商业屋顶和中心区地下商业出口为陡坡的种植屋面建设了屋顶雨水蓄—排工程，技术原理见 6.3.2 和 6.3.3，工程面积为 7132.7m^2。

7.6 雨水利用组件的示范应用

7.6.1 渗滤型排水沟

中轴景观大道有绿化带的两侧排水沟及景观路、湖边西路、树阵内广场及人行道的透水铺装区，采用渗透型 U 形排水沟，规格分两种，一种规格为高 375mm、宽 175mm、长 5112m，一种规格为高 135mm、宽 175mm、长 1540m，如图 7.13 所示。

图 7.13 渗滤型透水沟

7.6.2 雨水渗滤井

所有的雨洪利用检查井均为渗滤井，其中 LDPE 雨水渗滤井 163 座、风积砂雨水渗滤井 20 座、混凝土透水砖雨水渗滤井 18 座。

7.6.3 无动力弃流井

在 U 形线性排水沟上每隔 30m 左右，设置无动力渗滤型弃流井，同时可渗透、过滤、检查、储存，多功能集于一体，如图 7.14 和图 7.15 所示，共建设弃流井 28 座。该井截留初期雨水（2～4mm 降雨）后再进入雨水收集系统，当雨量超过雨洪利用设计标准时，收水系统被充满，排放口内水面升至溢流排放水位后由雨水管道排放。实现雨时暂存，雨后下渗；雨多收水，过剩排走。

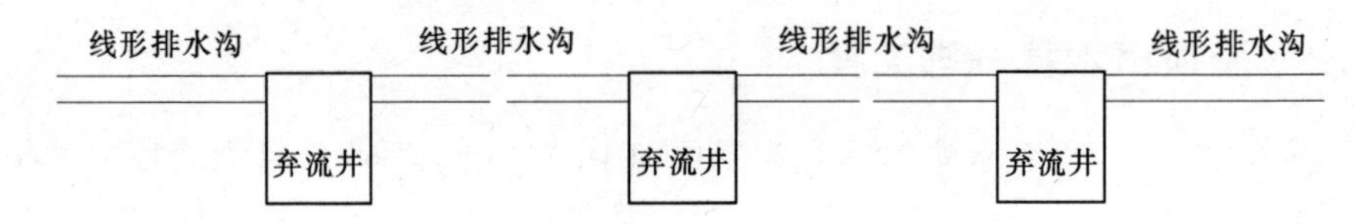

图 7.14 串联的弃流井可滞蓄雨水

图 7.15 弃流井

弃流井的底板为碎石垫层上浇筑无砂混凝土，井壁为现场砌筑混凝土透水砖。经测试，弃流井的综合渗透系数达到 1.0mm/s 以上。

7.7 下沉花园雨水利用

根据下沉花园的地形和功能要求，确定雨水利用系统的设计原则为：下渗为主，辅助回收；先下渗、净化，再收集、回用；回用就近用于下沉花园绿化用水及观赏水景用水以降低成本。雨水利用系统设计重现期定为 5 年。下沉花园的防洪标准为 50 年一遇降雨设计、100 年一遇降雨校核。

下沉花园采用第 3 章研究提出的雨洪利用方案，工艺流程图如图 7.16 所示。

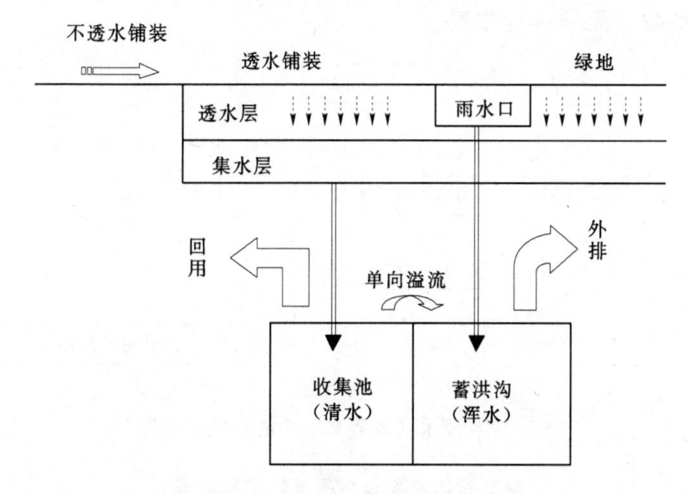

图 7.16　下沉花园雨洪利用工艺流程图

7.8　示范工程雨水利用效果

7.8.1　雨水综合利用量

2009 年中心区降雨量为 456mm，降雨总量为 410400 m^3，外排量为7065 m^3，雨水综合利用量为降雨量与外排量差值，即 395108 m^3，其中收集水量 5063m^3。2009 年中心区雨洪综合利用率为 98.2%。

7.8.2　减少雨水外排量

中心区实施雨洪利用设施后多年平均减少雨水外排量理论值为 82970.6m^3。2009 年实测数据显示，中心区减少雨水外排量为 121808 m^3，其中增加入渗量为 116745 m^3。

7.8.3　水质特性

雨水在收集系统中的路径主要有 7 种：①天然降水→非透水铺装→集水池；②天然降水→透水铺装→集水池；③天然降水→绿地→集水池；④天然降水→透水铺装→渗滤井；⑤天然降水→绿地→渗滤井；⑥天然降水→绿地→龙形水系；⑦天然降水→龙形水系。详见图 7.17。

以 2009 年 7 月 17 日和 2009 年 8 月 7 日降雨为例，两场降雨雨水收集系统的水质状况见表 7.5。其中由于两场降雨发生时透水铺装表面都没有产流，因此，路径②和路径④无监测数据；另外，由于水系水体属于综合水质，因此路径

⑥和路径⑦的数据无法进行监测。

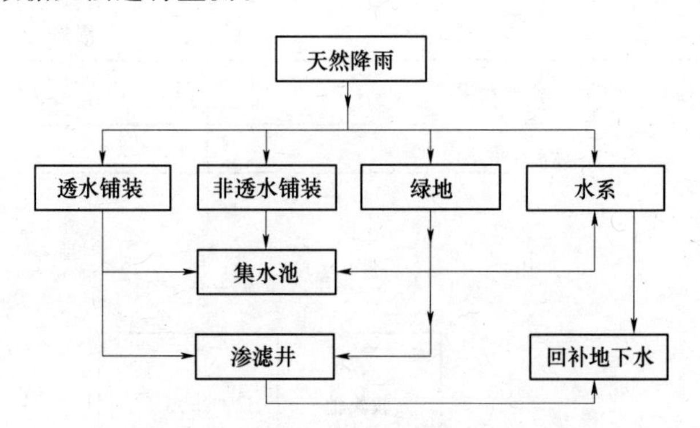

图 7.17　雨水在收集系统中的路径示意图

表 7.5　　　　　　　　雨水收集系统各水质指标检测结果

序号	检测日期（年-月-日）		pH 值	化学需氧量（COD）（mg/L）	5 日生化需氧量（BOD_5）（mg/L）	氨氮（mg/L）	色度（度）	浊度（NTU）
1	城市绿化用水限值		6～9	—	≤20	≤20	≤30	≤10
2	2009-07-17	天然降水	7.13	22.1	5.7	1.12	16.5	2.78
		非透水	7.42	26	4.2	0.28	9	2.33
		绿地	7.64	20	3.22	0.43	16	4
		集水池（A4）	7.6	25	3.8	0.5	10	2.6
		集水池（D）	7.5	16	3.1	0.13	15	2.35
		渗滤井	7.5	6.3	1.1	0.03	8	2.28
3	2009-08-07	天然降水	7.06	26.2	6.82	1.28	19.4	3.4
		非透水	7.65	32.5	4.88	0.33	11	2.71
		绿地	7.06	25	3.75	0.51	18.8	4.61
		集水池（A4）	7.8	31.7	4.3	0.67	11	2.9
		集水池（D）	6.91	23.6	3.9	0.14	19	4.6
		渗滤井	7.15	10.8	1.9	0.08	11	3.57

根据径流产生量的多少和监测的难易程度，主要对路径①、③和⑤的水质监测结果进行了分析。结果表明：①pH 值变化趋势不明显，但均满足城市绿化用水及景观水体指标限值的要求；②COD、SS、BOD 含量和浊度基本呈下降趋势，均满足城市绿化用水指标限值的要求，COD、BOD 和浊度还满足城市景观水体指标限值的要求；③绿地地表径流中的色度值较高，上升趋势较明显，与地表生长的植被有关，收集系统末端水样均满足城市绿化用水及景观水体指标限值的要

求。总体上，雨水收集系统所收水样各污染物指标含量值总体呈下降趋势，表明水质得到了改善，水系水质满足地表Ⅲ类水体的水质标准，蓄水池水质满足城市绿化用水及景观水体的水质标准。

总体上，奥林匹克公园中心区雨洪利用示范工程起到了缓洪错峰、减轻防洪压力以及保障人民生命财产安全的作用，也减少了自来水的使用量，有利于缓解水资源危机，同时透水铺装使雨天道路减少积水，方便行人，减少污染物随雨水到处蔓延，使项目区环境得到改善。

7.8.4 示范工程内容及工程量

示范工程包括铺装工程、管线工程及雨洪利用组件，见表7.6～表7.8。

表7.6 中心区各种铺装分类

序号	铺装分类	项目	单位	面积
1	非透水铺装	石材铺装	m^2	181264
2		压花地面	m^2	2670
3		其它不透水铺装	m^2	5131
4		小计	m^2	189065
5	透水铺装	混凝土透水砖	m^2	85568
6		风积砂透水砖	m^2	36021
7		露骨料透水混凝土	m^2	42953
8		木塑地面	m^2	5708
9		青砖、嵌草石板路等其他透水铺装	m^2	1399
10		小计	m^2	171649
11	合计		m^2	360713

表7.7 中心区雨洪利用组件统计

序号	组件名称	材质	规格	单位	数量
1	雨洪收集毛管	透型排水管	*DN*50	m	36339
2	雨洪收集管	渗排龙	*DN*100	m	7120
3	雨洪收集管	渗排龙	*DN*200	m	33
4	雨洪收集管	渗排龙	*DN*300	m	2466
5	雨洪收集管	渗排龙	2-*DN*100	m	14409
6	冲孔花管	HDPE	*DN*200	m	0
7	冲孔花管	HDPE	*DN*300	m	260
8	排水管	HDPE	*DN*200	m	0
9	排水管	HDPE	*DN*300	m	0

续表

序号	组件名称	材质	规格	单位	数量
10	雨洪连通管	HDPE	DN300	m	1151
11	雨洪连通管	HDPE	DN200	m	1176
12	雨洪弃流井	透水砖		座	28
13	雨洪检查井	风积砂	D600	座	20
14	雨洪检查井	透水砖	D700	座	155
15	雨洪汇集井	页岩砖	DN1000	座	6
16	雨洪汇集井	透水砖	DN1000	座	9
17	电动阀门井	页岩砖		座	2
18	雨洪渗滤井	透水砖		座	18
19	渗压井	透水混凝土管及页岩砖	D400	座	6
20	渗滤型排水沟	树脂混凝土，不锈钢箅子，开孔率4%，承压20t	H=375、B=125	m	3790
21	U形排水沟	树脂混凝土，不锈钢箅子，承压40t	H=375、B=125	m	5112
22	U形排水沟	树脂混凝土，不锈钢箅子，承压40t	H=135、B=125	m	1540
23	读数井	页岩砖	DN1000	座	3
24	渗透式雨水井	LDPE		座	163
25	PP透水网片材	PP	厚20mm	m^2	1912
26	PP透水网片材	PP	厚30mm	m^2	14157
27	PP透水网型材	PP	300×100	m	3806
28	蓄、排水盘组件	PP	厚20mm	m^2	5881
29	无纺布			m^2	20472
30	预制混凝土箅子			块	1944
31	砂石回填			m^3	7348
32	覆土回填			m^3	50398
33	开级配碎石垫层200mm			m^3	6558
34	C20无砂混凝土基层200mm			m^3	19494
35	雨洪收集池	钢筋混凝土	400m^3	座	3
36	雨洪收集池	钢筋混凝土	800m^3	座	5
37	雨洪收集池	钢筋混凝土	500m^3	座	1
38	雨洪收集池	钢筋混凝土	1000m^3	座	1
39	雨洪泵站	钢筋混凝土		座	10
40	下沉花园排洪泵站	钢筋混凝土		座	1

表 7.8　　中心区雨洪利用工程费用

序号	项 目 名 称	雨洪利用管线（万元）	透水铺装（万元）	合计（万元）
1	铺装Ⅰ标	335.00	1424.65	1759.65
2	铺装Ⅱ标	486.97	1180.03	1667.00
3	铺装Ⅲ标	458.08	1254.33	1712.41
4	下沉花园	665.11	906.50	1571.61
5	东、西岸绿地	149.00	274.51	423.51
6	休闲花园	209.32	353.28	562.60
7	水系Ⅰ标跨水系平台	0.00	94.00	94.00
8	水系Ⅱ标跨水系平台	0.00	125.00	125.00
9	湖边西路及水系西岸观景平台	0.00	200.00	200.00
10	合计	2303.47	5812.30	8115.78

7.9 成果推广应用

在对奥运场区雨水利用技术进行研究和技术集成的同时，还进行了推广应用，特别在南水北调中线工程、永定河综合整治工程、西安大明宫复建工程中的应用取得了良好的社会、环境和经济效益。

7.9.1 南水北调惠南庄泵站雨水利用工程

7.9.1.1 惠南庄泵站基本情况

惠南庄泵站是南水北调中线工程总干渠上唯一的一座大型加压泵站，是北京段实现管涵加压输水的关键性控制工程，是向首都北京供水的心脏，是中线工程的里程碑、代言人，是南水北调中线工程的标志性建筑物。惠南庄泵站位于北京市房山区大石窝镇惠南庄村东，北拒马河北支Ⅰ级阶地上，距北京城区约 60km，距中线总干渠终点颐和园团城湖约 78km。泵站厂区西北为惠南庄村，东南为郑家铺村，东面是果园，西、南、北面为耕地。站址处为平原区，地势平坦开阔，南侧距北拒马河北支河道约 540m。

泵站厂区内总用地面积 12.18hm^2，其中绿化面积 7.249hm^2，道路广场硬化铺装面积 2.68hm^2，景观水池（兼做集水池）0.85hm^2，建筑用地面积 2.6879hm^2，厂区地面设计高程 68.50m。

7.9.1.2 雨水利用措施

工程采用本项目的研究成果进行了雨洪利用设计，工艺流程如图 7.18 所示，设计标准为 2 年一遇降雨零排放。整个厂区通过采用透水路面系统、生态卵石散水、渗滤沟、下凹式绿地、屋顶雨水收集系统进行雨水利用。道路均采用透水砖面层和无砂混凝土垫层，既达到了透水的目的，又满足了路面行车的强度要求；厂区绿地采用下凹式绿地的形式，低于周边道路 100mm，达到蓄水的目的，减少对绿地的灌溉；建筑周围的散水采用生态卵石散水，散水外侧用透水缘石挡边，使之与周边的绿地连通；沿厂区主要道路及主要绿地下面铺设雨洪利用渗滤沟，最大限度地通过透水砖及下垫面达到截流、净化雨水的效果，渗滤沟的末端通向厂区的景观水池；厂区中最大建筑群体主副厂房的屋顶雨水经初期弃流直接收集于景观水池中。本工程大部分的雨水通过雨水利用措施渗透于地下，用于补充地下水，其它雨水收集于景观水池，作为景观绿化用水，泵站外观见图 7.19。

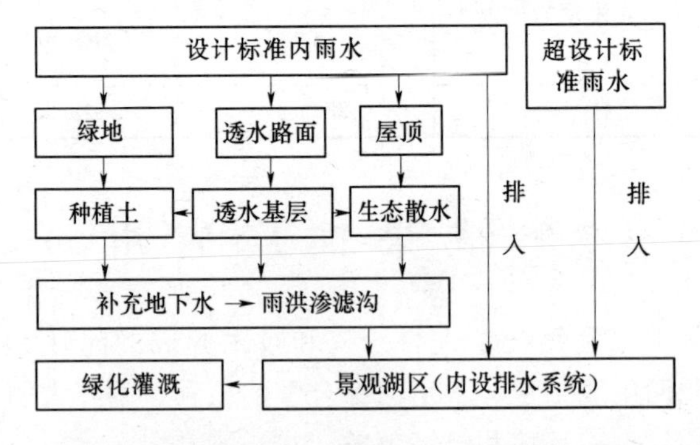

图 7.18　惠南庄泵站雨水利用工艺流程示意图

图 7.19　惠南庄泵站建成效果图

7.9.1.3　雨水利用效果

通过厂区内的雨洪利用设计，取消了雨水管道系统，地面可以设计成没有纵坡的平面，减少了设计的管道综合量，更重要的是减少了雨水管道系统的工程量和投资。

工程实现了2年一遇降雨零排放，多年平均年综合利用雨水71253m³，其中主副厂房屋顶雨水全部收集于景观水池中，用于绿化灌溉用水，收集回用量约3500m³，其它区域均下渗，补充地下水源，入渗地下量约67753m³，平均外排洪峰削减率15%，在一定程度上减少了市政管线的投资。厂区雨洪利用经济分析见表7.9。

表7.9　雨洪利用经济分析

厂区面积 (hm²)	土建及设备造价 (万元)	多年平均降雨量 (mm/年)	雨洪利用量 (m³/年)	节省水资源费 (万元/年)
12.18	300	585	71253	35

7.9.2　永定河综合治理雨水利用工程

7.9.2.1　工程基本情况

永定河北京段全长170km，分为官厅山峡段、平原城市段、平原郊野段，流经门头沟、石景山、丰台、房山和大兴五个区。永定河是北京的母亲河，孕育了深厚的文化底蕴和独特的人文资源，也是首都的防洪安全屏障、供水河道和水源保护区。但如今存在着防洪安全隐患、缺乏生态用水、生态系统严重退化、沿线五区经济发展滞后等问题，因此实施了综合整治工程。在综合整治工程实施的工程中，对管理房、园路等的建设采用了雨水利用措施。

7.9.2.2　雨水利用措施

工程的雨水利用工艺流程如图7.20所示。

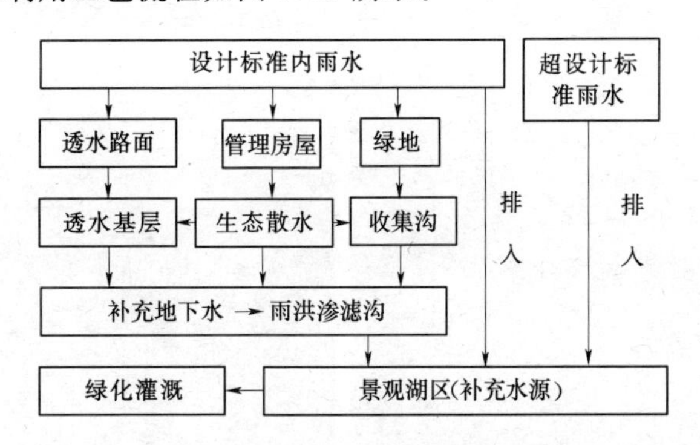

图7.20　永定河综合治理雨水利用工艺流程示意图

1. 管理房及周边雨水利用措施

雨水利用设施按2年一遇降雨零排放的标准设计，工程范围内没有设置管道系统，代之以透水路面系统、生态卵石散水、渗滤沟、下凹式绿地的设计。道路均采用透水砖面层和无砂混凝土垫层，既达到了透水的目的，又满足了路面行车的强度要求；管理房范围绿地采用下凹式形式，低于周边道路 100mm，达到蓄水的目的，减少对绿地的灌溉；建筑周围采用生态卵石散水，散水外侧用透水缘石挡边，使之与周边的绿地连通；主要道路及主要绿地下面铺设雨洪利用渗滤沟，最大限度地通过透水砖及下垫面达到截流、净化雨水的作用，本工程大部分的雨水通过雨洪措施渗透于地下，用于补充地下水，其它雨水收集于湖区，作为景观绿化用水。

2. 园路雨洪利用措施

铺装道路 10 万 m^2，采用透水铺装结构，面层为透水砖，基层为无砂混凝土，两侧为形成微地形的景观绿地。雨水通过无砂混凝土的过滤，补给绿地，其它的雨水流入景观湖区。

7.9.2.3 工程雨洪利用效果

通过雨洪利用设计，地面可以设计成起伏有致的微地形，减少了设计的管道综合量，更重要的是减少了雨水管道系统的工程量和投资（见图 7.21）。

图 7.21 永定河综合治理工程雨水效果

工程实现了 2 年一遇降雨零排放，多年平均年综合利用雨水 32.37 万 m^3，其中管理房区域雨水全部用于绿化灌溉用水，收集回用量约 3000m^3，其它区域均补给湖区，补水量约 32 万 m^3。雨洪利用经济分析见表 7.10。

表 7.10　雨水利用经济分析

项　　目	工程面积 (hm²)	土建及设备造 (万元)	多年平均降雨量 (mm/年)	雨洪利用量 (万 m³/年)	节省水资源费 (万元/年)
雨洪利用	553.3	5715	585	32.37	160

7.9.3　大明宫御道广场雨水利用工程

7.9.3.1　工程基本情况

御道广场位于陕西省西安市大明宫国家遗址公园丹凤门与含元殿之间，是唐代皇帝举行大典、阅兵、接见外国使臣的开阔庭院，其占地总面积 232000 m^2，其中绿化面积为 32500m^2，广场可容纳约 1 万人。

御道广场建筑设计理念为面层纯平，无排水坡度。该工程为唐大明宫遗址公园的主入口，又位于西安火车站北侧人流密集区，场地雨水排放非常重要，设计采用 5 年重现期，降雨历时取 10min。

7.9.3.2　雨水利用措施

该雨水利用工程总体，采用透水铺装及渗排水技术。广场铺装面层采用粗骨粒透水混凝土，由于广场地面标高下方 600cm 处即为唐土遗址，且地处湿陷黄土区，故在铺装层下设不透水层截留雨水。不透水层找坡使整个广场道分成 9 个汇水区域，每个区域内设置一条长 330m、宽 0.5m、深 0.5m 的透水沟，广场地面雨水经透水混凝土渗透到级配砾石疏水层，经砾石疏水层及支沟侧壁的孔洞流至支沟（次排水沟）。另外，为了防止若干年后透水混凝土衰减造成透水能力下降，在透水混凝土面层以 18m 间隔的涨缝做宽度为 20mm 的条缝形雨水口，经条缝形雨水口直接流进下面的支沟内（见图 7.22）。各支沟内雨水再汇集至主雨水暗沟（主排水沟），同时主雨水暗沟以广场中央为界，分别向东侧和西侧排入市政雨水管道内，以对称方式设置。雨水管上游通过溢水井接至含元殿南水系，当雨水管充满时，管内雨水可溢流至含元殿南水系，补充含元殿南水系水量。透水沟北侧设雨水联通管至含元殿前水系，需要时可向水系补水。雨水利用流程见图 7.23。

7.9.3.3　雨水利用效果

场区实施雨水利用措施后可明显减少广场积水。雨水外排量 105256 m^3，增加可直接利用雨水量 6774.4 m^3。收集的雨水主要用于绿化和道路场地用水。雨水利用措施实施后，可将雨水作为广场道路场地用水和灌溉用水的水源，减少自来水的使用量，可使大明宫的生态环境质量得到改善和提高，具有显著的社会效益（见图 7.24）。

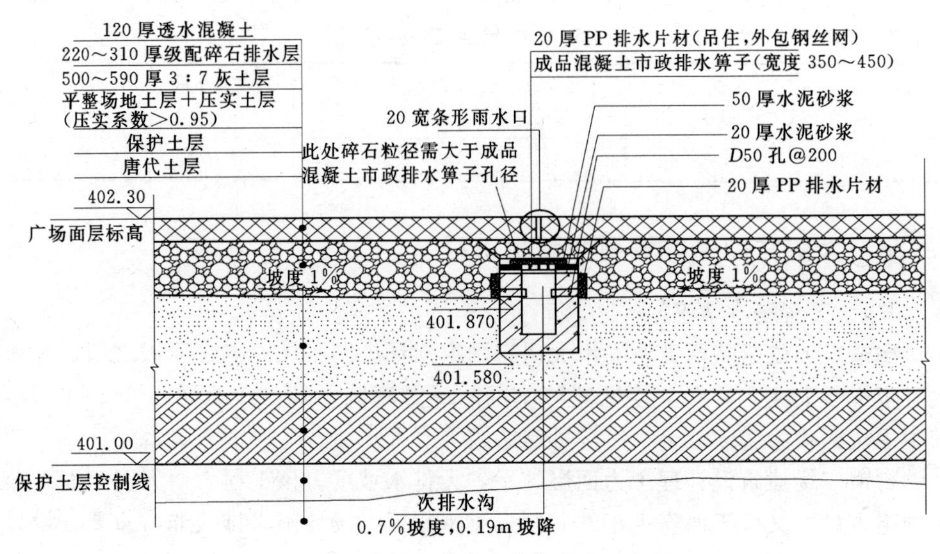

图7.22　御道广场排水支沟排水示意图

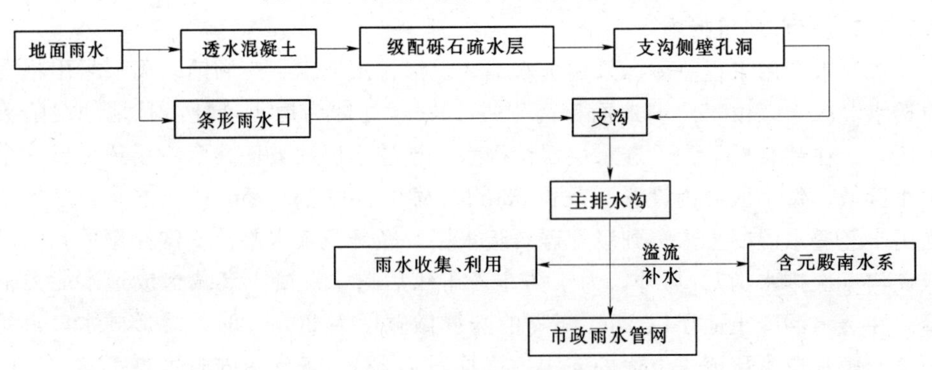

图7.23　御道广场雨水利用流程图

图7.24　大明宫御道广场雨水利用工程

7.10 小　　结

本研究得到的各项雨水利用技术，均在奥林匹克公园中心区进行了示范应用，建成了面积达 84.7hm^{2}的雨洪利用示范工程。2009 年中心区雨水综合利用量为 39.5 万 m^3，其中收集水量 5063m^3，雨洪综合利用率为 98.2%，超过了预期目标。其经济效益主要体现在：雨水直接收集利用置换自来水的效益、雨水渗透补充地下水的效益、减轻洪水给城市带来洪涝灾害的经济损失等。本项目的技术成果可为相应雨水利用工程的规划、设计、建设和运行提供支撑和参考。

第8章 奥运场区雨水综合利用效果评价与优化管理

8.1 奥运场区雨水利用效果评价方法的选择

8.1.1 效果评价指标体系构建方法概述

雨水利用工程效果评价是一项多学科、跨层次的综合性工作，它既要求社会科学与自然科学的综合，又要求决策层、执法层与研究层的结合。当今定量评价雨水利用工程效果的方法还处于探索之中，各种方法均具有一定的局限性，没有一套公认的标准方法。目前用于效果评价的方法主要有以下几种方法。

8.1.1.1 综合指数评价法

综合指数评价法是目前应用较多的一种方法。该方法首先通过层次分析法和专家咨询法对各指标在可持续发展中的相对重要性进行判断，确定权重，然后通过数学计算得到综合指数。该方法便于横向与纵向对比分析。

综合指数法注重以下两个方面：一是考虑多个影响因子之间的协同效应，即多个影响因子同时存在时将会加重影响程度；二是各因子对综合指数的贡献相等，即各影响因子在相同危害及安全程度下的指数相等。

指数法简明扼要，且符合人们所熟悉的评价思路，其困难之处在于如何明确建立表征雨水利用工程效果评价的标准体系，而且难以赋权与准确计量。其方法过程如下：

(1) 分析研究评价雨水利用工程效果评价因子的程度与变化规律。

(2) 建立表征各雨水利用工程效果评价因子特征的指标体系。

(3) 确定评价标准。

(4) 建立评价函数曲线，将评价因子的现状值与预测值转换为统一的无量纲的雨水利用工程效果评价指标，用1～0表征（1表示最高，0表示最低），确定了雨水利用工程效果评价的标准值后，就可以算出雨水利用工程效果评价的变化值。

(5) 根据各评价因子的相对重要性赋予权重。

(6) 将各因子的变化值综合，得出综和影响评价值，计算公式如下：

$$\Delta E = \sum_{i=1}^{n} (E_{hi} - E_{gi}) w_i \tag{8.1}$$

式中：ΔE 为修建雨水利用工程前后效果的变化值；E_{hi} 为人类活动后 i 因子的质量指标；E_{gi} 为人类活动前 i 因子的质量指标；w_i 为因子的权重。

8.1.1.2 层次分析法（AHP 法）

层次分析法（Analytical Hierarchy Process，AHP）是美国运筹学家萨蒂（T. L. Saaty）于 20 世纪 70 年代提出的一种定性判断与定量分析相结合的多目标决策分析方法。这种分析方法的特点是将分析人员的经验判断给予量化，对目标（因素）结构复杂且缺乏必要数据的情况更为实用，是目前系统工程处理定性与定量相结合问题的比较简单易行且又行之有效的一种系统分析方法。

8.1.1.3 效果费用分析法（BCA）

效果费用分析法（Benefit-cost analysis）作为现代福利经济学中常用的方法，其目标是提高资源配置效率。效果费用分析的计量尺度是货币值，但它的分析对象并不局限于实际发生的费用。效果费用分析有静态分析和动态分析之分。所谓静态分析就是不考虑时间因素对效果和费用的影响，当时间因素可以忽略不计时，静态分析是十分有用的。在时间因素很重要的情形下，必须采用动态效果费用分析。具体的做法是将未来各年的价值转化为现值，使各年的效果和费用具有可比性。这种转化称为贴现（Discounting），用于贴现的利率称为贴现率，选择适宜的贴现率对于提高动态分析的准确性具有重要作用。

效果费用分析在应用上需要两个条件。第一，雨水利用工程实施的正负效应具有可测性，即雨水利用所带来的正、负效应是可以度量的。第二，工程实施费用和产生的效果也具有可测性。这些数据有的可以从相关的财务或统计报表中直接获取，有的可以通过问卷调查间接获取。

效果费用分析方法的应用并不难，难的是对效果和费用的界定和计量，这是雨水利用工程效果评价的关键所在。

8.1.1.4 灰色关联度分析法

1982 年，华中理工大学邓聚龙教授首先提出了灰色系统的概念，并建立了灰色系统理论。之后，灰色系统理论得到了较深入的研究，并在许多方面获得了广泛的应用。灰色关联度分析（Grey Relational Analysis，GRA）便是灰色系统理论应用的主要方面之一。灰色关联分析是分析系统中各元素之间关联程度或相似程度的方法，其基本思想是利用各方案与最优方案之间关联度的大小对评价对象进行比较、排序。该方法已经被广泛地应用于社会和自然科学的各个领域，并取得了良好的效果。

灰色关联度法计算简单，数据处理方便，无需大量样本，但该方法不能解决评价指标间相关造成的评价信息重复问题，而且评价结果的合理性、准确性和全面性欠缺，需要进一步修正。

8.1.1.5 条件价值法（CVM）

条件价值评估法所采用的评估方法大致可分为三类：一是直接询问调查对象的支付意愿或接受赔偿意愿；二是询问调查对象对表示上述意愿的商品或服务的需求量，并从询问结果推断出支付意愿或接受赔偿意愿：三是通过对有关专家进行调查的方式来评定雨水利用工程效果的价值。以下概括了几种常用的条件价值评估法。

1. 投标博弈法

投标博弈法（Bidding game approach）要求调查对象根据假设的情况，说出他对不同水平的环境物品或服务的支付意愿或接受赔偿意愿。投标博奕法被广泛应用于对公共物品的价值评估方面。

2. 比较博弈法

比较博弈法（Trade-off game）又称权衡博奕法，它要求被调查者在不同的物品与相应数量的货币之间进行选择。给定被调查者雨水利用工程效果监测值以及相应价格的初始值，然后询问被调查者愿意选择哪一项。被调查者要对二者进行取舍。根据被调查者的反应，不断提高（或降低）价格水平，直至被调查者认为选择二者中的任意一个为止。此时，被调查者所选择的价格就表示他对给定量的雨水利用工程效果的支付意愿。

3. 无费用选择法

无费用选择法（Costless choice）通过询问个人在不同的工程措施之间的选择来估算雨水利用工程效果的价值。该法模拟市场上购买商品或服务的选择方式，给被调查者两个或多个方案，每一个方案都不用被调查者付钱，从这个意义上，对被调查者而言是无费用的。

8.1.1.6 指标体系评价法

1. 综合指标法

综合指标法是一种采用统计方法、选择单项和多项指标、反映雨水利用工程效果的简捷方法。例如，可通过计算雨水利用工程效果指标协调度来对雨水利用工程效果状况进行评价。指标协调度是相对于北京市雨水利用的平均水平而言的。协调度越大，则雨水利用工程效果越高；反之，协调度越小，则雨水利用工程效果越低。

综合指标法操作上直观、简便，可以综合反映雨水利用工程效果的状况，但指标的选取是否恰当、能否精确反映当前雨水利用工程效果状况等问题需要继续深入研究。

2. 模糊综合评价法

模糊综合评价法以模糊数学为理论基础，对多种因素制约的目标作出整体评价。其实质是对主观产生的“离散”过程进行综合处理，首先对评价对象的各项参数指标建立待评因素集，然后建立评价集和评价矩阵，对各待评因素赋予不同的权重进行综合评价。

3. 主成分分析法

针对模糊综合评价方法在综合评价中存在的主观性问题，作为统计分析中的一个重要方法，主成因分析法对系统中的各待评因素集之间的相互关系进行分析，将多个待评因素转化为少数几个综合指标的统计分析方法。主成分分析法的工作目标，就是要在力保数据信息丢失最小的原则下，对高维变量空间进行降维处理；即在保证数据信息损失最小的前提下，经线性变换和舍弃一小部分信息，以少数的综合变量取代原始采用的多维变量。

主成分分析法虽然避免了模糊评价法中的人为主观因素，但该方法关注的是待评因素集的最大差别向量，至于此差别向量是否表达雨水利用工程效果的现状水平则不予考虑，待评因素的选取恰当与否成为该方法的关键所在。

8.1.2 奥运中心区雨水利用效果评价方法的选择

从以上综合评价方法分析可以看出，评价方法很多，而且各有优缺点。如果仅仅用一种方法进行评价，结果很难令人信服，近年来学术界提出了组合评价的研究思路，以达到取长补短的效果。雨水利用工程往往是经济效益、社会效益和环境效益并举，是一项非常复杂的系统工程，因此只有合理地选择评价因子，建立层次分明的指标体系，并对每一指标赋予合理的权重，才能保证评价结果的合理性。鉴于此，采用层次分析法与模糊综合评价相结合的方法进行效果综合评价，这样不仅能保证模型的系统性和合理性，还能让决策人员充分运用其有价值的经验和判断能力，从而为许多决策问题提供坚强有力的决策支持。层次分析法与模糊综合评价法得出的结果，主要体现在将评价指标体系分成递阶层次结构，运用层次分析法确定各指标的权重，然后分层次进行模糊综合评价，最后综合得出评价结果。

本研究结合奥运中心区雨水利用的综合效果评价指标体系特征，选择多层次模糊综合评判法作为奥运中心区雨水利用的效果评价手段。用层次分析法计算评价指标的权重，在效果的综合评价上运用模糊综合评判法进行评价。

8.1.2.1 层次分析法

AHP法是通过分析复杂问题所包含的因素及其相互关系，将问题分解为不同的要素，并将这些要素归并为不同的层次，从而形成多层次结构，在每一层次可按某一规定准则对该层元素进行逐对比较，建立判断矩阵。通过计算判断矩阵的最大特征值及对应的正交化特征向量，得出该层要素对于准则的权重。

方法具体如下：

（1）明确问题。确定评价范围和评价目的、对象，对各因子进行相关分析，明确各因子之间的相互关系。

（2）建立层次结构。将被评价关系按其组成层次构筑成一个树状层次结构，一般分成3个层次：目标层、指标层、策略层。

（3）构造判断矩阵。在每一个层次上，按照上一层次的对应准则要求，对该层次的元素（指标）进行逐对比较，并用标度1、3、5、7、9和2、4、6、8以及倒数来比较相对重要性（见表8.1）。在每一个层次上，按照上一层次的对应准则要求，对该层次的元素（指标）进行逐对比较；依照规定的标度定量化后，写成矩阵形式，即为判断矩阵。

表8.1　T. L. Saaty标度方法中1～9标度的含义

比例标度	含　义
1	表示两个因素相比，具有相同的重要性
3	表示两个因素相比，一个因素比另一个因素稍微重要
5	表示两个因素相比，一个因素比另一个因素明显重要
7	表示两个因素相比，一个因素比另一个因素强烈重要
9	表示两个因素相比，一个因素比另一个因素极端重要
倒数	因素i与因素j相比得b_{ij}，且j与i比判断为$1/b_{ij}$
2、4、6、8	分别为上述相邻判断的中值

（4）层次排序计算和一致性检验。即计算判断矩阵的最大特征根值及相应的特征向量。它对层次分析所得结果是否基本合理，还需要对判断矩阵进行一致性检验。

判断矩阵最大特征根值及一致性检验如下：

$$A_{nxn} \cdot W = \lambda_{\max} \cdot W \tag{8.2}$$

式中：A_{nxn}为判断矩阵；$\lambda_{\max}$为最大特征根；W为最大特征根所对应的特征向量。

计算方法：

取归一化的初值向量$W_0 = (W_{01}, W_{02}, \cdots, W_{0n})$

计算$A_{nxn} \cdot W^{i-1} = W^i$直至收敛，则

$$W = (W_1{}^i, W_2{}^i, \cdots, W_n{}^i)^w$$

$$\lambda_{\max} = \sum_{j=1}^{n} A_{ij} \cdot W_j / W_i (i = 1, 2, \cdots, n) \tag{8.3}$$

求得的W便是要求的排序权重，$\lambda_{\max}$可用于矩阵的一致性判断。

$$CR = (\lambda_{\max} - n)/(n-1)/RI \tag{8.4}$$

显然，当$(\lambda_{\max} - n)/(n-1)$时，判断矩阵具有完全一致性。为了建立衡量一致性指标$(\lambda_{\max} - n)/(n-1)$的标准，T. L. Saaty提出用平均随机一致性指标

RI (Random Index) 修正 $(\lambda_{max}-n)/(n-1)$ 的方法。对于 1～9 阶判断矩阵，RI 的值分别列于表 8.2 中。

表 8.2　　平均随机一致性指标 RI 值

n	1	2	3	4	5	6	7	8	9
RI	0.00	0.00	0.58	0.90	1.12	1.24	1.32	1.41	1.45

当 CR 值<0.1 时被认为一致性可接受。否则，就认为初步建立的判断矩阵是不能令人满意的，需要重新赋值，仔细修正，直到一致性检验通过为止。

(5) 评价标准选择。通过上述步骤确定雨水利用工程效果评价的指标体系层次结构及各层间的比重，接着确定相应于指标体系的评价标准体系，进行评判。

8.1.2.2　模糊综合评价法

模糊综合评价是借助模糊数学的一些概念，对实际的综合评价问题提供一些评价的方法。具体地说，模糊综合评价就是以模糊数学为基础，应用模糊关系合成的原理，将一些边界不清、不易定量的因素定量化，从多个因素对被评价事物隶属等级状况进行综合型评价的一种方法。

设 $U=\{u_1, u_2, \cdots, u_m\}$ 为刻画被评价对象的 m 种因素，即评价指标；$F=\{f_1, f_2, \cdots f_n\}$ 为刻画每一因素所处的状态的 n 种决断，即评价等级。首先对着眼因素集中的单因素 u_i 作单因素评价，从因素 u_i 着眼该事物对抉择等级 f_j 的隶属度为 r_{ij}，这样就可以得出从 U 到 F 的模糊关系 R。

$$R=(r_{ij})_{m\times n}=\begin{Bmatrix} r_{11} & r_{12} & \cdots & r_{1n} \\ r_{21} & r_{22} & \cdots & r_{2n} \\ \cdots & \cdots & \cdots & \cdots \\ r_{m1} & r_{m^2} & \cdots & r_{mn} \end{Bmatrix},(i=1,2,\cdots,m;j=1,2,\cdots,n) \quad (8.5)$$

U 上的模糊子集 $A=\{a_1, a_2, \cdots, a_m\}$ 称为权重或权数分配集，表示各评价对象在综合评价中占有不同的比重。其中 $a_i\geqslant 0$，且 $\sum a_i=1$。模糊综合评判的模糊变换为：$B=A\cdot R$，B 是 F 上的模糊子集，又称为决策集。如果评判结果 $\sum a_i\neq 1$ 应将其归一化，"·"是算子符号。

1. 评价指标隶属度的确定

在综合评价过程中，评价指标一般有两种：定量指标和定性指标。定量指标可以用数值准确地表示出来，而定性指标只能用"好"、"较好"、"一般"等语言进行描述。这种概念的划分，本身就具有模糊性。这里采用模糊统计的方法确定评价指标的隶属度。

确定评价指标的隶属度，首先要设定评语集和标准隶属度集。假设 $F=\{F_1$(优秀)，F_2(良好)，F_3(中)，F_4(一般)，F_5(较差)，F_6(差)$\}$ 为评价集，标

准隶属度集为 $F=\{f_1, f_2, f_3, f_4, f_5, f_6\}=\{1, 2, 3, 4, 5, 6\}$，发放印有评价指标与评价等级的表格给 M 位专家，由专家对评价指标进行打分，即在 6 个评语后选择认为最合适的进行打"√"。根据专家的评语，进行模糊统计分析计算，即可得到从 U 到 F 的模糊关系 R：

$$R=(r_{ij})_{m\times n}=\begin{Bmatrix} r_{11} & r_{12} & \cdots & r_{1n} \\ r_{21} & r_{22} & \cdots & r_{2n} \\ \cdots & \cdots & \cdots & \cdots \\ r_{m1} & r_{m2} & \cdots & r_{mn} \end{Bmatrix} \tag{8.6}$$

式中，r_{ij} 为相对于评价因素 u_i 给予 f_j 评语的隶属度，假定回收整理后的专家评语中，得到第 i 个评价指标有 V_{j1} 个 F_1 级评语，V_{j2} 个 F_2 级评语，…，V_{jn} 个 F_n 级评语，则对于 $i=1, 2, \cdots, m$，r_{ij} 的计算公式为

$$r_{ij}=\frac{V_{ij}}{\sum_{j=i}^{n}V_{ij}} \tag{8.7}$$

2. 多层次模糊综合评价

对于多层次的模糊综合评价，一般采用分层计算的方法来进行，下面以三级模糊综合评价为例进行说明。假设某综合评价的指标体系结构如图 8.1 所示，则综合评价计算流程图见 8.2。

三级综合模糊评价中 U 为总的评价目标层；$U_1\sim U_n$ 为评价准则层对目标层进行分解及解释说明；$U_{n1}\sim U_{nn}$ 为最终的指标层，指标层分别对准则层及目标层负责，三级模糊综合评价指标将评价因素通过层层分解达到每个相关因素都能够体现在最终的评价结构上。

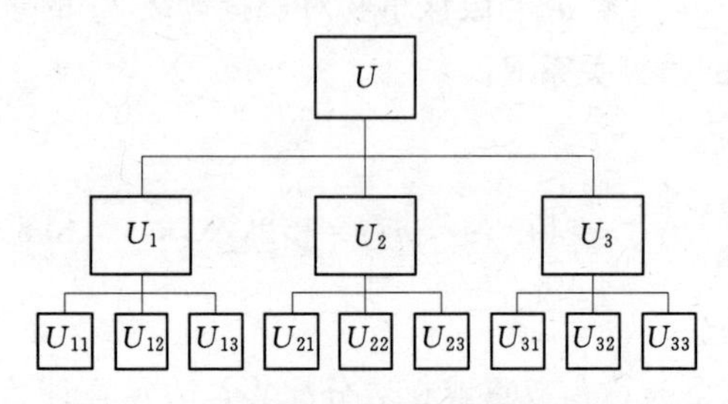

图 8.1 三级模糊综合评价指标结构示意图

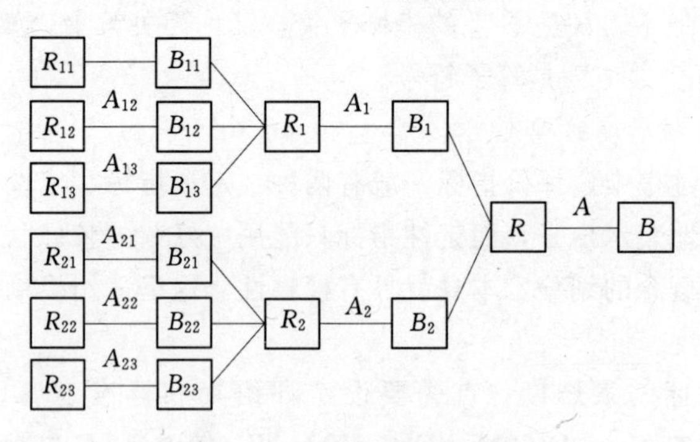

图 8.2 三级综合评价流程图

三级综合评价是对每一个评价因子及每一层评价因子间进行两两比较，确定各层评价因子间的权重，为最终的评价目标进行详细的计算。

3. 结果评判

这里采用“优秀、良好、中、一般、较差、差”来评价奥运场区雨水利用工程的综合效果，即构成的评语集，标准隶属度集为 $F=\{f_1, f_2, f_3, f_4, f_5, f_6\}=\{1, 2, 3, 4, 5, 6\}$。最后的评价结果为

$$Z=B\cdot F \tag{8.8}$$

这样通过层层运算可以得出奥运中心区雨水利用工程在防洪减灾效果、开源节水效果、环境改善效果、社会影响效果、工程投资效果、工程运行效果五方面的评价结果及最终的整体评价结果，根据对应的评语集来判定其所处的水平。

8.2 奥运场区雨水利用效果评价

8.2.1 评价指标体系建立

首先根据以上介绍的评价指标体系建立的原则，广泛争取专家的意见，应用德尔菲法建立评价指标体系。本次研究咨询了包括雨水利用、水资源经济、水资源配置、社会经济、水环境、园林绿化、市政工程等方面的专家 32 名，发出咨询单 32 份，回收率为 100% 。经过反复咨询与修改，建立奥运中心区雨水利用工程效果的综合评价指标体系，见图 6.25。

雨水利用综合效果评价指标中，既有可以直接定量计算的指标，如外排峰值控制率、外排流量控制率、雨水综合利用率、雨水收集回用率、雨水调控排放率等，又有不能直接计算，只能间接估算的指标，如工程间接受益人数、工程年折旧率等。因此，本研究尽量用定量的方法来计算评价指标，对不能直接或间接计算的指标，进行详细定性的分析。

8.2.1.1 防洪减灾

1. 外排峰值控制率

外排峰值控制率是指奥运场区内某一设计频率降雨条件下，在修建并运行了雨水利用设施后在奥运场区外排径流控制量最大值与没有进行雨水利用时外排径流最大值之比百分数的补集。外排峰值控制率是奥运场区雨水利用工程效果综合评价的重要指标之一，它是用户是否能够接受奥运场区雨水工程的重要影响因素之一。计算公式为

$$C_{11}=\left(1-\frac{W_1}{W_2}\right)\times 100\% \tag{8.9}$$

式中：C_{11}为雨水利用工程实施后奥运场区外排峰值控制率；W_1 为奥运场区在修建并运行了雨水利用设施后奥运场区外排径流流量峰值；W_2 为没有进行雨水利用时奥运场区外排径流流量峰值。

2. 外排流量控制率

外排流量控制率是指奥运场区内某一监测年内，在修建并运行了雨水利用设施后在奥运场区经调控排放后的外排流量与没有进行雨水利用时外排径流总量之比百分数的补集。计算公式为

$$C_{12}=\left(1-\frac{W_{外}}{W_{总}}\right)\times 100\% \tag{8.10}$$

式中：C_{12}为雨水利用工程实施后奥运场区外排流量控制率；$W_{外}$ 为奥运场区在修建并运行了雨水利用设施后奥运场区外排径流量；$W_{总}$ 为奥运场区雨水的总径流量。

8.2.1.2 开源节水

1. 雨水综合利用率

雨水综合利用率是奥运场区内某一监测年内，雨水利用工程综合利用的水量（其中包括雨水池收集的水量、绿地下渗的水量、透水地面下渗的水量及渗水沟等收集装置利用的总水量）与降雨量的比值。对应于场次降雨、汛期降雨、年降雨等时段，与多年平均、50%、75%等频率有相应的雨水利用率。通常随着雨水综合利用率的增加，雨水利用工程的投资也随之增加，而且增加速率越来越快。计算公式为

$$C_{21}=\frac{W_{综合}}{W_{降}}\times 100\% \tag{8.11}$$

式中：C_{21}为奥运场区的雨水综合利用率；$W_{综合}$为奥运场区内的综合雨水利用总量；$W_{降}$为降雨总量。

2. 雨水收集回用率

雨水收集回用率是指监测奥运场区内某一监测年内降雨过程中收集回用的总水量与总降雨量之比百分数。计算公式为

$$C_{22}=\frac{W_{回用}}{W_{降雨}}\times 100\% \tag{8.12}$$

式中：C_{22}为雨水收集回用率；$W_{回用}$为雨水的收集回用量；$W_{降雨}$为蓄水池工程总收集水量。

3. 雨水调控排放率

雨水调控排放率是指降雨过程中雨水收集工程措施调控排放的雨水总量与总降雨量之比。计算公式为

$$C_{23}=\frac{W_{调控}}{W_{降}}\times 100\% \tag{8.13}$$

式中：C_{23}为雨水调控排放率；$W_{调控}$为工程措施调控排放的雨水总量；$W_{降}$为降雨总量。

8.2.1.3 环境改善

1. 雨水新增水面面积

雨水新增雨水面积是指在实施雨水利用工程后收集用于景观水面的雨水可以保障的新增水面面积。

2. 雨水补充景观水率

雨水补充景观水率是指在一定的水面面积条件下利用雨水补充景观用水量与景观用水总量的比值。雨水补充景观水率越高节约的自来水用量越大，这样为城市的可利用水量提供一个潜在的增长空间。计算公式为

$$C_{32}=\frac{Y_{雨水}}{Y_{景观}}\times 100\% \tag{8.14}$$

式中：C_{32}为雨水补充景观水率；$Y_{雨水}$为雨水补充景观用水的水量；$Y_{景观}$为景观用水总量。

3. 透水地面铺装率

透水地面铺装率是指雨水利用工程控制面积内的透水铺装面积与总控制面积的比值。透水铺装面积越大对于雨水利用方面的增加地下水涵养量、减缓地面下沉、减小奥运场区外排径流量等越有利。计算公式为

$$C_{33}=\frac{Y_{透水}}{Y_{控制}}\times 100\% \tag{8.15}$$

式中：C_{33}为透水地面铺装率；$Y_{透水}$为建设奥运场区透水地面铺装面积；$Y_{控制}$为雨水利用工程的控制面积。

4. 下凹式绿地面积率

下凹式绿地面积率是指雨水利用工程控制面积内的下凹式绿地面积与总控制面积的比值。下凹式绿地面积越大对于雨水利用方面的增加地下水涵养量、减缓地面下沉、减小奥运场区外排径流量等越有利。计算公式为

$$C_{34}=\frac{Y_{绿地}}{Y_{控制}}\times 100\% \tag{8.16}$$

式中：C_{34}为下凹式绿地面积率；$Y_{绿地}$为奥运场区下凹式绿地面积；$Y_{控制}$为雨水利用工程的控制面积。

8.2.1.4 社会影响

1. 工程直接受益人数

工程直接受益人数是指在工程建设区周边生活的人数（即在奥运中心区周边

2km 以内的人数），以及直接享受工程带来效果及通过旅游方式在奥运中心区内享受雨水利用工程带来的效益和生活便利的人数（本次评估采用的人数为 2009 年进入奥运中心区的参观人数及奥运中心区周边 2km 以内的人数）。

2. 工程间接受益人数

工程间接受益人数是指在工程控制区域以外的能享受到雨水利用工程所带来的效益的人数。例如在工程建成后，在运行过程中由于工程的建设将减少一定面积内的降雨径流，这样可以减少在相同市政管线内的流量对于下游排水管网的行洪压力，同时减小下游群众受淹的几率，这样可以间接地为一定人群带来效果。

8.2.1.5 工程投资

1. 工程直接投资

工程直接投资是指在工程建设中为了达到一定的建设目的而投入到雨水利用工程建设中的资金。其中不包括其它的配套工程的建设投资。

2. 工程控制面积

工程控制面积是指雨水利用工程下渗、收集利用、调控排放等设施所实际控制的面积。

8.2.1.6 工程运行成本

1. 工程年运行成本

工程年运行成本是指工程在运行过程中每年需要承担的费用，如清淤费、人工费、药品费用、电费等。

2. 工程年折旧率

工程年折旧率是指工程年度应计提折旧额与原始价值的比率，它反映在年度内转移到产品成本或有关费用中的工程资产价值的程度，也反应工程资产价值分摊到成本费用中去的程度。

8.2.2 指标计算

8.2.2.1 防洪减灾指标

1. 外排峰值控制率

根据 2009 年降雨的径流观测资料计算，在运行了雨水利用设施后奥运中心区外排峰值为 0.318m^3/s；通过查询奥运中心区周边的历史资料可知，在没有运行雨水利用设施及进行奥运场区修建时奥运中心区 5 年一遇的降雨外排峰值为 4.769m^3/s，因此外排峰值控制率为 $(1-0.318/4.769)\times100\%=93.33\%$。

2. 外排流量控制率

根据 2009 年降雨的径流观测资料计算，在运行了雨水利用设施后奥运中心区

外排水量为 7065m³，若无雨水利用措施 2009 年的径流量为 128873m³，因此外排流量控制率为 94.5%。

8.2.2.2 开源节水指标

1. 雨水综合利用率

由第 7 章的计算可知 2009 年奥运中心区的雨水综合利用率为 98.2%。

2. 雨水收集回用率

2009 年度奥运中心区中收集回用的总水量为 5063m³，降雨总量为 410400m³，因此 2009 年奥运中心区的雨水收集回用率为 1.23%。

3. 雨水调控排放率

2009 年奥运中心区调控后的外排量为 7065m³，因此 2009 年的降雨条件下雨水调控排放率为 1.72%。

8.2.2.3 环境改善指标

1. 雨水新增水面面积

由于奥运中心区的水面的设计年蒸发渗漏量为 1857mm。中心区建成后通过径流及工程补水进入水系的雨水量，多年平均为 10342.8m³，因此雨水新增水面面积为 5569.63m²，折合 0.557hm²。

2. 雨水补充景观水率

经过 2007～2009 年的观测可知年平均景观用水需水量为 312370m³，通过水系信息化调度，调蓄雨洪，涵养、渗滤收集雨水，就近利用，每年可节省约 90000m³ 的补水量。因此雨水补充景观水率为 28.81%。

3. 透水地面铺装率

奥运中心区雨水利用工程控制面积为 84.7hm²，其中透水铺装面积为 17.16hm²，因此透水地面铺装率为 20.26%。

4. 下凹式绿地面积率

奥运中心区雨水利用工程控制面积 84.7hm²，其中下凹式绿地面积为 22.64hm²，因此下凹式绿地面积率为 26.73%。

8.2.2.4 社会影响

1. 工程直接受益人数

通过对周边的调查及 2007～2010 年相关进入奥运中心区人数的统计，工程直接受益人数为 1378 万人（本次评估采用的人数为 2009 年进入奥运中心区的参观人数 1197 万人及奥运中心区周边 2km 以内的人数 181 万人）。

2. 工程间接受益人数

通过调研，得到工程的间接受益人数为 1659 万人。

8.2.2.5 工程投资

1. 工程直接投资

雨水利用工程的直接投资由表 7.8 中的总投资扣除正常硬化地面及景观投资费用后的工程增加投资计算，本项投资为 2303.47 万元。

2. 工程控制面积

奥运中心区雨水利用工程控制面积为 84.7hm²。

8.2.2.6 工程运行成本

1. 工程年运行成本

根据中心区雨水利用工程 2008～2010 年的运行情况，年运行成本大约为 90 万元（其中包括工程在运行过程中需要承担的费用，如清淤费、人工费等）。

2. 工程年折旧率

根据工程的设计年限、2008～2010 年的运行情况及咨询相关参与奥运工程的专家，综合各种因素确定奥运中心区雨水利用工程的年折旧率为 5%。

根据以上计算得出的奥运场区雨水利用工程的相关指标见表 8.3。

表 8.3　　奥运场区雨水利用效果评价指标统计结果

指标		奥运场区指标统计
防洪减灾	外排峰值控制率（%）	93.33
	外排流量控制率（%）	94.5
开源节水	雨水综合利用率（%）	98.2
	雨水收集回用率（%）	1.23
	雨水调控排放率（%）	1.72
环境改善	雨水新增水面面积（hm²）	0.557
	雨水补充景观水率（%）	28.81
	透水地面铺装率（%）	20.26
	下凹式绿地面积率（%）	26.73
社会影响	工程直接受益人数（万人）	1378
	工程间接受益人数（万人）	1659
工程投资	工程直接投资（万元）	2303.47
	工程控制面积（hm²）	84.7
工程运行	工程年运行成本（万元）	90
	工程年折旧率（%）	5

8.2.3 因素层次分析及权重确定

8.2.3.1 构造判断矩阵

在雨水利用综合效果评价指标体系的递阶层次结构建立后，对上一层次指标因素、下一层次与之有关联的分指标两两进行比较所得的相对重要性程度，用具体的标度值表示出来，写成矩阵的形式，就是判断矩阵。这里所谓的标度就是人们根据对客观事物的观察和认识，在特定范围内对事物的某种特性所进行的对比基准。在层次分析法中，采用了一种间接的方式，将有关指标子系统或指标项在描述某一现象中所起作用程度进行两两比较，其结果用一种特殊的标度方法表示出来，这就是层次分析法中的1～9之间整数及其倒数比例标度法（简称1～9比例标度法）。1～9标度的含义见表8.1。采用这种标度方法，有特定的科学依据。

按照雨水利用综合效果评价指标体系的递阶层次结构，首先建立相对于R的判断矩阵，C_i（$i=1, 2, \cdots, n$）代表描述R运行状况的各指标子系统。由于这些子系统在描述雨水利用效果方面存在着不同的作用程度，因此，根据表8.1，应用德尔菲法聘请专家将C_1分别与C_2，…，C_n进行比较，将它们在描述R状态方面所起作用程度的比值，用1～9比例标度表示出来。

经对奥运场区雨水利用效果评价总目标与准则层中6项研究内容之间两相比较后得到目标层R—准则层C_i的矩阵判断结果，见表8.4。

表8.4　$R-C_i$的判断矩阵及计算结果

项目	C_1	C_2	C_3	C_4	C_5	C_6	权重
C_1	1	1	1/5	1/5	1/5	1/7	0.338
C_2	1	1	1	1	1/5	1/5	0.194
C_3	5	1	1	1	1/5	1/5	0.200
C_4	5	1	1/5	1	1/7	1/9	0.181
C_5	5	5	5	7	1	1/5	0.059
C_6	7	5	5	9	5	1	0.028

对奥运场区雨水利用效果评价6项研究内容C_i与指标层中各指标C_{ij}之间相对重要性比较后得到准则层C_i—指标层C_{ij}的矩阵判断结果，分别见表8.5～表8.10。

表8.5　C_1-C_{1j}的判断矩阵及计算结果

C_i-C_{ij}	C_{11}	C_{12}	权　重
C_{11}	1	3	0.75
C_{12}	1/3	1	0.25

表 8.6 $C_2—C_{2j}$ 的判断矩阵及计算结果

C_i-C_{ij}	C_{21}	C_{22}	C_{23}	权　重
C_{21}	1	9	3	0.664
C_{22}	1/9	1	3	0.201
C_{23}	1/3	1/3	1	0.135

表 8.7 $C_3—C_{3j}$ 的判断矩阵及计算结果

C_i-C_{ij}	C_{31}	C_{32}	C_{33}	C_{34}	权　重
C_{31}	1	3	5	1	0.421
C_{32}	1/3	1	5	1	0.242
C_{33}	1/5	1/5	1	3	0.178
C_{34}	1	1/5	1/3	1	0.159

表 8.8 $C_4—C_{4j}$ 的判断矩阵及计算结果

C_i-C_{ij}	C_{41}	C_{42}	权　重
C_{41}	1	5	0.833
C_{42}	1/5	1	0.167

表 8.9 $C_5—C_{5j}$ 的判断矩阵及计算结果

C_i-C_{ij}	C_{51}	C_{52}	权　重
C_{51}	1	3	0.75
C_{52}	1/3	1	0.25

表 8.10 $C_6—C_{6j}$ 的判断矩阵及计算结果

C_i-C_{ij}	C_{61}	C_{62}	权　重
C_{61}	1	7	0.875
C_{62}	1/7	1	0.125

8.2.3.2 判断矩阵的一致性检验

检验判断矩阵一致性的目的在于避免专家在判断指标重要性时，出现相互矛盾的结果。由于受专家知识水平和个人偏好的影响，现实的判断矩阵往往很难满足一致性条件，特别是当 n 比较大时（元素更多，事物更复杂），更是如此。因此对于这种非一致性判断矩阵，为保证其排序结果的可信度和准确性，还必须将其判断质量进行一致性检验。若 n 阶判断矩阵 C 的最大特征值 λ_{max}，比 n 大得多，C 的不一致程度就越严重；相反，λ_{max}越接近 n，C 的一致性程度就越好。衡量不一致程度的数量指标称为一致性指标 CI（consisteniIndex），T. L. Saaty 将它定义为 $CI=\frac{\lambda_{max}-n}{n-1}$。显然，当 $CI=0$ 时，判断矩阵具有完全一致性。为了建立衡量一致性指标 CI 的标准，T. L. Saaty 提出用平均随机一致性指标 RI 修正 CI 的方法。对于 1～9 阶判断矩阵，RI 值见表 8.2。

将判断矩阵的一致性 CI 与同阶平均随机一致性指标 RI 之比称为随机一致性比率，并记为 CR。当 $CR=\frac{CI}{RI}<0.10$ 时，即认为判断矩阵具有满意的一致性；否则，就认为初步建立的判断矩阵是不能令人满意的，需要重新赋值，仔细修正直到一致性检验通过为止。

根据以上公式计算可得表 8.8、表 8.9、表 8.10 的随机一致性为 0，满足一致性判定式；表 8.5、表 8.6、表 8.7 的一致性检验至分别为 0.06、0.04、0.009，均满足一致性检验式 $CR<0.10$。

8.2.3.3 层次单排序

计算出某层次因素相对于上一层次中某一因素的相对重要性，这种排序计算称为层次单排序。具体地说，层次单排序计算问题可以归结为计算判断矩阵的最大特征根及其特征向量。以判断矩阵 A 为例，即是由

$$AW=\lambda_{max}W$$

式中：A 为判断矩阵；λ 为特征根；W 为特征向量。解出对应的 W，将 λ_{max} 所对应的最大特征向量归一化，就得到 B_i（$i=1$，2，…，n）相对于 A 的相对重要性的权重值。

对表 8.5～表 8.10 通过层次单排序和一致性检验，得到奥运场区雨水利用效果评价各层的指标相对权重见表 8.11。

表 8.11　　奥运场区雨水利用效果评价指标权重

	一级因素指标	二级因素指标	一级权重分配	二级权重分配
奥运场区雨水利用效果评价	防洪减灾	外排峰值控制率	0.338	0.75
		外排流量控制率		0.25
	开源节水	雨水综合利用率	0.194	0.664
		雨水收集回用率		0.201
		雨水调控排放率		0.135
	环境改善	雨水新增水面面积	0.200	0.421
		雨水补充景观水率		0.242
		透水地面铺装率		0.178
		下凹式绿地面积率		0.159
	社会影响	工程直接受益人数	0.181	0.833
		工程间接受益人数		0.167
	工程投资	工程直接投资	0.059	0.75
		工程控制面积		0.25
	工程运行	工程年运行成本	0.028	0.875

8.2.4 评价标准

在综合评价过程中，评价指标一般有两种：定量指标和定性指标。定量指标可以用数值准确地表示出来，而定性指标只能用“好”、“较好”、“一般”等语言进行描述。这种概念的划分，本身就具有模糊性。

本研究采用模糊统计的方法确定评价指标的隶属度，首先要设定评语集和标准隶属度集。假设 $M=\{M_1$（优），M_2（良），M_3（中），M_4（一般），M_5（较差），M_6（差）$\}$为评价集，标准隶属度集为 $M=(m_1, m_2, m_3, m_4, m_5, m_6)=(1, 2, 3, 4, 5, 6)$，发放印有评价指标与评价等级的表格给 N 位专家，由专家对评价指标进行打分，即在 6 个评语后选择认为最合适的打“√”。根据专家的评语，进行模糊统计分析计算，运用 Matlab 软件求解奥运中心区雨水利用效果评价指标隶属度。计算所得隶属度在 1～1.5 之间为优秀，在 1.5～2.5 之间为良好，依次类推，当隶属度为 5.5～6 时为差。

调查表收回后首先对专家的意见进行整理，对奥运场区的每一个评价指标进行单指标评价，得到模糊模型评价矩阵：

$$R=\begin{Bmatrix} r_{11} & r_{12} & \cdots & r_{1n} \\ r_{21} & r_{22} & \cdots & r_{2n} \\ \cdots & \cdots & \cdots & \cdots \\ r_{m1} & r_{m2} & \cdots & r_{mn} \end{Bmatrix} \tag{8.17}$$

8.2.5 对目标层和准则层因子综合评价

本研究采用适当兼顾综合评判中的各因素，并保留了单因素评判的全部信息的加权平均模型进行模糊综合评判，在模糊综合评判中能取得很好的效果。根据权重，得出一级综合评价：$Q_{si}=C_i \cdot R_i$。

$$Q_{s1}=(0.8197 \quad 0.1744 \quad 0.0059 \quad 0.0000 \quad 0.0000 \quad 0.0000)$$

$$Q_{s2}=(0.2989 \quad 0.1567 \quad 0.2738 \quad 0.2806 \quad 0.0000 \quad 0.0000)$$

$$Q_{s3}=(0.4988 \quad 0.3256 \quad 0.1519 \quad 0.0237 \quad 0.0000 \quad 0.0000)$$

$$Q_{s4}=(0.4231 \quad 0.3785 \quad 0.1945 \quad 0.0039 \quad 0.0000 \quad 0.0000)$$

$$Q_{s5}=(0.1065 \quad 0.1512 \quad 0.2783 \quad 0.4288 \quad 0.0352 \quad 0.0000)$$

$$Q_{s6}=(0.4369 \quad 0.4218 \quad 0.1413 \quad 0.0000 \quad 0.0000 \quad 0.0000)$$

将上述评价向量作为上层指标评价矩阵，得出二级综合评价指标：

$$R_s=\begin{pmatrix}Q_{s1}\\Q_{s2}\\Q_{s3}\\Q_{s4}\\Q_{s5}\\Q_{s6}\end{pmatrix}=\begin{pmatrix}0.8197 & 0.1744 & 0.0059 & 0.0000 & 0.0000 & 0.0000\\0.2989 & 0.1567 & 0.2738 & 0.2806 & 0.0000 & 0.0000\\0.4988 & 0.3256 & 0.1519 & 0.0237 & 0.0000 & 0.0000\\0.4231 & 0.3785 & 0.1945 & 0.0039 & 0.0000 & 0.0000\\0.1065 & 0.1512 & 0.2783 & 0.4288 & 0.0352 & 0.0000\\0.4369 & 0.4218 & 0.1413 & 0.0000 & 0.0000 & 0.0000\end{pmatrix}$$

$$Q_s=\begin{pmatrix}Q_{s1}\\Q_{s2}\\Q_{s3}\\Q_{s4}\\Q_{s5}\\Q_{s6}\end{pmatrix}\times C=(0.4216\quad 0.2287\quad 0.1034\quad 0.2463\quad 0.0000\quad 0.0000)$$

8.2.6 评价结果及分析

根据奥运场区雨水利用工程自身的特点，将指标分成不同的等级，并给出统一的分值，即 $M=(R_1, R_2, R_3, R_4, R_5, R_6)^T=(1, 2, 3, 4, 5, 6)^T$。

防洪减灾效果：

$$M_1=(0.8197\quad 0.1744\quad 0.0059\quad 0.0000\quad 0.0000\quad 0.0000)\times\begin{pmatrix}1\\2\\3\\4\\5\\6\end{pmatrix}=1.1862$$

评价结果为优秀，其中在外排峰值控制率方面的效果更佳。根据监测结果计算可得，在1年一遇的降雨条件下奥运中心景观区的外排峰值控制率为100%；在2年一遇的降雨条件下奥运中心景观区的外排峰值控制率为100%；在5年一遇的降雨条件下奥运中心景观区的外排峰值控制率为87.5%。根据2008年及2009年的实际观测数据计算得到外排峰值控制率为99.33%。在实际的运行过程中应尽可能地增加蓄水池的复蓄率，在降雨产生后应首先考虑收集的雨水利用。

开源节水效果：

$$M_2=(0.2989\quad 0.1567\quad 0.2738\quad 0.2806\quad 0.0000\quad 0.0000)\times\begin{pmatrix}1\\2\\3\\4\\5\\6\end{pmatrix}=2.5561$$

评价结果为中，其中雨水的综合利用率为最优，雨水收集回用率、雨水调控排放率较低，影响评价结果。应尽可能地使用水池中收集的雨水，从而提高工程投资的利用效率。在降雨条件一定的情况下，应该在现有蓄水池的调度及管理方面进一步强化。在下一次降雨前应将蓄水池中蓄积的雨水用于园区用水方面以替代现有用水系统中消耗的自来水、地下水或中水，将开源节水效果由中提高到优秀。

环境改善效果：

$$M_3=(0.4988\quad 0.3256\quad 0.1519\quad 0.0237\quad 0.0000\quad 0.0000)\times\begin{pmatrix}1\\2\\3\\4\\5\\6\end{pmatrix}=1.7005$$

评价结果为良好，其中透水地面铺装率为最优。在透水地面铺装率增加的前提下使奥运中心景观区的径流系数大幅降低，在1年一遇的降雨条件下不产生外排径流，极大地减轻了中心区周边的排水压力。在雨水利用效果方面下凹式绿地面积对于评价结果的影响较大，原因在于下凹式绿地对于雨水利用效果在投资方面来说效果最佳，但是在中心区下凹式绿地面积较中心区的总面积为小，影响效果的发挥，因此今后应尽可能地将绿地修建成下凹式绿地，可大大增加雨水的利用效果。

社会影响效果：

$$M_4=(0.4231\quad 0.3785\quad 0.1998\quad 0.0039\quad 0.0000\quad 0.0000)\times\begin{pmatrix}1\\2\\3\\4\\5\\6\end{pmatrix}=1.7792$$

评价结果为良好，其中工程直接及间接受益人数巨大。

工程投资效果：

$$M_5=(0.1065\quad 0.1512\quad 0.2783\quad 0.4288\quad 0.0352\quad 0.0000)\times\begin{pmatrix}1\\2\\3\\4\\5\\6\end{pmatrix}=3.1315$$

评价结果为中，其中工程的直接投资在效果评价中影响较大。

工程运行效果：

$$M_6 = (0.4369 \quad 0.4218 \quad 0.1413 \quad 0.0000 \quad 0.0000 \quad 0.0000) \times \begin{pmatrix} 1 \\ 2 \\ 3 \\ 4 \\ 5 \\ 6 \end{pmatrix} = 1.7044$$

评价结果为良好，其中工程的年运行成本控制较好，一定程度上降低了工程的运行费用，从而提高了工程的运行效果。

总体效果：

$$M_6 = (0.4216 \quad 0.2287 \quad 0.1034 \quad 0.2463 \quad 0.0000 \quad 0.0000) \times \begin{pmatrix} 1 \\ 2 \\ 3 \\ 4 \\ 5 \\ 6 \end{pmatrix} = 2.1744$$

评价结果为良好，主要在防洪减灾方面敏感度系数最高。雨水利用工程极大地减轻了区域排水压力，防洪减灾效果优秀，对于总体的评价结果影响较好。

8.3　奥运场区雨水利用技术改进

根据前面的雨水利用效果评价结果，奥运中心区雨水利用工程在开源节水、环境改善、社会影响及工程运行方面仍然有一定的改进空间。从技术层面主要可在雨水的综合利用技术、透水地面的铺装技术及工程的运行等方面进行改进，将奥运中心区的雨水利用工程效果发挥至最好。

8.3.1　透水地面的铺装技术改进

奥林匹克公园中心区的透水地面铺装包括透水砖铺装及透水混凝土铺装，铺装的结构如图 7.4、图 7.5 所示。由此对中心区的透水铺装技术提出如下建议。

8.3.1.1　透水地面的铺装施工工艺

透水地面的铺装施工工艺应严格按照施工准备、基床施工、底基层施工、基层施工、面层施工的顺序进行。在施工过程中应严格遵循每一步的施工要求。

8.3.1.2　基床施工

（1）宜把原状土层作为基床。如基床为软弱地基，应对地基进行适宜的加固处理。

(2) 基床应按压实度指标控制，压实度不小于93%。

(3) 基床施工首先需要对基床标高进行复核，然后进行碾压，局部采用夯机进行夯实，碾压成型后进行弯沉试验。

(4) 基床纵坡、横坡、边线与面层一致，表面平整、密实，符合设计要求。

8.3.1.3 底基层施工

(1) 底基层表面标高、坡度应符合设计要求，表面平整、密实。

(2) 宜采用透水性能较好的砂、级配碎石为材料，进行透水底基层摊铺，适量洒水并压实，压实度不小于93%。

8.3.1.4 基层施工

1. 露骨料透水混凝土的级配砂砾基层

(1) 在施工过程中首先对进场材料进行检测，查看砂石比例是否符合设计要求。

(2) 级配砂砾基层铺设应整平，适量洒水碾压，保证标高及压实度要求。

2. 无砂大孔混凝土基层

(1) 无砂大孔混凝土基层施工过程中应检查开级配碎石摊铺状况，局部进行找平后支设模板，在模板上弹出墨线标高。

(2) 浇筑前先用水湿润表面，应采用平板振捣器夯实，但不宜过度振捣或夯实，注意检查厚度、标高及平整度，并在基层混凝土摊铺后，及时覆盖彩条布及草帘养护。

(3) 无砂大孔混凝土基层胀缝应尽量与透水砖面层分格缝上下对应。按宽度不大于24m设置胀缝，每6m设置缩缝。铺设时可结合设计图案留置胀缝，胀缝内预设膨胀材料。

8.3.1.5 面层施工

1. 混凝土透水砖面层

混凝土透水砖面层施工应遵循施工准备、设标高控制点、铺透水混凝土找平层 、铺透水砖、敲击压实、灌缝、成品保护的顺序。在施工过程中应明确每一步的成果，尽可能做到以下几点：

(1) 铺砌混凝土透水砖的结合层采用1～5mm粒径的石屑为骨料拌制，其强度应达到C15以上，透水系数不小于0.1mm/s。

(2) 全面检查基层平整度，必要时进行修整。

(3) 根据规格、色泽选配透水砖，按铺装施工图中的颜色、规格进行透水砖铺贴，不同颜色混拼的铺贴区按设计比例选配透水砖。

(4) 在铺装区域根据轴线间距及透水砖尺寸，加密透水砖铺装的控制线，铺装控制网格一般不大于6.0m×6.0m。

(5) 设置标高控制点。抄测标高控制点，严格保证透水砖顶面标高、坡度符合设计要求。控制点间距不超过10m，相邻标志点间拉通线（一般采用直径小于1mm的尼龙线）。

(6) 铺贴透水砖时，用橡皮锤敲击透水砖面以压实结合层，直至透水砖顶面与标志点引拉的通线在同一标高线。

(7) 灌缝、苫盖。灌缝砂为细度模数小于2.6的细砂。透水砖铺贴后养护期不少于3天，3天后即可在砖缝中以干砂填缝，填缝后及时洒水（或利用降雨）直至灌缝密实，清扫以保证透水砖面的清洁，然后面层覆盖塑料薄膜保护。

2. 风积砂透水砖面层

风积砂透水砖面层施工工序同混凝土透水砖面层。施工过程应注意做到以下几点：

(1) 结合层必须采用专用水洗风积砂，利用粘结材料常温混合搅拌固结而成的干硬性、透水性砂浆结合层，达到平整、均匀，厚度不能低于30mm，厚度允许偏差不大于10%，且不得大于10mm。采用刮板摊铺结合层应均匀一致，平整地摊铺在基层上，然后用抹子拍打抹平，雨雪天气不得施工。

(2) 铺设水洗风积砂结合层的操作中应保证经过橡皮锤敲击后结合层的厚度符合设计要求，透水砖顶面与标志点引拉的通线在同一标高线。

(3) 灌缝砂采用专用水洗灌缝风积砂。风积砂透水砖铺贴后养护期不少于7天，养护24h后即可进行扫缝，填缝后及时洒水（或利用降雨）直至灌缝密实。

3. 露骨料透水混凝土面层

露骨料透水混凝土面层施工应遵循施工准备、设标高控制点、基层摊铺、面层摊铺、面层处理、覆盖养护、伸缩缝处理、成品保护的顺序。施工过程应注意做到以下几点：

(1) 露骨料透水混凝土自搅拌机出料至运到工程地点时应尽量控制在10min之内。必须及时覆膜及棉被保水保温，以保证其凝结效果。

(2) 露骨料透水混凝土面层原则上应与基层混凝土同步摊铺，两层摊铺时间间隔不得超过2h，基层混凝土在间隔期内应覆膜保水。如间隔时间超过2h（在4～6h之内）应在摊铺面层前适当涂刷界面剂以利于基层的连接。

(3) 摊铺前应制作样板段。第一次摊铺完成后应与样板段进行色彩对比，合格后方可继续大面积施工。露骨料透水混凝土面层摊铺应设专人进行标高控制，分3次往返使用摩擦振动整平机振压密实，行进速度第1次整平不宜超过0.2m/s，第2次、第3次可以适当加快，但不要超过0.5m/s。人工配合找平压实。

(4) 膨胀缝设置应按路面设计要求预留，并应贯通到底，缝宽10mm，填充材料采用木丝板，表面封涂按设计要求进行填充。缩缝采用专用切缝机切割，切割后采用橡胶嵌缝。伸缩缝处理最迟不宜超过成型后 3 天，以防面层开裂。

（5）摊铺结束后 10min 内作表面露骨料预处理。预处理 6～8h（根据养护温度和湿度等因素确定）后用高压清洗机做表面冲洗加工，实现露骨料效果。个别水泥浆处理效果不明显处应使用毛刷配合喷枪清洗。清洗作业结束后应及时覆盖保水白膜及彩条布进行养护。面层露骨料透水混凝土摊铺完成后应养护，养护时间不少于 7 天。冬期施工时应注意保温覆盖。

8.3.2 水系岸边绿地雨水利用技术改进

中心区水系的东岸为微地形绿化，西岸为湖边西路。与水系连接的绿地部分，只在水岸边设计下凹式渗滤沟，当雨水较大时，从绿地流下的雨水先经过滤沟过滤后再流入水系，保证了收集雨水的清洁度。湖边西路全部为透水路面，雨水经渗滤、收集后排入水系。

中心区水系的周边仍然存在大量径流不能够通过上述方式进行综合利用，在今后的设计过程中应充分考虑利用自然的水体及周边的自然地理情况进行雨水利用，这样可以减少投资、保证景观效果，因此在水系周边应多利用自然的景观绿地实现雨水的综合利用。

8.3.3 绿地雨水利用技术改进

奥林匹克公园中心景观区绿地有三大基本功能：保护功能（即绿地对空气、水体和土壤的净化，对奥林匹克公园中心景观区小气候环境的改善，以及对奥运中心景观区噪音及奥运中心景观区灾害有一定的防护作用）、使用和活动功能、景观功能。除了这三个基本功能外，奥林匹克公园中心景观区绿地还有一个以前从未引起人们的关注而能够加以利用的重要功能，那就是奥林匹克公园中心景观区绿地可以作为一种雨水利用的工程设施，用来储留和入渗雨水以回补地下水。

根据奥林匹克公园中心区的实验检测结果可知，影响绿地入渗量的坎高和坡度结果为：低于地面的草坪通过地下 1m 界面的入渗量占降雨与灌水量的 30%，是与地面持平的草坪的 1.61 倍，是高于地面草坪的 4.88 倍，高草坪在平水年的汛期有 5.611%的外泄量，而平草坪和低草坪则无径流外流，低草坪除拦蓄本区降雨外还可容纳其它地方的外泄水量，因此，边坎较高的绿地入渗量将比无边坎的绿地大。坡度的影响也很明显，当有一定的坡度时，不仅仅影响绿地的储留量，而且由于雨水的重力分解为沿坡面及垂直于坡面两个方向的力，从而使下渗率减小，入渗量也相应减少。因此应尽量将绿地规划为无坡度，以便使绿地尽可能多地入渗汛期雨水。应尽可能地将绿地建造成为比周边地面低10cm的下凹式绿地，充分发挥绿地消纳奥林匹克公园中心景观区雨水及回补地下水的作用。

8.3.4 透水砖技术改进与优化

可渗透路面砖是由特殊级配的骨料、胶凝材料、水及增强剂拌制成混合料，经特定工艺制成的混凝土制品，其中含有很大比例的连通孔隙。为满足奥运中心区雨水的控制和利用，可渗透路面砖的强度应大于30MPa。渗水能力应保证在0.1mm/s的降雨情况下随降随渗，地面不产生积水。

影响可渗透路面砖的强度和渗透系数的因素很多，而这两者之间亦存在着反比关系，强度的增加会导致渗水能力降低。以下对透水砖雨水利用技术的各因子进行分析并提出相应的建议。

8.3.4.1 水泥选择

从空间结构来看，可渗透路面砖是粗骨料颗粒与水泥石胶结而成的多孔堆聚结构，水泥石与粗骨料界面的粘结强度是最薄弱的环节。所以应采用强度高、混合材料掺量少的硅酸盐水泥。水泥浆的最佳用量以刚好能够完全包裹骨料的表面，形成一种均匀的水泥浆膜为适度，并以最小水泥用量为原则，因为过多的水泥用量会导致透水性的降低，而且将增加成本。

8.3.4.2 集灰比选择

集灰比指集料（如碎石和砂）与胶凝材料（如水泥和添加剂）用量的比值。在水灰比不变的前提下改变集灰比，其抗压强度见表8.12。

表8.12　集灰比改变时的抗压强度

编号	水泥	碎石	砂	水	强度（MPa）
1	1	2	0.2	0.35	14.68
2	1	3	0.3	0.35	9.30
3	1	4	0.4	0.35	4.30
4	1	5	0.5	0.35	2.95

由表8.12可以看出，随着集灰比的增大，强度显著下降，考虑到加入添加剂后，集灰比会变小，因此集灰比的取值应在3.5～4.5之间。

8.3.4.3 水灰比选择

水灰比的大小决定了水泥浆体的稠度和流动性，从而影响强度和渗水能力。在集灰比不变的前提下改变水灰比，其抗压强度见表8.13。

由表8.13可以看出，随着水灰比的增大，强度也增大，但强度增大的同时渗透系数也随之降低，因此水灰比的取值应综合考虑。在中心区非机动车道取值应在0.35～0.45之间。

表 8.13 水灰比改变时的抗压强度

编号	水泥	碎石	砂	水	强度（MPa）
1	1	4	0.4	0.30	3.18
2	1	4	0.4	0.35	4.30
3	1	4	0.4	0.40	5.88
4	1	4	0.4	0.45	6.20

8.3.4.4 增强剂选择

可渗透路面砖内部的硬化水泥浆层较薄，水泥凝胶体内过渡区所占的比重较大，因此胶结强度低。在硬化后的水泥胶结体内部不可避免地存在着一些毛细孔、微裂缝等缺陷，严重影响凝胶体的强度。而过渡区内毛细孔和微裂缝数量更多，严重降低了胶结强度。仅仅通过调整配合比来增加强度效果是有限的，可以采用掺加增强剂的方法，在不影响渗透系数的前提下最大限度地提高强度。通过大量的试验，选择高效增强剂，粒径 0.1～0.2μm 时，通过电子显微镜观察，凝胶体内部的毛细孔孔径大多在 5～50μm，如果掺入粒径 0.1～0.2μm 的增强剂，这些细微的粒子能够填充在毛细孔内，不仅能提高凝胶体的密实度，而且能够减小骨料与凝胶体之间过渡区的厚度，达到提高凝胶层胶结强度的目的，从而增加混凝土的强度。在集灰比和水灰比都不变的前提下，分别加入、不加入增强剂，其抗压强度、渗透系数见表 8.14。

表 8.14 增强剂对强度和渗透系数的影响

编号	水泥	石子	砂	减水剂	水	成型压力（MPa）	增强剂	强度（MPa）	渗透系数（mm/s）
1	1	3.53	0.72	0.0274	0.26	1	有	44.13	1.51
2	1	3.53	0.72	0.0274	0.26	1	无	19.21	1.58
3	1	3.53	0.72	0.0274	0.26	2	有	40.65	1.37
4	1	3.53	0.72	0.0274	0.26	2	无	20.51	1.72

8.3.4.5 成型工艺选择

成型工艺一般有静压、振动和振动加压 3 种形式。

振动加压成型是将静压和振动结合在一起，在加压的同时进行高频低幅的振动，振动时间较短。不同的成型方法会对透水性混凝土的性能产生很大的影响，采用同样的原材料和配合比，3 种不同的成型工艺下的抗压强度见表 8.15。

由表 8.15 中可以看出，振动加压成型对提高透水混凝土材料的性能效果是最明显的，但是在振动成型时渗透性能减小较为明显。因此，建议在非机动车道上和抗压强度要求不高的地区使用静压成型工艺。

表 8.15　　成型工艺对强度的影响

编　号	成 型 工 艺	抗压强度（MPa）
1	静压成型	8.72
2	振动成型，约 10s	12.44
3	边振动边静压成型，约 13s	17.58

8.3.5　雨水蓄水设施的改进与优化

在中心区共需设置 10 个雨水收集池，容积共 8020m^3，其中，在中轴景观大道和树阵区设 800m^3 水池 5 个、400m^3 水池 3 个，在下沉花园设 1823m^3、972m^3、水池各 1 个，水池为地埋式钢筋混凝土结构。在中心区最主要的问题是提高蓄水池的复蓄率（即蓄水池在一个年度内的利用次数），使蓄水池的效果最大化。在运行过程中，对蓄水池所蓄水量与绿化的喷灌系统进行严格的调度，坚持优先用蓄水池储水的原则。

8.3.6　雨水回渗技术的改进与优化

为增加水资源量，中心区雨水利用的一个重要途径是使用各种人工设施强化雨水渗透，使更多雨水渗入地下以涵养地下水。雨水下渗设施种类很多，包括透水性管、渗井或渗沟、渗槽等。渗透性设施把截流下来的雨水入渗地下，从而更好地保护水资源，因此有条件的地方（地下水位较低，土壤渗透性较好）尽可能采用渗透性设施。

8.4　奥运场区雨水利用措施优化管理模式

为了充分发挥雨水利用工程的作用，需要对奥林匹克公园中心区雨水利用设施进行优化管理。在开源节水方面主要是提高雨水收集回用率。优先、及时、尽快使用和用完雨水池内所收集的雨水。在环境改善方面主要是提高雨水补充景观水率。通过优化管理尽可能多地将雨水用于补充水面的需水。在社会影响方面主要是加强奥林匹克公园中心区雨水利用技术的宣传，展示示范效果，使更多的人从中受益，为更多的城市提供借鉴。在工程运行方面，主要是降低年运行成本。

下面分别提出工程措施和非工程措施的优化建议。

8.4.1　工程措施优化管理

8.4.1.1　透水砖地面优化管理

（1）透水砖均通过微孔实现雨水下渗，砖表面的淤积会影响其下渗效果。平时结合地面打扫，注意清扫表面浮尘；每年3月底，应把透水砖表面全面清扫一遍，或用高压水枪冲洗一遍，应使用雨水池集蓄的雨水。

(2) 避免周边绿地的表层土随降雨、灌溉流入透水砖表面。除定时清扫外，还应注意将透水砖或露骨料透水混凝土路面两侧高于路面的土体清除，保证两侧200mm范围内的土体低于路面50mm以上，预留积土空间。

(3) 局部如发现透水砖地面沉降，可起掉砖块，在基层或结合层补填无砂细石混凝土或粗砂，可利用旧砖或更换新砖，最后整平地面。

(4) 透水地面的设计年限为10年，在达到设计年限后，可考虑全部或部分更换结合层和透水砖面层。

8.4.1.2 下凹式绿地优化管理

中轴树阵的树池设计上低于周边地面100mm，但其周边的径流会带入浮土、落叶，使绿地逐年增高，从而影响其滞蓄雨水的效果。因此，应及时消除下凹绿地内的落叶，并清扫周边地面，减少尘土随水流入。

8.4.1.3 检查井优化管理

(1) 连接渗滤沟、连通管、U形渗滤沟、PP集水沟的所有雨水检查井（页岩砖、透水砖、风积砂、LDPE等材质）在雨季（6～9月）的每个月应定期打开井盖进行检查，若发现淤积应及时清理。

(2) 在地下车库和地下商业中，连接PP透水材料的渗滤集水井里设有手动阀门装置。当干旱时关闭该阀门，利用积蓄雨水自动灌溉；当雨水充沛时打开该阀门，排除积蓄的雨水，维持植物的最佳蓄水量。

8.4.1.4 弃流井管理模式优化

连接U形渗滤沟的弃流井，其溢流口的下部空间为沉积初期雨水的空间，雨季（6～9月）的每个月应进行检查，若发现淤积应及时清理。为方便清理，可在井底铺设一层200g/m^{2}的无纺布，四周卷起300mm包住沉积物，最后整体吊出，达到清淤的目的。

8.4.1.5 U形排水沟、U形渗滤沟管理模式优化

每年的3月和10月应对U形排水沟、U形渗滤沟进行清扫。为节约水资源，在清洗U形排水沟、U形渗滤沟时，可在降雨排水过程中打开不锈钢箅子，若有杂物、沉积物，将其冲洗到弃流井或检查井，或利用雨水池集蓄的雨水进行冲洗。

8.4.1.6 雨水收集池优化管理

(1) 雨水收集池内设置有拦污墙和沉沙池，每年应定期清掏池底的沉积物，并进行清洗。另外，可利用安装在雨水泵站内的排污泵，把污物排至雨水井。

(2) 水位数据每间隔5min记录一次，记录每天的水深变化，池子的底面积是固定值，通过自动测出的水深，利用两者乘积可求出每个集水池收集的水量。

（3）当监测数据显示水量可满足水池附近绿化一次灌溉用水时，可开启水泵抽水灌溉，其余状况下直接用中水灌溉即可。

8.4.1.7 龙形水系优化管理

（1）水系的设计排水标准为5年一遇，主要根据天气预报，通过停止补水并预降水位等措施留住雨水。一般情况下，遇大雨预降水位50mm，遇暴雨预降水位100mm，保证水系本身和周边的降雨均能滞蓄在水系内。

（2）所有跨水系道路的观景平台均为悬挑结构（设计为人群荷载4.0kN/m^2），若机动车进入或停靠，有断裂的危险。管理单位应密切注意，不允许任何机动车进入观景平台悬挑结构。

8.4.1.8 下沉花园管理模式优化

（1）每年打开下沉花园所有收水沟的检查井，检查沟内有无淤积情况，如有淤积应及时清理。

（2）根据降雨、集水情况，优先使用雨水作为绿化、冲厕的水源，避免底层积水饱和，影响植物生长。

8.4.1.9 雨水泵站及设备优化管理

（1）由于景观设计不能把机电设备用房露出地面，本工程的设备用房基本处于地下，应密切关注地下结构有无裂缝、穿线孔渗漏，如有，及时处理，并注意使机电设备用房和配电柜、控制柜处于干燥状态，遇雨季过分潮湿时，可安装去湿机除湿。

（2）泵站的灌溉泵前端的过滤器有压力传感器，通过过滤器前后的压差可以判断过滤器是否被堵塞，如发现堵塞，应及时清理，保证泵体的安全运行。

（3）启泵水位的设定。最低水位（主泵停泵水位）由池底标高及水泵吸水口高度确定为28.9m；雨季初期及缺水年份，下沉花园雨水利用收集池水位低时，启泵水位提高，以增加下沉花园的雨水蓄水量，此时自动启泵水位设定为31.8m；雨季后期或丰水年份，雨水利用收集池水位高时，启泵水位降低，此时自动启泵水位设定为30.7m；雨季结束，为减少污染，需排干雨水管渠内积水，此时启泵水位降至29.2m。另外，水泵及备用泵应根据泵池水位高度依次启动。

（4）雨水泵根据设定的启泵水位依次自动启动，在两场雨间轮换启动顺序。旱季需排除积水时，手动启泵。旱季雨水泵及备用泵定期检测运转状态，并进行保养。

（5）格栅传动清渣设备定时或根据前、后液位差自动运行。粉碎、清洗设备有废渣清出时随时自动启动，干渣由螺旋运输机自动倒入垃圾桶，定期更换垃圾桶，并运至暂存间储存等待运出。

（6）水位达到下沉花园最低地面高度（35.4m）时，发出报警信号。当泵池水位达到保护泵站的关闸水位（泵站地面以下0.5m）时，关闭各进水管电动闸阀，待水位下降后再一一开启。

8.4.1.10 雨量站管理模式优化

(1) 接收端的数据采集终端不一定要求 24h 开机，但在降雨时必须保证开机运行，并且雨量监测软件要处于打开状态。

(2) 雨量数据通过采集终端进行采集，并通过 GPRS 传输设备传输至存储器 (SIM 卡)，最后通过接收装置和采集软件 TeleMeterForGPRS 将数据转入采集终端并进行保存。

(3) 设备状态检测。在有雨量数据时每 5min 传输一次；在无雨情况下，则每 20min 发送一次信号连接信息 "connected sure"，表明信号传输正常。若要退出监测系统，应先停止监测，然后输入口令和密码（均为 admin）退出系统，切忌直接关闭计算机。

(4) 若雨量监测软件报错，可尝试重启接收端的无线路由来解决。

(5) 远传用的 SIM 卡需要定期办理续费业务，否则数据将不能远传至接收终端。

8.4.1.11 实验区外排水量监测系统管理模式优化

(1) 由于实验区外排监测系统的电池和机箱都放在井下，因此换电池人员需注意安全，至少在打开井盖 10min 以后再进入作业。

(2) 电池一般要求 20 天左右更换一次，最长不得超过 26 天。在更换电池时一并将数据取回。

8.4.2 非工程措施优化管理

8.4.2.1 运行管理制度优化

(1) 为保证雨水利用工程和设施的正常运营，管理单位应落实雨水利用的运营监管责任，安排专业人员结合给排水的管理，对雨水利用工程和设施进行统一监管，编写年度总结报告，对水资源综合利用的数据进行统计。对管理过程中发现的问题及时反馈，研究并采取妥善措施解决。

(2) 雨水利用设施维护管理应建立相应的管理制度，工程运行的管理人员应接受专门培训。在雨季来临前对雨水利用设施进行清洁和保养，并在雨季定期对工程各部分的运行状态进行观测检查。

(3) 为争取广大游人和市民对雨水利用的支持，应进行雨水利用宣传并纳入相关规定，以保障雨水利用设施的运行。为对渗透设施实施长期、正确的维护，必须建立相应的管理体制。

8.4.2.2 运行与维护模式优化

1. *设施检查*

设施检查包括机能检查和安全检查。机能检查是以核定渗透设施的渗透机能为检查点；安全检查是对保证使用人员、通过人员及通行车辆安全以及排除对用地设施的影响等所做的安全方面的检查。定期检查原则上每年一次，但是在发布暴雨、洪水警报和用户投诉时要进行非常时期的特殊要求检查。年度检查应对渗透设施全部进行检查；受条件所限时检查点可选择在砂土、水易汇集处，减少检查次数和场所，减少人力和经济负担。渗透设施机能检查和安全检查的具体内容详见表 8.16。

表 8.16　　渗透设施检查的内容

内　容	机　能　检　查	安　全　检　查
检查项目	1. 垃圾的堆积状况； 2. 垃圾过滤器的堵塞状况； 3. 周边状况（裸地砂土流失现状），附近有无落叶树； 4. 有无树根侵入	1. 井盖的错位； 2. 设施破损变形状况； 3. 地表下沉、沉陷情况
检查方法	1. 目视垃圾侵入状况； 2. 用量器测量垃圾的堆积量； 3. 确认雨天的渗透状况； 4. 用水桶向设施内注水，确认渗透情况	1. 设施外观目视检查； 2. 用器具敲打确定裂缝等情况
检查重点	1. 排水系统终点附近的设施； 2. 裸地和道路排水直接流入的设施； 3. 安放在比周边地面低以及雨水汇流区的设施； 4. 上部敞开的设施	1. 使用者和通行车辆多的地方； 2. 过去曾经产生过沉陷的场所
检查时间	1. 定期检查：原则上每年最少一次； 2. 不定期检查： (1) 雨水量多的时期； (2) 发布大雨、洪水警报时； (3) 周边土方工程完成后； (4) 用户投诉时	

2. 设施的清扫

依据检查结果进行以恢复渗透设施机能为目的的清扫工作。清扫的内容包括清扫砂土、垃圾、落叶，去除堵塞孔隙的物质、清扫树根等，同时对渗透设施周围进行清扫也是必要的。另外，清扫时的清洗水不得进入渗透设施内。

清扫方法：在场地狭小、个数较少时可用人工清扫，对数量多、型号相同的设施宜使用清扫车和高压清洗。渗透设施在正常的维护管理条件下，其渗透能力在 5 年内应无明显下降。

各种渗透设施的清扫内容和方法详见表 8.17。

表 8.17　各种渗透设施的清扫内容和方法

设施种类	清扫内容和方法	注意事项
入渗井	1. 清扫方法有人工清扫和清扫车机械清扫； 2. 对呈板结状态的沉淀物，采用高压清扫方法； 3. 当渗透能力大幅度下降时，可采用下列方法以恢复： (1) 砾石表面负压清洗； (2) 砾石挖出清洗或更换	1. 采用高压清扫时，应注意在喷射压作用下会使渗透能力下降； 2. 清扫排水不得向渗透设施内回流
渗透管沟	管口滤网用人工清扫，渗透管用高压机械清扫	采用高压清扫时，应注意在喷射压力作用下会使渗透能力下降
透水铺装	去除透水铺装空隙中的土粒，可采用下列方法： 1. 使用高压清洗机械清洗； 2. 洒水冲洗； 3. 用压缩空气吹脱	应注意清洗排水中的泥沙含量较高，应采取妥善措施处置

3. 设施的修补

设施破损以及地表面沉陷时需进行修补，不能修补时可以替换或重新设置。地表面发生沉陷和下沉时，必须调查产生的原因和影响范围，并采取相应的对策。

4. 设施机能恢复的确认

设施机能恢复的确认方法原则上有定水位法和变水位法，应通过试验来确定。各种设施的机能恢复确认方法要点见表 8.18。

5. 雨水收集回用系统的维护管理

雨水收集回用系统的维护管理宜按表 8.19 的内容进行检查。

表 8.18　机能恢复确认方法要点

种类	机能恢复确认方法	要点
入渗井 渗透雨水口	当入渗井接有渗透管时，应用气囊封闭渗透管，采用定水位法或变水位法进行测试	试验需要大量的水，要做好确保用水的准备
渗透管沟	全部渗透管试验需要大量的水，应在选定的区间内（2～3m）进行试验，在充填砾石中预先设置止水壁，测试时可以减少注水量	确定渗透机能前，先选定区间，应注意止水壁的止水效果
透水铺装	在现场用路面渗水仪，用变水位法进行测定	仅能确定表层材料的透水能力，不能确定透水性铺装的透水能力

表 8.19　雨水收集回用设施检查内容和周期

设施名称	检查时间间隔	检查/维护重点
集水设施	1个月或降雨间隔超过10日的单场降雨后	污/杂物清理排除
输水设施	1个月	污/杂物清理排除、渗漏检查
处理设施	3个月或降雨间隔超过10日的单场降雨后	污/杂物清理排除、设备功能检查
储水设施	6个月	污/杂物清理排除、渗漏检查
安全设施	1个月	设施功能检查

6. 处理后的雨水水质管理

定期检测包括按照回用水水质要求对处理后储存的雨水进行化验、对首场降雨或降雨间隔期较长所产生的径流进行抽检等。

8.5 小　结

通过对奥林匹克公园中心区雨水利用效果评价的研究取得了以下的基本结果：

（1）在奥林匹克公园中心场区雨水利用工程指标体系的设置上，可以通过设置层次性明确、界定范围明晰的综合评价体系；在雨水利用工程效果评价的宏观层面上，应该建立若干宏观评价指标。

（2）在采用综合评价指标体系分析、计算时，对于多层次体系，各指标的权重可以采用主客观结合赋权法，以模糊综合评价方法进行。

（3）通过对奥林匹克公园中心场区雨水利用工程进行的分析，可从防洪减灾效果、开源节水效果、环境改善效果、社会影响效果、工程投资效果、工程运行效果6方面对雨水利用效果进行分析和评价。依据频数统计分析法及专家意见选用15个指标构成评价指标体系。建立由1项综合指标、6项主体指标、15项群体指标构成的3个层次的雨水利用效果评价指标体系。实践证明该指标体系的可操作性是很强的。

（4）借助模糊数学理论，分别构建了各个评价指标对奥林匹克公园中心区雨水利用效果评价综合指数的隶属函数，从而实现了指标的量化，使具有不同量纲的具体指标值规范到0～1区间。在此基础上，采用模糊加权综合指数法，建立了以雨水利用效果评价综合指数为评价结果的奥林匹克公园中心区雨水利用效果综合评价模型。

（5）根据示范工程建成后的监测数据对奥运中区雨水利用工程进行了综合评价，结果表明雨水利用工程的防洪减灾效果为优秀、开源节水效果为中、环境改善效果为良好、社会影响效果为良好、工程投资效果为中、工程运行效果为良好，示范工程的雨水利用总体效果达到良好水平。

(6) 依据奥林匹克公园中心区雨水利用工程的监测结果及雨水利用效果评价结果，提出奥运场区雨水资源利用的技术改进建议及优化管理模式，对奥林匹克公园中心区雨水利用工程效果的更进一步发挥具有重要作用。

参考文献

[1] 雷志栋，杨诗秀，谢森传．土壤水动力学．北京：清华大学出版社，1988.

[2] 赵人俊．流域水文模拟——新安江模型与陕北模型．北京：水利电力出版社，1984.

[3] 李毅，王全九，邵明安等．Green-Ampt 入渗模型及其应用．西北农林科技大学学报（自然科学版）．2007（2）：225－230.

[4] 史文娟，汪志荣，沈冰，等．非饱和土壤中指流的研究进展．西北农林科技大学学报（自然科学版）．2004（7）：128－132.

[5] 高峰，胡继超，卞斌．国内外土壤水分研究进展．安徽农业科学．2007，35（34）：1114－1146.

[6] 张华，陈善雄，陈守义．非饱和土入渗的数值模拟．岩土力学．2003（10）：715－718.

[7] 韩国才，太强，高殿举，等．降雨入渗补给模型研究．河北水利科技．2001（2）：10－14.

[8] 崔凤铃．降雨入渗若干影响因素研究进展综述．西部探矿工程．2006（6）：84－86.

[9] 王铁军，郑西来，赵淑梅．土壤非饱和带确定性数值模型研究进展．海洋湖沼通报．2005（2）：100－104.

[10] 刘亚平，陈川．土壤非饱和带中的优先流．水科学进展．1996（3）：85－89.

[11] 戴智慧，蒋太明，刘洪斌．土壤水分入渗研究进展．贵州农业科学．2008，36（5）：77－80.

[12] 牛健植，余新晓．优先流问题研究及其科学意义．中国水土保持科学．2005（9）：110－116.

[13] 周蓓蓓，邵明安．不同碎石含量及直径对土壤水分入渗过程的影响．土壤学报．2007（9）：801－807.

[14] 程金花，张洪江，史玉虎，等．长江三峡花岗岩地区优先流对渗流和地表径流的作用．水土保持通报．2007（4）：18－23.

[15] 朱崇辉，刘俊民，王增红．粗粒土的颗粒级配对渗透系数的影响规律研究．人民黄河．2005（12）：79－81.

[16] 冯杰，郝振纯，刘方贵．大孔隙对土壤水分特征曲线的影响．灌溉排水．2002（9）：4－7.

[17] 李贺丽，李怀恩，王智，等．多孔介质中指流的研究综述及展望．土壤．2008，40（1）：27－33.

[18] 杨杨，程娟，郭向阳，等．关于透水混凝土的孔隙率与透水系数关系的探讨．混凝土与水泥制品．2007（8）：1－3.

[19] 王慧芳，邵明安．含碎石土壤水分入渗试验研究．水科学进展．2006（9）：604－609.

[20] 李建柱，冯平．基于大孔隙下渗理论的产流模型及其应用．天津大学学报．2008（4）：467－470.

[21] 齐登红，靳孟贵，刘延锋．降水入渗补给过程中优先流的确定．中国地质大学学报．2007（5）：420-424.

[22] 刘伟，区自清，应佩峰．土壤大孔隙及其研究方法．应用生态学报．2001，12（3）：465-468.

[23] 李伟莉，金昌杰，王安志，等．土壤大孔隙流研究进展．应用生态学报．2007，18（4）：888-894.

[24] 秦耀东，任理，王济．土壤中大孔隙流研究进展与现状．水科学进展．2006（6）：203-207.

[25] 朱崇辉，刘俊民，王增红．无粘性粗粒土的渗透试验研究．人民长江．2005（11）：53-55.

[26] 张建，黄霞，施汉昌．地下渗滤系统在污水处理中的应用研究进展．环境污染治理技术与设备．2002（4）：47-51.

[27] 高拯民，李宪法．城市污水土地处理利用设计手册．北京：中国标准出版社，1991.

[28] 北京仁创科技集团有限公司．生泰砂基透水砖．住宅产业．2008（11）：148-149.

[29] Donald B. Aulenbach，Nie Meisheng. Studies on the mechanism of phosphorus removal from treated wastew—ater by sand. J. WPCF，1988，60（12）：2089-2094.

[30] USEPA. Process design manual：land treatment of mu-nicipal wastewater，EPA625/1-81-013，1980.

[31] 杨丽萍，田宁宁，等．土壤毛管渗滤污水净化绿地利用研究．城市环境与城市生态．1999，12（3）：4-7.

[32] 郑克白，孙敏生，彭鹏．北京奥林匹克公园中心区下沉花园雨水利用及防洪排水设计．给水排水．2008，34（7）：97-101.

[33] 邓卓智，赵生成．北京奥林匹克公园中心区水系及雨洪利用设计．北京市水利规划设计研究院.

[34] 韦明杰．北京奥林匹克公园中心区下沉花园洪水分析与计算．北京市城市规划设计研究院.

[35] 郑克白，范珑，张成，彭鹏，孙志敏．北京奥林匹克公园中心区雨水排放系统设计．给水排水．2008，34（8）：85-92.

[36] 郑克白，孙敏生，彭鹏．北京奥林匹克公园中心区下沉花园雨水泵站设计．2009，35（4）：93-97.

[37] 邓卓智，赵生成，宗复芃，冯永忠．基于水体自然净化的北京奥林匹克公园中心区雨水利用技术．给水排水．2008，34（9）：96-100.

[38] 车伍，李俊奇．城市雨水利用技术与管理．北京：中国建筑工业出版社，2006.

[39] Fakt，IRCSA/Europe. 10th Internatonal Conference on Rainwater Catchment Systems. Mannheim（Germany）：Margraf Varlag，2001：3-297.

[40] 曹永强，田富强，胡和平．雨水资源综合利用研究．中国农村水利水电．2004（11）.

[41] 郑克白，吕露，田进东，等．北京奥林匹克公园中心区节水型绿化灌溉系统设计（上）．给水排水．2008，34（11）：88-93.

[42] 郑克白，贾志乐，张成，陈健．北京奥林匹克公园中心区水景喷泉设计．给水排水．2009，35（1）：91-98.

[43] 杨建国，张新民．北京市草坪灌溉制度拟定．节水灌溉．2005，(2)：13－15.
[44] 赫伯特·德莱塞特尔．德国生态水景设计．沈阳：辽宁科技出版社，2003.
[45] Dr. Hari. J，Krishna，P. E. Texas Water Development Board. The Texas Manual on Rainwater Harvesting. Austin，Texas. 2005.
[46] Patrik. L，Brezonik. Analysis and models of storm water runoff volumes，loads，and pollutant concentrations from watershed in the Twin Cities metropolitan area，Minnesota，USA. Water Research，2002 (36)：1743－1757.
[47] 王钦，周志宇，付华．微孔草对水分胁迫反应的研究．草地学报. 1998，6 (3)：179－184.
[48] 吴景社．国外节水灌溉技术发展现状与趋势（上）．世界农业．1994，(6)：20－22.
[49] Livingston B E. A method of controlling plant moisture. Plant World. 1908，11：39－40.
[50] Kato Z，Tejima S. Theory and fundamental studies on subsurface method by use of negative pressure. Trans JS IDRE，1982，(101)：46－54.
[51] 雷廷武，江培福，V incent F. B ralts，等．负压自动补给灌溉原理及可行性试验研究．水利学报．2005，36 (3)：298－302.
[52] MTTSUB ISHI CHEM CROP (MTTU) . Negative pressure difference irrigation system has pair of pipes w h ichconnect ends of porouspipe，embedded in soil layer，to separate reservoirs，arranged at lower，to perform forced water flow. Japan：JP10323133－A，1998：209－215.
[53] A deraldo Silva De Souza，et al. Irrigación par Potes de Barro：Descripción del Métodoy Pruebas Preliminares. Petrolina，PE，Brasil，1982.
[54] Camp C R. Subsurface drip irrigation：areview. Transactions of the ASAE. 1998，41 (5)：1353－1367.
[55] Phene C J. Maximizing water use efficiency with subsurface drip irrigation. ASAE Paper 922090，Charlotte，NC，21－24 June. 1992.
[56] Phene C J. Maximizing wateruse efficiency with subsurface drip irrigation. Irrigation Journal. 1993 (3).
[57] 马孝义，王凤翔．陕西省果树地下滴灌的应用前景，存在问题与建议．干旱地区农业研究. 1999，17 (2)：127－131.
[58] 仵峰．地下滴灌条件下灌水器水力性能研究．中国农业科学院研究生院，2002.
[59] 李道西，罗金耀．地下滴灌土壤水分运动数值模拟．节水灌溉．2004 (4)：4－7.
[60] 丛佩娟．地下滴灌管网水力特性研究．中国农业科学院研究生院，2004.
[61] 郭文聪，樊贵盛．土壤地下点源入渗的基本特性研究．太原理工大学学报．2004 (3)：267－271.
[62] 何华．地下滴灌条件下作物水氮吸收利用与最佳灌水技术参数的研究．西北农林科技大学，2001.
[63] 姚丽娟．深圳河流域降雨典型年分析．人民长江．2007，37 (8)：38－39.
[64] 丁跃元，侯立柱，张书函．基于透水性铺装系统的城市雨水利用．北京水务．2006 (6)：1－4.
[65] 王新星．住宅小区不同下垫面滞蓄雨水的效果评价．中国农业大学，2007.

[66] 赵生成．北京奥林匹克公园中心区雨洪利用设计．北京水务．2006（9）．
[67] 杨玲，周志华．膨润土防水毯施工技术分析与探讨．北京水务．2007（2）．
[68] 冯长松，蒋飞跃，梁辉，王福田，曾会明．奥运龙形水系人工生态系统建设与管理．环境科学与技术．2008（10）．
[69] 冯长松，文剑平，蒋飞跃，邓卓智，卢欣石等．奥运龙形水系人工生态系统建设与管理．湿地科学与管理．2008（6）．
[70] 郑克白，董瑞玲，苏云龙，邓卓智．北京奥林匹克公园中心区工程简介．给水排水．2008（7）．
[71] 郑克白，孙敏生，彭鹏．北京奥林匹克公园中心区下沉花园雨水利用及防洪排水设计．给水排水．2008（7）．
[72] 赵生成，邓卓智，等．基于自然水体净化的奥运中心区雨水利用技术．给水排水．2008（9）．
[73] 赵飞，张书函，李文忠，陈建刚，吴东敏．奥运中心景观区雨水控制利用总体思路．给水排水．2008（10）．
[74] 北京市规划委员会、北京市城市规划设计研究院等．北京奥运中心区雨水系统研究．2008.6.
[75] 第29届奥林匹克运动会组织委员会．北京奥运会、残奥会场馆培训教材——奥林匹克公园公共区．2008.
[76] 建筑与小区雨水利用工程技术指南编制组．建筑与小区雨水利用工程技术规范实施指南．北京：中国建筑工业出版社，2008.
[77] 吴东敏，高巍，邓卓智．奥林匹克公园中心区雨洪利用成套技术集成．水利水电技术．2009（12）．
[78] 车武，欧岚，汪慧贞，等．北京城区雨水径流水质及其主要影响因素．环境污染治理技术与设备．2002，3（1）：33－37.
[79] 车武，欧岚，刘红，等．屋面雨水土壤层渗透净化研究．给水排水，2001，27（9）：38－41.
[80] 姜凌，李耀民．利用土壤层净化雨水补给地下水的试验研究．水土保持学报，2005，19（6）：94－96.
[81] 汪慧贞，李宪法．北京城区雨水入渗设施的计算方法．中国给水排水．2001，17（11）：37－39.
[82] 汪慧贞，车武，等．城区雨水渗透设施计算方法及关键系数．给水排水．2001，27（11）：18－23.
[83] 汪慧贞，李宪法．北京城区雨水径流的污染及控制．城市环境与城市生态．2002，15（2）：16－18.
[84] 张思聪，惠士博，谢森传，吕贤弼．北京市雨水利用．北京水利．2003，（4）：20－22.
[85] 张思聪，李景彬，唐莉华，谢森传．北京市小区雨洪利用的降雨径流分析．2002北京雨水与再生水利用国际研讨会论文集．北京，2002：58－61.
[86] Benjamin O. Brattebo，Derek B. Booth. Long-term Storm water Quantity and Quality Performance of Permeable Pavement Systems. Water Research. 2003，37（18）：4369－4376.
[87] M. Zunckel，C. Saizar，J. Zarauz. Rainwater Composition in Northeast Uruguay. Atmos-

pheric Environment. 2003, 37 (12): 1601 - 1611.

[88] G. P. Hu, R. Balasubramanian, C. D. Wu. Chemical Characterization of Rainwater at Singapore. Chemosphere. 2003, 51 (8): 747 - 755.

[89] Molly K. a Leecaster, Kennetha Schiff; Liesl L. Tiefenthaler. Assessment of Efficient Sampling Designs for Urban Storm water Monitoring. Water Research. 2002, 36 (6): 1556 - 1564.

[90] Ana Tomanovic, Cedo Maksimovic. Improved Modelling of Suspended Solids Discharge from Asphalt Surface during Storm Event. Water Science and Technology. 1996, 33 (4 - 5): 363 - 369.

[91] 丁跃元．德国的雨水利用技术．北京水利．2002 (6): 38 - 40.

[92] 杨文磊．雨水利用在日本．水利天地．2001 (8): 30.

[93] 任杨俊，李建军，赵俊侠．国内外雨水资源利用研究综述．水土保持学报．2000，14 (1): 88 - 92.

[94] 苗孝芳，产汇流理论，北京：水利水电出版社，1995.

[95] 宋志斌，黄明君，马建军．城市雨水资源的合理利用．水科学与工程技术，2008 (5).

[96] 车伍，李俊奇．城市雨水利用技术与管理．北京：中国建筑工业出版社，2006.

[97] 杨建峰，城市化和雨水利用．北京水利．2001.

[98] 陈光吉，浅议城市雨水的开发利用，黎明职业大学学报．2003.

[99] 吴普特，黄占斌，高建恩，等．人工汇集雨水利用技术研究．郑州：黄河水利出版社，2002.

[100] 侯立柱，丁跃元．北京市中德合作城市雨洪利用理念及实践．北京水利．2004 (4): 31 - 33.

[101] 蓝俊康，蓝艳红．集雨工程的水质研究进展．中国给水排水．2002，18 (8): 23 - 25.

[102] 帕金森·马克．发展中国家城市雨洪管理．北京：中国建筑工业出版社，2007.

[103] 赵剑强，城市地表径流污染与控制．北京：中国环境科学出版社，2002.

[104] 徐亚同，谢冰．废水生物处理的运行与管理（第二版）．北京：中国轻工业出版社，2009.

[105] 宋永嘉，余真真，田景环．城市雨水资源利用探析．华北水利水电学院学报．2008，29 (4): 6 - 8.

[106] 孙晓英，牛争鸣，赵廷红．城市雨水资源化问题研究．西安理工大学学报．2001，17 (2): 302 - 702.

[107] 孙宏波，兰驷东．城市雨洪现状分析与收集利用．北京水务．2007 (5): 13 - 16.

[108] 纪桂霞，刘弦，王平香．城市小区雨水径流水质监测及特性分析．环境科学与技术．2008，31 (8): 77 - 79.

[109] 谢卫民，张芳，张敬东，等．城市雨水径流污染物变化规律及处理方法研究．环境科学与技术．2005，28 (6): 30 - 31.

[110] 刘亮．邯郸市街道雨水径流污染物变化规律研究．甘肃科技．2008，24 (14): 62 - 63.

[111] 常永滑，赵新华等．城区雨水水质特性分析及利用．山西建筑．2007，33 (9): 10 - 11.

[112] 陈炬锋，刘磊磊．雨水水质研究进展．安徽农业科学．2007，35 (7): 2045 - 2046.

[113] 张克峰，隋涛，陈淑芬．济南城区雨水水质特性分析．灌溉排水学报．2008，27（5）：119－121.
[114] 廖日红，丁跃元，胡秀琳，等．北京城区降雨径流水质分析与评价．北京水务．2007（1）：14－16.
[115] 顾正斌．北方城市道路雨水资源化利用及其效益分析研究．河北工程大学，2007：1－2.
[116] 汪明明．北京城区东南部降雨与径流水质分析与评价．北京工业大学，2004：1－2.
[117] 孙常磊．西安城市雨水利用分区及不同下垫面雨水径流水质研究．西安理工大学，2005：37－38．
[118] 北京清华城市规划设计研究院．通向自然的轴线——奥林匹克森林公园景观规划设计方案，2006.3.1．
[119] 石云兴，等．奥运公园露骨料透水路面的混凝土施工技术．实用技术．2008（7）.